中国少年儿童百科全书

CHINESE CHILDREN'S ILLUSTRATED
ENCYCLOPEDIA

《中国儿童百科全书》

★ 国家图书奖　　★ 国家辞书奖　　★ 国家科技进步奖
★ 全国优秀少儿图书奖　　★ 全国优秀科普作品奖

之后又一力作

环境与生命 | ENVIRONMENT AND LIFE

上卷

中国大百科全书出版社

图书在版编目（CIP）数据

环境与生命 /《中国少年儿童百科全书》编委会编著. ––北京：

中国大百科全书出版社，2016.1

（中国少年儿童百科全书）

ISBN 978-7-5000-9637-5

Ⅰ. ①环… Ⅱ. ①中… Ⅲ. ①环境科学–少儿读物②生命科学–少

儿读物 Ⅳ. ①X–49②Q1–0

中国版本图书馆CIP数据核字（2015）第254605号

中国少年儿童百科全书

中国大百科全书出版社出版发行

（北京阜成门北大街17号　邮政编码：100037）

http://www.ecph.com.cn

福建省天一屏山印务有限公司印制

新华书店经销

开本：889毫米×1194毫米　1/16　印张：19.5

2016年1月第1版　2019年11月第2次印刷

ISBN 978-7-5000-9637-5

定价：90.00元

大胃王比赛

飞碟魔影

海盗肆虐

了不起的海峡隧道

小行星有多可怕？

会算数的小狗

亲历火山喷发

世界冰雹之都

剑齿虎时代

科罗拉多大峡谷

垃圾人

有两个脑的人

海里的"热带雨林"

动物中的"变身大师"

番塔努湿地掠影

超级视听

　　亲爱的小读者，这本书的许多页面上都点缀着二维码，只要你用智能手机或平板电脑下载一个扫码软件，扫一扫，就能纸上"读"视频，"码"上看表演，开始一场神奇的视听体验！这些视频还配有解说，再现或延伸了书中讲述的内容，喂饱你的好奇心，突破你的想象力，让你大饱眼福，大开眼界！

青春期萌动

水的故乡

植物中的"蟒蛇"

鸭嘴兽的老镜头

亚马孙奇观

鹦鹉解巧连环锁

用耳朵"看"世界的人

宇宙大爆炸

植物中的"暗杀高手"

侏儒盛会

本书怎么读

小读者们，这是一部专供你们课外阅读、学习的百科全书。它像一座知识的宝库，里边有你们想知道、也应该知道的各种知识。为了让你们读起来方便，我们把相近相关的知识内容集中到一个知识门类中。每个知识门类又分不同的知识主题，知识主题的下边有全面介绍这个主题的知识点和画面，还有帮助理解画面的图注。

这是知识门类。知识的宝藏太多太多，知识与知识之间的关系也很复杂。我们把这些知识按照相近和相关的内容分成了不同的门类，你可以按门类去掌握知识，这样既方便又有趣，不知不觉中，你的知识不但丰富起来，而且有了系统性。

这是知识主题及概述。在每个知识门类中，我们选取了若干个知识主题。一般每个展开页是一个主题，所有的知识内容都围绕着这个主题展开介绍。主题下面是概述，它简洁地讲述了知识主题的内容，起到把读者引入主题知识中的桥梁作用。

这是二维码，在手机或平板电脑上安装二维码扫描软件后，扫一扫，精彩视频就会马上呈现。这些视频来自全球最新奇有趣的纪录片，具有独特的构思、国际化的视野、引人入胜的故事。这些视频的声像与书中的图文交互，可使你获得立体式情境阅读的神奇体验。

地球的构造

地球是太阳系的一颗行星，是我们人类的家园。它由地壳、地幔和地核构成，体积大约为10830亿立方千米。地球的外部被气体包围着，这圈气体叫大气圈。大气圈与地球表面的水圈一起维系着地球上的各种生命活动。

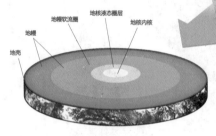

地幔软流圈　地核液态圈层　地核内核
地幔
地壳

地球的内部构造

超级视听

·亲历火山喷发

地壳

地球最外面的一层岩石薄壳叫地壳，质量不到地球总质量的1%。地壳分为大陆地壳（陆壳）和大洋地壳（洋壳）。陆壳较厚，平均厚度为37～40千米；洋壳较薄，平均厚度不到10千米（包括海水）。

地幔

地幔介于地壳和地核之间，厚度约为2900千米。从地壳的下表面到地核的外表面的部分，都是地幔。科学家推测，地幔的下部可能是岩浆，温度在1200℃左右，地幔的下部由此被称为软流圈。当岩浆喷出地表时，就形成了火山喷发。地幔的上部由温度较低的固体物质组成，它们与地壳共同构成了地球的岩石圈。

地核

地球内部的核心部分就是地核。从地下约2900千米深的地方再往下，一直到地球中心的部分，就是地核。地核分为内核和外核。据推测，外核是液态圈层，由液态的铁、镍等元素组成，温度在3700℃以上。内核则由铁镍合金组成，虽然它的温度达到了4000℃～4500℃，但由于压力极高，所以它仍为固体。

火山

地球内部炽热的岩浆具有活动性。当地壳剧烈变动时，岩浆就可能侵入岩层，猛烈地喷出地面，这就是我们看到的火山喷发。岩浆喷出时的温度达1000℃～1200℃。强烈的火山喷发，还会喷出大量的浓烟、灰尘和碎屑，在天空形成高大的蘑菇状云团。火山喷出的岩浆冷却后，会形成岩石。这些岩石常保留有岩浆流动的形态。

火山喷发

这是**图注**，是对知识点的重要补充，帮助理解书中各种图片的内容。

这是**图片**，它是全书的重要组成部分，直观、鲜明地展示了各种事物的微观结构、客观状态和时代的变迁。

这是**知识点**，是全书知识内容的最基本单元。它比较系统地介绍知识的来龙去脉，告诉你这是什么，为什么是这样的。

这是特色版块——**穿越**，这里有自然之趣、历史之谜、社会之奇……不一样的百科视角，不一样的百科述说，你可以在广袤无垠的时空中尽情穿越！

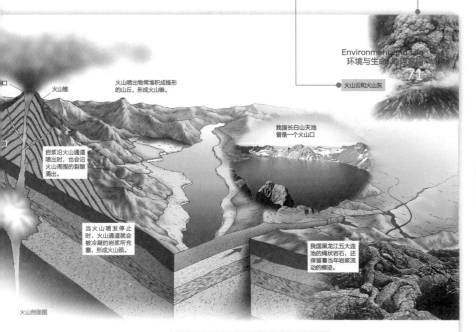

火山锥

火山喷出物常堆积成锥形的山丘，形成火山锥。

岩浆沿火山通道喷出时，也会沿火山周围的裂隙涌出。

当火山喷发停止时，火山通道就会被冷凝的岩浆所充塞，形成火山颈。

火山剖面图

Environment and Life
环境与生命　知识导航
71

火山云和火山灰

我国长白山天池曾是一个火山口

我国黑龙江五大连池的绳状岩石，还保留着当年岩浆流动的痕迹。

地堑

中间的岩块向下运动，两侧的岩块向上运动，这样形成的断层，称为地堑。

地垒

中间的岩块向上运动，两侧的岩块向下运动，这样形成的断层，称为地垒。

汶川地震中震塌的房屋

2008年5月12日，我国汶川发生的地震，震级高达8.0级，许多房屋被震塌。

平行断层

两个岩块平行错动，这样形成的断层，称为平行断层。

地震

地球表面的地壳，受到来自地球内部的压力，当压力不断增加，达到足够大时，地壳就会突然发生错动，瞬间释放出巨大的能量，引起大地的强烈震动，这就是地震。一个地区的地壳受力时间越长，受力越大，释放的能量就越大，产生的地震震级也就越高。

海啸

当海底发生地震、火山爆发，或海底塌陷、滑坡时，会激发海水产生一种巨大的波浪运动，这就是海啸。海啸所含的能量非常大，它到达海岸时，掀起的狂涛巨浪能形成高达几十米的水墙，并伴着隆隆声响冲向岸边，给沿岸地区带来毁灭性的灾难。2011年3月日本东海岸发生的巨大海啸，还引发了核泄漏事故。

唐山大地震遗迹

巨大的波浪迅速从震源传播出去，就形成了海啸。

海底地壳的运动

海底地震的震源

海底地震容易引发海啸

穿越······
两度沉浮的古城堡

在非洲肯尼亚蒙巴萨的东部沿海，有座17世纪的古城堡。它虽然矗立在地面之上，但外墙上却布满了海洋生物牡蛎的贝壳。这是怎么回事？

原来，在短短的300年间，由于地壳的运动，这座城堡经历了两度沉浮。地壳下降时，这座城堡沉入海中。后来地壳上升，城堡又露出了海面。海洋中的牡蛎的贝壳，自然也就被带到了陆地上。

目录

在本卷书的正文前面，有全书的分类目录，它是按正文的顺序编排的。

索引

在本卷书的正文后面，附有索引。书中出现的知识主题和知识点，按照第一个字的汉语拼音顺序排在索引中。第一个字读音相同时，将笔画少的排前面；第一个字是同一个字时，按第二个字的拼音顺序和笔画顺序编排。

目录
CONTENTS

23
35
42
52
60
61

第一部分 宇宙太空

宇宙空间 ASTROSPACE

宇宙	**22**
古人对宇宙的认识	22
宇宙大爆炸理论	22
红移	23
宇宙的年龄	23
宇宙的大小	23
宇宙线	23
星云	**24**
星系	**26**
河外星系	26
银河系	26
大、小麦哲伦星系	27
星团	27
恒星	**28**
类星体	28
变星	28
超新星爆发	29
红巨星	29
中子星	29

脉冲星	30
白矮星	30
黑洞	31
星宿	**32**
四象	32
二十八宿	32
心宿二	32
参宿四	33
轩辕十四	33
角宿一	33
春季星空	**34**
大熊座	34
小熊座	34
牧夫座	34
黄道十二星座	34
狮子座	35
室女座	35
北斗星	35
北极星	35
夏季星空	**36**
天蝎座	36
天鹅座	36
天琴座	37
天鹰座	37
秋季星空	**38**

仙后座	38
仙王座	38
仙女座	39
飞马座	39
英仙座	39
北落师门	39

冬季星空 40
猎户座	40
金牛座	40
大犬座	41
御夫座	41

南天星空 42
南十字座	42
半人马座	42
老人星	43

太阳风	49
日冕	49
日珥	49
日食	49

类地行星 50
水星	50
金星	50
火星	51
火星的卫星	51
火星冲日	51
火星的空间探测	51
地球	52
月球	53
月食	53

类木行星 54
木星	54
伽利略卫星	54
土星	55
土星环	55
土卫六	55

远日行星 56
天王星	56
海王星	56
海王星环	56

矮行星 57

冥王星	57
谷神星	57

小行星 58
小行星带	58
近地小行星	58
柯伊伯带	58

彗星 59
彗星的周期	59
哈雷彗星	59
彗星的构造	59

流星 60
火流星	60
流星雨	60
陨石	61
陨铁	61
通古斯大爆炸	61

太阳系
SOLAR SYSTEM

太阳系 46
行星	47
卫星	47

太阳 48
太阳黑子	48

第二部分 **地球家园**

行星地球
THE EARTH

地球的运动 64
地轴	64

目录
CONTENTS

70	
74	
83	
94	
100	
112	

地球自转	65	大陆漂移	72
昼夜	65	海底扩张	73
地球公转	65	板块构造	73
四季	65	板块划分	73
原始的地球	**66**		
海洋的出现	66		
大气的形成	66		
生命的出现	67		
地球的年龄	**68**	**海洋**	**76**
元古宙	68	洋中脊	76
古生代	68	海沟	77
中生代	68	大陆架	77
新生代	68	大陆坡	78
造煤时期	69	海山	78
化石	69	深海丘陵	78
测定岩石的年龄	69	深海平原	78
		海流	78
地球的构造	**70**	太平洋	78
地壳	70	大西洋	79
地幔	70	印度洋	79
地核	70	北冰洋	80
火山	70	渤海	80
地震	71	东海	80
海啸	71	南海	80
		黄海	81
漂移的大陆	**72**	阿拉伯海	81
魏格纳的设想	72	加勒比海	81

地形地貌
TOPOGRAPHY

红海	82	胶州湾	92	梯田	103
地中海	82	渤海湾	92	喜马拉雅山脉	103
黑海	83	杭州湾	93	珠穆朗玛峰	104
波罗的海	83	大亚湾	93	横断山脉	104
		墨西哥湾	94	台湾山脉	104
岛屿	**84**	孟加拉湾	94	南岭	104
台湾岛	84	几内亚湾	94	秦岭	105
海南岛	84	波斯湾	95	昆仑山	105
崇明岛	84	阿拉斯加湾	95	太行山	105
舟山群岛	85			大兴安岭	105
东沙群岛	85	**海峡**	**96**	安第斯山脉	105
西沙群岛	85	台湾海峡	96	阿尔卑斯山脉	105
中沙群岛	85	马六甲海峡	96		
南沙群岛	85	霍尔木兹海峡	97	**高原**	**106**
澎湖列岛	86	白令海峡	97	黄土高原	107
格陵兰岛	86	直布罗陀海峡	97	青藏高原	107
夏威夷群岛	87	英吉利海峡	97	内蒙古高原	108
冰岛	87			云贵高原	108
		平原	**98**	东非高原	108
半岛	**88**	东北平原	99	墨西哥高原	108
山东半岛	88	华北平原	99	埃塞俄比亚高原	109
辽东半岛	89	长江中下游平原	100	巴西高原	109
雷州半岛	89	亚马孙平原	100		
中南半岛	90	东欧平原	101	**盆地**	**110**
巴尔干半岛	90	西西伯利亚平原	101	山间盆地	110
阿拉伯半岛	91			内流盆地	111
亚平宁半岛	91	**山地**	**102**	塔里木盆地	111
		山脉	102	外流盆地	111
海湾	**92**	丘陵	102	柴达木盆地	112

目录
CONTENTS

115
119
124
128
137
140

准噶尔盆地	112
四川盆地	113
刚果盆地	113
峡谷	**114**
长江三峡	114
雅鲁藏布大峡谷	115
科罗拉多大峡谷	115
喀斯特	**116**
石林	116
溶洞	116
桂林岩溶地貌	117
荒漠	**118**
戈壁	118
沙漠	118
沙丘	119
雅丹地貌	119
荒漠化	119
撒哈拉沙漠	119
塔克拉玛干沙漠	119
河流	**120**
河源与河口	120
水坝和水库	120
内流河	120
瀑布	121
三角洲	121

长江	122
黄河	122
珠江	122
尼罗河	123
亚马孙河	123
密西西比河	123
湖泊	**124**
牛轭湖	124
内流湖与外流湖	124
火口湖	125
堰塞湖	125
淡水湖	126
咸水湖	126
鄱阳湖	126
洞庭湖	126
太湖	127
青海湖	127
冰川	**128**
粒雪盆	128
冰裂缝	128
冰碛湖与终碛	128
冰川的移动	129
冰舌	129
冰舌前缘的冰水世界	129
南极冰盖	129

地球资源 NATURAL RESOURCES

大气 132
对流层 132
平流层 132
中层 133
热层 133
外层 133
臭氧层 133

水 134
水循环 134
干旱 134
洪涝 134
地下水 135
海水淡化 135
潮汐 135

森林 136
针叶林 136
阔叶林 136
灌木林 137
热带雨林 137

草原 138
热带草原 138

温带草原 138

湿地 139
沼泽 139
滩涂 139
中国的重要湿地 139

海洋资源 140
海洋生物资源 140
海底油气 140
锰结核矿 141
多金属软泥 141
可燃冰 141

地球保护 PROTECTIOG THE EARTH

大气污染 144
大气污染物 144
烟尘 144
汽车尾气 144
光化学烟雾 145
细颗粒物（PM2.5） 145
酸雨 145
清洁能源 145

水源污染 146

水危机 146
赤潮 146
工业废水 146
生活污水 146
农业化学污染 146

噪声污染 147
交通噪声 147
工业噪声 147
生活噪声 147
隔音墙和吸音板 147

垃圾处理 148
白色污染 148
生活垃圾 148
垃圾分类 148
垃圾利用 149
垃圾的卫生填埋 149

森林保护 150
森林覆盖率 150
过度砍伐 150
森林防火 150

土壤保护 151
土壤的肥力 151
无机物污染 151
有机物污染 151

目录
CONTENTS

154

165

171

179

187

189

 气象 METEOROLOGY

云	**154**
高云	154
中云	155
低云	155
积状云	155
波状云	155
层状云	155
人造云	155
雾	**156**
蒸发雾	156
抬升雾	156
辐射雾	157
平流雾	157
雾凇	157
雨	**158**
降雨量	158
锋面雨	158
雷阵雨	158
暖云人工降雨	159
冷云人工降雨	159
梅雨	159
冻雨	159
泥石流	159

风	**160**
风级	160
风的力量	160
山谷风	160
季风	160
贸易风	160
台风	161
台风眼	161
台风的命名	161
沙尘暴	161
龙卷风	161
冰雹	**162**
冰雹的形成	162
人工消雹	162
雪	**163**
雪晶	163
雪晶的生长	163
雪崩	163
雪暴	163
雪灾	163
霜与露	**164**
白霜	164
霜冻	164
窗花	165
露	165
白露和寒露	165

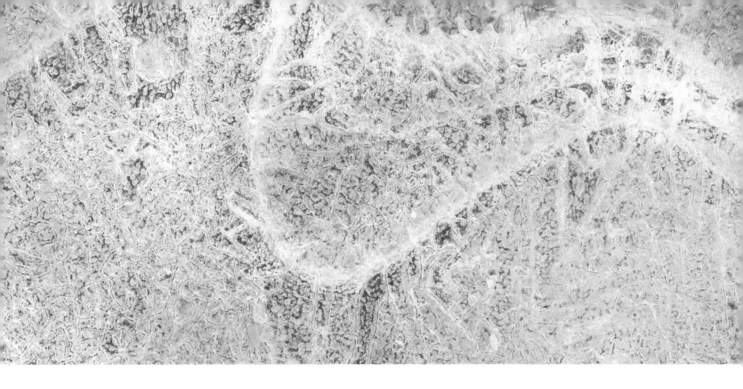

温室效应和城市热岛	**166**
温室效应的形成	166
温室气体	166
温室效应的危害	167
城市热岛	167
气象观测	**168**
气象卫星	168
遥感探测	168
卫星云图	168
气象雷达	169
高空气象探测	169
地面气象观测	169
船舶气象观测	169
神奇的气象	**170**
虹	170
霓	170
闪电	170
佛光	170
极光	170
霞	170
气象之最	**171**
最热的地方	171
最冷的地方	171
雨水最多的地方	171
最干旱的地方	171

中国气象名城	**172**
"风库"安西	172
"日光城"拉萨	172
"火洲"吐鲁番	172
"北极村"漠河	173
"雾凇城"吉林	173
"无雾港"榆林港	173
"雨港"基隆	173
三大"火炉城市"	173

第三部分　生物圈

远古生物　PREHISTORIC CREATURES

生命的演化	**176**
生物进化论	176
进化	177
驯化	177
退化	177
史前生物	**178**
鳞木	178
三叶虫	178
菊石	179
甲胄鱼	179
总鳍鱼	179

盾皮鱼	180
蜥螈	180
始祖马	180
剑齿虎	181
奇虾	181
恐龙	182
猛犸	183
始祖鸟	183

微生物　MICROORGANISM

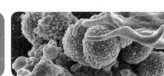

古菌和细菌	**186**
古菌	186
细菌	186
根瘤菌	186
厌氧菌	186
大肠杆菌	187
乳酸菌	187
金黄色葡萄球菌	187
肺炎链球菌	187
巴氏消毒法	187
真菌	**188**
酵母	188
青霉菌	188
食用菌	188
地衣	189

目录
CONTENTS

194
199
200
208
217
221

病毒 190
噬菌体 190
植物病毒 190
烟草花叶病毒 190
动物病毒 191
天花病毒 191
H1N1禽流感病毒 191

植物的根和茎 194
根系 194
变态根 194
木质茎 195
草质茎 195
变态茎 195
茎繁殖 195
年轮 195

植物的叶 196
单叶和复叶 196
叶序 196
叶形 196
叶缘 196
叶脉 197
变态叶 197
叶的基本结构 197

光合作用 197
蒸腾作用 197
呼吸作用 197

植物的花 198
花序 198
花冠 198
传粉 199
风媒花 199
虫媒花 199
水媒花 199

植物的果实 200
真果 200
肉果 201
干果 201
种子 201
种子繁殖 201

苔藓 202
大自然的拓荒者 202
大气质量的监测者 202
地钱 202

蕨类植物 203
卷柏 203
桫椤 203

裸子植物 204

植物
PLANT

银杏	205	胡椒	212	三角花	217
苏铁	205	花椒	212	鸢尾花	217
柳杉	205	花生	212	马蹄莲	217
柏树	206	芝麻	212	卡特兰	217
银杉	206	甘蔗	213	石榴花	217
雪松	206	可可	213	百合	218
		咖啡	213	樱花	218
被子植物	**207**	茶	213	向日葵	218
乔木	207	剑麻	213	玉兰	218
灌木	208	棉花	213	鹤望兰	218
草本植物	208			倒挂金钟	218
椰树	208	**花卉**	**214**	美蕊花	219
望天树	208	菊花	214	鸡冠花	219
胡杨	209	梅花	214	红掌	219
槐花树	209	月季	214	猪笼草	219
竹子	209	杜鹃花	214	君子兰	219
箭毒木	209	牡丹	215	含羞草	219
		桂花	215	紫荆花	219
粮食作物	**210**	兰花	215	昙花	219
小麦	210	荷花	215	三色堇	219
稻子	210	茶花	215		
青稞	210	水仙花	215	**植物的奇异现象**	**220**
玉米	211	睡莲	216	老茎生花	220
甘薯	211	万带兰	216	绞杀植物	220
高粱	211	仙客来	216	藤本植物	221
谷子	211	鸡蛋花	216	独树成林	221
		虞美人	216	胎生植物	222
经济作物	**212**	郁金香	216	寄生植物	222
大豆	212	扶桑	217	高山植物	222

目录
CONTENTS

附生植物	223	**水生动物**	**232**
食虫植物	223	虾	232
大王花	223	蟹	232
		寄居蟹	232
珍稀植物	**224**	鳄	233
王莲	224	海龟	233
百岁叶	224	食人鱼	233
水杉	224	鲨鱼	234
海椰子	225	海马	234
珙桐	225	飞鱼	234
金花茶	225	乌贼	235
人参	225	章鱼	235
红豆杉	225	鹦鹉螺	235
		海葵	236
		水母	236
		藤壶	236
		鲸	237
		海豚	237

 动物 ANIMAL

动物习性	**228**	海狮	237
捕食	228		
迁徙	229	**海洋世界**	**238**
寄生	229		
共生	229	**丛林动物**	**240**
警戒色	230	熊	240
拟态	230	小熊猫	240
冬眠	230	虎	241
保护色	230	豹	241
放电	231	象	241
无性繁殖	231	猿	242

长臂猿	242	蜥蜴	250	孔雀	259
猩猩	242	骆驼	250		
猴	242	野驴	251	**昆虫**	**260**
狐狸	243	沙鼠	251	蝉	261
考拉	243	蝎	251	萤火虫	261
变色龙	243	响尾蛇	251	蚕	261
				蚂蚁	261
草原动物	**244**	**极地动物**	**252**	蜻蜓	262
狮子	244	企鹅	252	蝴蝶	262
袋鼠	244	海豹	253	蝗虫	263
鸸鹋	244	磷虾	253	螳螂	263
斑马	245	北极熊	254	蜜蜂	263
角马	245	北极狼	254	瓢虫	264
羚羊	246	麝牛	255	蟪蛄	264
长颈鹿	246	北极狐	255	蟑螂	264
犀牛	246	海象	255	蝼蛄	264
鬣狗	247			蚜虫	265
鸵鸟	247	**两栖动物**	**256**	蚊子	265
雕	247	青蛙	256	苍蝇	265
		蟾蜍	257		
高山动物	**248**	蝾螈	257	**珍稀动物**	**266**
岩羊	248	大鲵	257	大熊猫	266
鼠兔	248			金丝猴	266
藏羚羊	249	**鸟类**	**258**	扬子鳄	267
斑羚	249	天鹅	258	朱鹮	267
盘羊	249	蜂鸟	258	丹顶鹤	267
牦牛	249	火烈鸟	258	麋鹿	268
		鹦鹉	259	中华鲟	268
沙漠动物	**250**	啄木鸟	259	白鳖豚	269

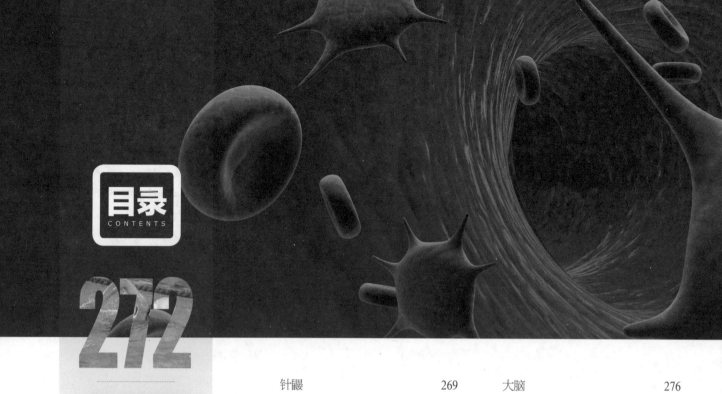

目录
CONTENTS

272

275

277

278

292

297

针鼹	269
鸭嘴兽	269

第四部分　人体健康

我们的身体 272
人体的构成 272
人体的系统 272
人体的细胞 273
人体的器官 273
男孩和女孩 273
青春期变化 273

血液循环 274
心脏 274
动脉 274
静脉 274
血压 274
血小板 275
红细胞 275
白细胞 275
血型 275

神经系统 276
脑 276

大脑 276
小脑 277
脑干 277
脊髓 277
神经细胞 277
神经网络 277

内分泌系统 278
激素 278
甲状腺 279
垂体 279
巨人症 279
侏儒症 279

呼吸系统 280
上呼吸道 280
气管与支气管 280
肺 280
肺活量 281
保护性反应 281

消化系统 282
牙齿 282
口腔内的消化 282
胃 282
肝脏 283
胰腺 283
小肠 283
大肠 283

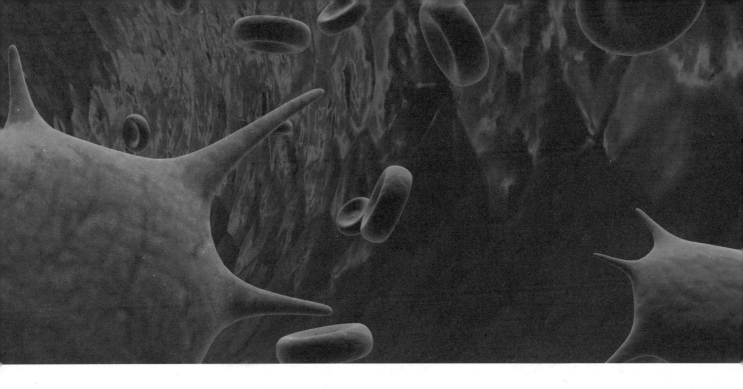

肾脏	284
膀胱	284
排泄	284
感觉器官	**285**
眼睛	285
角膜	285
近视	285
远视	286
色盲	286
耳	286
外耳	286
中耳	286
中耳炎	286
内耳	287
鼻	287
嗅觉	269
鼻窦	287
皮肤	287
毛发	287
骨骼	**288**
关节	289
颅骨	289
脊柱	289
骨的生长	289
骨的承受力	289
肌肉	**290**

横纹肌	290
平滑肌	291
心肌	291
肌肉的结构	291
肌肉的能量供应	291
我从哪里来	**292**
生殖系统	292
精子	292
卵子	293
新生命的产生	293
在"宫殿"里生活	293
人体疾病	**294**
感染性腹泻	294
狂犬病	295
肺炎	295
SARS	295
艾滋病	295
抗生素	295
免疫	295
疫苗	295
中医	**296**
扁鹊	296
针灸	297
诊脉	297
《本草纲目》	297
中药	297

汉语拼音音序索引　298

环境与生命

宇宙

宇宙是时间、空间和其中存在的各种物质与能量的总称。在空间上，宇宙无边无界；在时间上，宇宙无始无终。人类对宇宙的认识，是从地球开始的，然后延展到太阳系、银河系，再扩展到了河外星系。

·超级视听·

宇宙大爆炸

古人对宇宙的认识

在远古时代，人们对宇宙的认识充满了想象色彩。中国有夸父追日的传说，在传说中，天地开始是一片混沌，夸父累死之后，才混沌初开；西方有上帝造人的传说，相传在上帝造人的七日之后，天地才出现；在古印度，人们认为圆形的大地由大象驮着，大象则站在乌龟的背上；古埃及人认为天是盖子，地是底，两者一起组成了一个方形的盒子。

随着科学技术的发展，人们对宇宙的认识越来越深，人们逐渐了解到地球是球形的，地球不是宇宙的中心，而是围绕着太阳公转的，宇宙中还有千千万万个和太阳系一样的星系。一直到现在，人类对宇宙的探索还在进行中。

宇宙大爆炸理论

20世纪以来，关于宇宙诞生的理论中，最著名的一个就是宇宙大爆炸理论，提出这一理论的代表人物是英国科学家霍金。

宇宙大爆炸理论认为：宇宙在诞生的瞬间非常小，内部温度非常高，密度也非常大。接

哈勃太空望远镜拍下的星云

着，宇宙开始了暴胀。在暴胀的过程中，宇宙释放出大量的能量，体积不断变大，密度不断变小，温度逐渐下降，宇宙中的各种天体和星际物质也在这一过程中逐渐形成。由于这种暴胀的过程类似于爆炸，所以这种学说被称为宇宙大爆炸理论。根据宇宙大爆炸理论的推测，如今宇宙仍处于不断地膨胀、扩展之中。

宇宙大爆炸理论认为宇宙在诞生的瞬间非常小，然后一直在不断膨胀。

红移

　　一个物体电磁辐射的波长由于某些原因而变长时，在可见光谱上，会表现为光谱线向长波方向移动了一段距离，这种现象就叫红移。

　　20世纪初，天文学家E. P. 哈勃发现，宇宙绝大多数星系的光谱线都存在红移现象，这说明宇宙的空间仍在继续膨胀。因为宇宙在不断膨胀和扩展，所以物体发出的电磁辐射的波长也被拉长了。通过测量红移的尺寸，天文学家可以计算出我们与其他星系之间的距离，以及这些星系远离地球的速度。越古老、运动速度越快的星系，红移的尺寸越大。

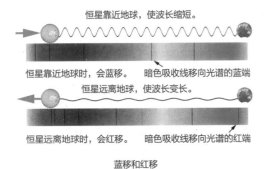

恒星靠近地球，使波长缩短。

恒星靠近地球时，会蓝移。　　暗色吸收线移向光谱的蓝端

恒星远离地球，使波长变长。

恒星远离地球时，会红移。　　暗色吸收线移向光谱的红端

蓝移和红移

宇宙的年龄

　　按照宇宙大爆炸理论，宇宙的年龄是以宇宙大爆炸那一刻为起点计算的。由于宇宙在不断膨胀，空间的拉伸使星系之间相互远离。如果顺着这一过程反推，就能回到很久之前全部物质拥挤在一个点上的起始状态。天文学家E. P. 哈勃曾利用宇宙当前的膨胀速率，计算出宇宙的年龄为180亿～200亿年，这个数值又叫哈勃年龄。但是，由于万有引力的存在，宇宙膨胀的速度应该是趋于减缓的，这就意味着哈勃年龄要大于宇宙的实际年龄。2001年，美国国家航空航天局宣布宇宙年龄为137亿年。

宇宙的大小

　　在宇宙中测量距离是非常困难的，光线是人类唯一可以利用的一种工具。为了度量宇宙的大小，天文学家们设定了光年这个计算单位。一光年就是光在真空中一年所走过的距离，大约为94606亿千米。因为宇宙空间是从0开始以光速扩展的，所以从宇宙诞生时开始计算，就能得出宇宙的大小。从理论上来说，宇宙现在的半径为140亿～200亿光年。若按美国国家航空航天局宣布的宇宙年龄推算，宇宙的半径则为137亿光年。

宇宙线

　　20世纪初，人们观察到空气中存在原因不明的电离导电现象。1912年，V. F. 赫斯用气球将电离室带到高空，发现电离度随高度增加而增加，从而断定这一现象是一种来自太空的射线引起的。赫斯将这种射线取名为宇宙射线，简称宇宙线。宇宙线是20世纪物理学最伟大的发现之一。

　　按照发源地的不同，宇宙线可分为太阳宇宙线、银河宇宙线和河外宇宙线。到达地球大气层外的宇宙线，叫初级宇宙线。初级宇宙线进入大气层后，与地球物质发生相互作用，所产生的次级粒子则叫次级宇宙线。宇宙线具有很高的科学研究价值。为了对宇宙线进行有效和长期的观测，各国都相继建立了观测站。1954年，在物理学家王淦昌、肖健的带领下，我国第一个高山宇宙线实验室在云南建成。

穿越 ●●●●●●

一个比一个大

　　宇宙中的行星、恒星、星系、星系团、超星系团和巨洞的"个头儿"，可以说是一个比一个大。它们的关系是，行星绕恒星运行，恒星包含在星系中，星系包含在星系团中，星系团位于超星系团内，而这些超星系团又被巨洞所分隔。很神奇吧？

研究宇宙线的起源、传播、成分等，在宇宙线中寻找反物质粒子、暗物质粒子等，这些关于宇宙线的研究对天文、物理、材料、环境等方面都能起到重要的作用。

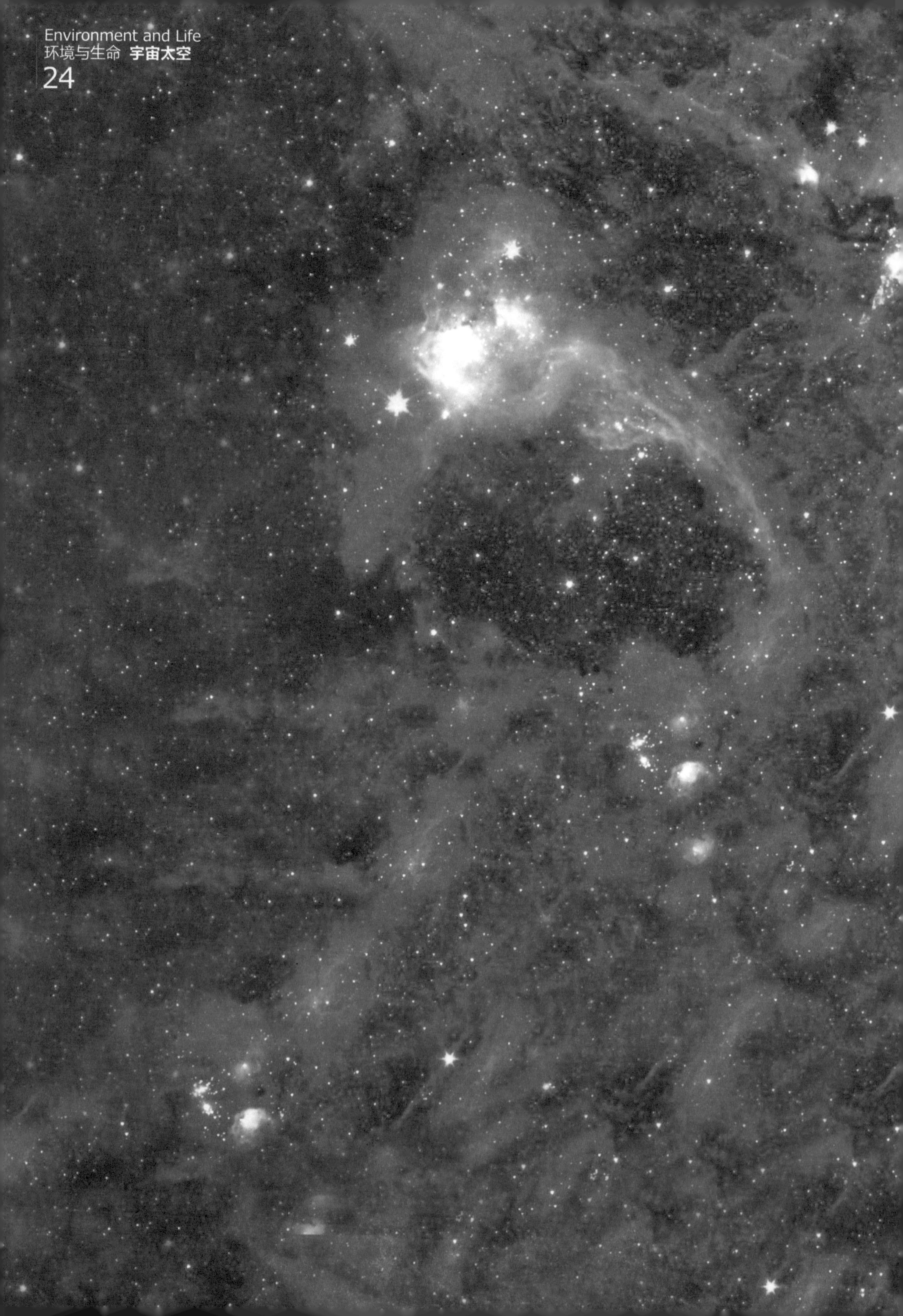

星云

星云是由星际空间的气体和尘埃组成的云雾状天体，形状多姿多样。星云里物质的密度是很低的，若拿地球上的标准来衡量的话，有些地方几乎是真空的。可是星云的体积却十分庞大，常常达到方圆几十光年。所以，星云一般比太阳要重得多。

星云和恒星有"血缘关系"。在一定条件下，两者是能够互相转化的。恒星抛出的气体往往成了星云的组成部分，星云的物质也会在引力的作用下被压缩，最后成为恒星。

星系

银河系是宇宙中的一个普通星系，银河系以外的星系，我们称为河外星系。到目前为止，在宇宙能观测到的范围内，人们至少已发现了10亿个星系。这些星系有的离我们较近，我们可以清楚地观测到它们的结构；有的则非常遥远。每个星系都是一个庞大的天体系统，由众多恒星和星际物质组成。

穿越 ●●●●●●

"草帽"星系

室女座有一个非常著名的星系——"草帽"星系。

"草帽"星系因为形状像墨西哥人戴的阔边草帽而得名。它为什么看起来像帽子呢？天文学家认为：一是因为"草帽"星系有个超大而且延伸很广的星系核心；二是因为这个核心有一圈明显的黑色尘埃环。"草帽"星系壮观的尘埃环，孕育了许多年轻的亮星。

河外星系

1924年，美国天文学家E. P. 哈勃用威尔逊山天文台的大望远镜在仙女座星云、三角座星云和星云NGC6822中，发现了造父变星。他根据造父变星的周光关系，算出仙女座星云、三角座星云和星云NGC6822的距离，确定了它们是银河系以外的天体系统，并把它们命名为河外星系。如今，银河系以外的星系，都被称为河外星系。现代望远镜能观测到的星系数目在500亿个以上。为了给这么多的星系分类，哈勃提出了一种星系分类的方法。他将星系分为三类：一是椭圆星系，用E表示；二是旋涡星系，用S表示；三是棒旋星系，用SB表示。

旋涡状的河外星系

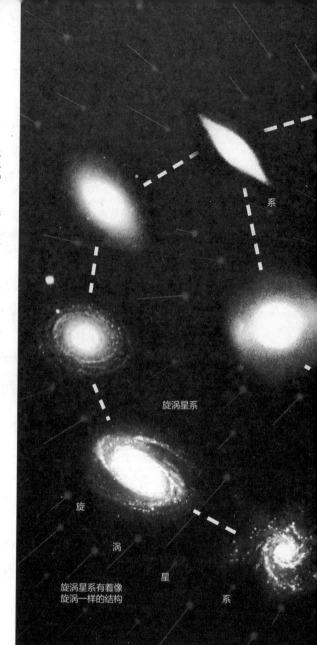

系

旋涡星系

旋涡星系有着像旋涡一样的结构

核球

银河系

银河系

夏夜星空中，有一条横跨天宇的白茫茫的光带，人们叫它银河或天河。银河并不是天上的河流，而是千千万万颗恒星聚集在一起组成的恒星大集体，我们称它为银河系。银河系内有大约2000亿颗恒星，此外还有疏散星团、球状星团和千姿百态的星云。银河系是一个中央厚、边缘薄的扁平盘状结构，物质都聚集在这个盘状结构里。从侧面看，银河系像一个用来投掷的铁饼；从正面看，它又犹如急流中的一个漩涡。银河系的直径约有8万光年，中央部分的厚度有1万多光年。银河系也有自转运动。太阳位于银盘的边缘，距银河系中心约3.3万光年。银河系就像一座巨大的恒星城，太阳系只是这座恒星城中的一户居民。

椭

圆

椭圆星系因形
状像椭圆或圆
球而得名

仙女座大星云

棒

旋

星

系

棒旋星系实际上
是核心有着棒状
结构的旋涡星系

不规则星系

大麦哲伦云

小麦哲伦云

本星系群

宇宙中的各种星系

大、小麦哲伦星系

10世纪的阿拉伯人和15世纪的葡萄牙人远航到赤道以南时，发现南方的星空中有两个云雾状的天体，就把它们称为好望角云。1519年，麦哲伦在西班牙国王的支持下，率领一支200多人的船队，从西班牙出发，开始了人类历史上第一次环绕地球的航行。同年，麦哲伦带领船队沿巴西海岸南下时，也发现了这两个天体，并把它们详细地记录在了自己的航海日记中。麦哲伦后来航行到菲律宾时，被一个小岛上的土著居民杀害了，但是他的部下历经千难万险，终于在三年之后回到了西班牙，完成了环绕地球航行的壮举。为了纪念麦哲伦的伟大功绩，后人就把好望角云改称为大麦哲伦云和小麦哲伦云，因为当时人们还不知道它们实际上是两个河外星系，而且是相当小的不规则星系。

夜空中的大、小麦哲伦星系

大麦哲伦星系

小麦哲伦星系

星团

被各成员星之间的引力束缚在一起的恒星群，就是星团。用肉眼或小型望远镜观测时，许多较亮的星团就是一个模糊的亮点。星团可以分为球状星团和疏散星团两种。银河系内已发现的球状星团约有150个，疏散星团约有1200个。

球状星团

在超新星大爆发中，巨大的恒星有时会留下一个很小的核心；核心里的物质，主要是在爆发中形成的中子，因此它被称为中子星。

宇宙星际中的气体尘埃物质，在引力的作用下，快速凝聚收缩。

红矮星

处在引力快速收缩阶段的浓密星际物质，中心密度很大，并且不断积累和保存大量热量，形成了原恒星。

白矮

原恒星

恒星进入它的成年——生序星阶段，内部不停地进行核聚变反应，发出大量的光和热。

主序星

红巨星

恒星

　　恒星是由炽热气体组成的、能自己发光发热的球状或类球状天体，北极星、牛郎星、织女星等，都是恒星。太阳是距地球最近的一颗恒星。距地球第二近的恒星是比邻星，它的星光到达地球需要四年多的时间。还有很多恒星距离我们几千、上万光年，也就是说，我们用光的速度行走，要几千、上万年以后才能到达那里。

类星体

　　类星体也叫似星体，是20世纪60年代发现的一种新型天体，因为它在照相底片上具有类似恒星的像而得名。

　　绝大多数天文学家认为，类星体是河外天体。它们距离地球十分遥远，可能是迄今为止人类所观测到的最遥远的天体类型之一。不少天文学家猜测，它们是许多遥远的河外星系的活动核心。随着人类的不断观测，被发现的类星体也越来越多。1977年，A.赫维特和G.伯比奇编辑的第一个类星体总表问世，表中共包含637个类星体。2001年问世的《类星体和活动星系核表》（第10版）包含的类星体则达到了23760个。

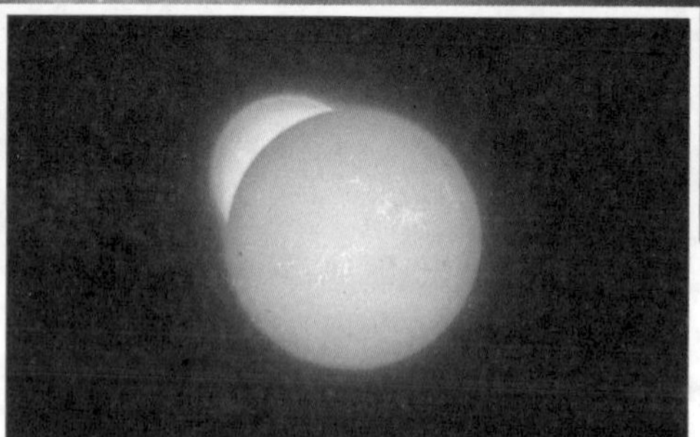

变星

变星

　　多数恒星的亮度是固定的，但有些恒星的亮度却呈周期性变化，这就是变星。变星亮度的变化主要有两个原因：一是变星由两个相互环绕的恒星组成，其中一颗星会周期性地遮住另一颗，所以我们观察时，其亮度会不断变化，如被称为"魔星"的大陵五；还有一种是恒星自身原因引起的亮度变化，如恒星体积的周期性膨胀收缩。

质量较大的恒星，在它的晚期，中心核的温度极高，可达几十亿摄氏度，因此常产生超新星大爆发。

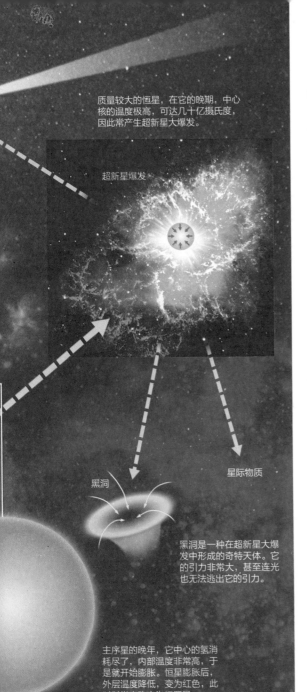

超新星爆发

星际物质

黑洞

黑洞是一种在超新星大爆发中形成的奇特天体。它的引力非常大，甚至连光也无法逃出它的引力。

主序星的晚年，它中心的氢消耗尽了，内部温度非常高，于是就开始膨胀。恒星膨胀后，外层温度降低，变为红色，此时科学家称它为红巨星。

恒星的一生

红巨星

主序星的晚年，它中心的氢消耗尽了，内部温度非常高，于是就开始膨胀。主序星膨胀后，外层温度降低，变为红色，此时我们称它为红巨星。

红巨星

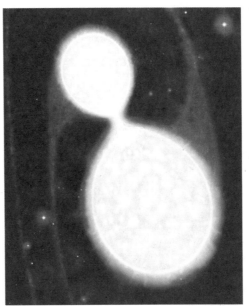

双中子星

中子星

超新星爆发后，巨大的恒星有时会留下一个很小的核心。核心里的物质主要是在爆发中形成的中子，因此又叫中子星。中子星的质量一般是太阳质量的1.35～2.1倍，但体积却比太阳小很多，半径大概是太阳的几万分之一。

一颗刚爆发的黄色超新星

超新星爆发

某些恒星在演化接近末期时，不是以白矮星这样的形式消亡的，而是会以一种剧烈爆炸的方式来结束生命，这就是超新星爆发。

超新星爆发过程中所发出的电磁辐射经常能够照亮其所在的整个星系，并能在持续几周至几个月之后，才逐渐衰减变为不可见。爆发的结果或是将恒星物质完全抛散，成为星云遗迹；或是抛掉大部分物质，遗留下小部分物质，坍缩为白矮星、中子星或黑洞，进入恒星演化的终了阶段。超新星爆发是天体演化的重要环节，也是老年恒星辉煌的葬礼。

脉冲星

脉冲星是中子星的一种，于1967年首次被发现。当时，有研究者发现狐狸座有一颗星会发出一种周期性的电波。经过仔细分析，科学家认为这颗星是一种未知的天体。因为它能不断地发出电磁脉冲信号，人们就把它命名为脉冲星。脉冲星的中心处于急速旋转之中，它发出的脉冲信号就是由自转的能量所提供的。从地球上望去，脉冲星的辐射就好像灯塔发出的光线似的，会快速地划过夜空。

脉冲星

许多星系核心都有超大质量黑洞，其中最大的黑洞质量约为太阳的10亿倍。

穿越 ••••••

谜一样的SS$_{433}$

SS$_{433}$是个奇异的天体，位于牛郎星附近，属银河系，因为被编入由斯蒂芬森和桑杜列克两人合编的星表，排名第433号，而且两人姓氏的首字母都是S，所以得名SS$_{433}$。SS$_{433}$同时存在红移和蓝移两种现象。一般天体运动时，红移意味着天体离我们远去，蓝移意味着天体向我们飞来。而SS$_{433}$的光谱却表明它的一部分物质向我们飞来，另一部分物质却离我们而去，且速度远远大于一般恒星。同一天体以相反的两种方向运动，是普通恒星不可能有的现象。而SS$_{433}$的红移和蓝移却都在发生周期性变化。所以，有人猜测它是个黑洞，也有人猜测它是沿着两个相反方向喷射物质的天体。但它到底是什么，至今仍是个谜。

白矮星

经过不断的核反应，恒星内部的核能会被消耗殆尽，进入晚年阶段。白矮星就是中等质量恒星的晚年阶段。白矮星内部的核反应已经停止，仅靠残留的热量发光，因为体积小而且发白光，所以叫白矮星。银河系中到处都能见到这种恒星。随着热量的减少，白矮星会慢慢变成红矮星、黑矮星，直至人类观测不到。

白矮星

黑洞

黑洞是广义相对论所预言的一种特殊的天体。它是一个空间范围，在这个范围内，物质发生塌缩，导致大量原子集中在一个小区域里。黑洞的引力非常强大，任何物质一旦到了黑洞边缘，都很容易被吸进黑洞，然后会被撕碎和高度凝聚。任何物质都无法跑到黑洞外面，甚至连光线都逃不出来。如果地球发生塌缩，变成了黑洞，将会被压缩成弹珠那么大。

黑洞有不同的大小，有些只比太阳大几倍，也有些比太阳大几千倍。按照体积的不同，黑洞可分为大、中、小三类。很多证据表明，中型黑洞是大质量恒星在生命终结时，经历爆发、内陷和坍缩后留下的，它是恒星晚期演化的一种归宿；而大型黑洞存在于银河系等很多星系的核心中；小型黑洞则是一种原初黑洞，可能形成于宇宙早期。

寻找黑洞是天体物理学的一项重要课题。迄今为止，黑洞还尚未被真正"观测到"，它的很多疑团还有待人们进一步揭示。

任何靠近黑洞的物体都会被它吸进去

星宿

　　星宿是我国古代对星空的划分形式，与西方的星座类似。我国古人在观测星空时，把天空分为中、东、西、南、北五大天官。中官分为紫微、太微和天市，统称三垣；东、西、南、北四官又叫四象，四象分为二十八星宿，代表黄道附近的28个天区。许多星星都用星宿的名字来命名，如参宿四、角宿一等。

四象

　　在我国传统文化中，四象是用来表示东、西、南、北四个方向的称谓。每一个方向用一个传说中的神来命名，即东方青龙、西方白虎、南方朱雀、北方玄武。

　　古代天文学家也用四象来划分天上的星星，东方青龙包括室女座、牧夫座、天蝎座等星座的一部分；西方白虎包括仙后座、金牛座、猎户座等星座的一部分；南方朱雀包括大犬座、狮子座等星座的一部分；北方玄武包括飞马座、天鹅座、仙女座等星座的一部分。

汉代四象瓦当图案

二十八星宿

　　在我国传统文化中，四象中的每一象又分为七个星宿，四象共有二十八星宿，每一个星宿各由不同数目的恒星组成。二十八星宿能有效帮助古人了解太阳、月球、水星、金星、火星、木星、土星的位置和运行情况。

心宿二

　　心宿二是天蝎座的 α 星，也是一颗红超巨星。因为它色红似火，所以在我国古代又被称为大火。

　　2000～3000年前，心宿二就被定为夏至的标准。它在黄昏时出现的方位，被古人用来作为标志，以断定春耕或秋收的时节是否已经到来。《诗经》里所写"七月流火"中的"火"，指的就是心宿二，古人认为心宿二向西方天空移动，就代表着天气将日渐寒凉。

天蝎座和心宿二

心宿二

轩辕十四

狮子座和轩辕十四

参宿四

参宿四是参宿的第四星，是一颗处于猎户座的红超巨星，又名猎户座 α 星。参宿四自古以来就受到人们的注意，《史记》中就曾有过对它的记载。它是夜空中除太阳外第十亮的恒星，还是猎户座第二亮的恒星，距离地球大约640光年。在冬季夜空中，它与大犬座的天狼星、小犬座的南河三共同组成了冬季大三角。

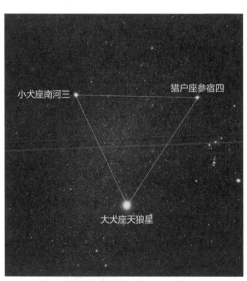

小犬座南河三   猎户座参宿四

大犬座天狼星

冬季大三角

轩辕十四

轩辕是中国古代帝王的名字，轩辕组星是一组以轩辕为名的星星。轩辕组星共有17颗，像一条黄龙蜿蜒在天空，轩辕十四是其中的第14颗。轩辕十四也叫狮子座 α 星，它是狮子座最明亮的恒星，也是全天最明亮的恒星中排第21位的恒星。古代航海者经常用轩辕十四来确定航船在大海中的位置，所以它又有"航海九星"之一的称号。在北半球，除了每年8月22日前后的一个月，其他夜晚都能在星空中见到它。

角宿一

角宿一是角宿的第一星，也叫室女座 α 星。它是一颗蓝巨星，亮度为全天第15位。北半球春季的夜晚，在东南方向的天空中，很容易看到这颗明亮的星星。要找到角宿一，只需沿着北斗七星的"斗柄"与牧夫座的大角连成的曲线方向，向下就可以看到。

穿越 ●●●●●●

星星是怎么命名的？

为了方便研究和观测星空，给星命名是第一步。国际上通用的对恒星命名的方法是：在每一个星座中，把所有恒星按从亮到暗的顺序排列，然后用希腊字母 α、β、γ 等依次命名，并在希腊字母之前加上星座的名字，例如天蝎座 α 星、狮子座 β 星等。24个希腊字母用完之后怎么办呢？那就再用阿拉伯数字排下去，比如大熊座47星。这样一来，天上的星星就都有不同的名字了。

春季星空

每年的3～5月是北半球的春天。春天万物复苏，是人们旅游赏景的好时光，春夜看星空更是别有一番情趣。在春天的星空，我们能看到的星座主要有大熊座、小熊座、牧夫座、狮子座、室女座、猎犬座、乌鸦座和长蛇座。

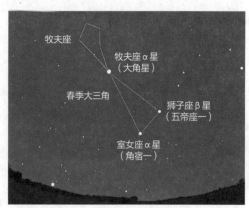

春季大三角位于牧夫座的下方

图中标注：
牧夫座
牧夫座α星（大角星）
春季大三角
狮子座β星（五帝座一）
室女座α星（角宿一）

穿越

星星的等级

星星有明有暗，为了区分不同亮度的星星，天文学家用星等来标明每颗星星的亮度。星等是用数字表示的，数字越小，星星就越亮。我们的肉眼通常能看到1～6等星，其中1等星最亮，6等星最暗。用望远镜能看到更多更暗的星星。不过，星等并不是星星的实际亮度，而是我们从地球上看到的亮度。许多我们看着很暗的星星，实际亮度可能比太阳还亮，只不过它们离我们太远了而已。

大熊座

大熊座是北天星座之一，也是著名的北斗七星所在的星座。它位于小熊座、小狮座附近，与仙后座相对，很适于在春季观察。

大熊座中的七颗亮星的连线看上去很像一把勺子的形状，这就是我们常说的北斗七星。北斗七星一年四季都在天上，只不过不同的季节，"勺柄"的指向有所变化，而且恰好是一个季节指向一个方向，用古人的话来说就是："斗柄东指，天下皆春；斗柄南指，天下皆夏；斗柄西指，天下皆秋；斗柄北指，天下皆冬。"远古时代没有日历，人们就是用看星星这种办法来估测四季的。

小熊座

小熊座是距北天极最近的一个星座；小熊座中最亮的小熊座α星就是著名的北极星。把小熊座中的七颗亮星连接起来，形状与北斗七星相似，这七颗星因此也叫小北斗。

牧夫座

牧夫座

牧夫座呈五边形，由几颗中等亮度的星星构成，看上去像个大风筝。古希腊人则把牧夫座想象成一名强壮的猎人，他右手拿着武器，左手高举，显得英勇威武。牧夫座中最亮的一颗星星是大角星。大角星是一颗橙红色的星星，亮度在全天排第四，在北半天球排第一。它也是天上最亮的一颗红巨星，人们赞誉它是"众星之中最美丽的星"。

黄道十二星座

黄道十二宫

公元前13世纪，古代巴比伦人把黄道附近的星座确定为12个，依次称为白羊座、金牛座、双子座、巨蟹座、狮子座、室女座、天秤

大熊座是天球中仅次于长蛇座与室女座的第三大星座

狮子座

座、天蝎座、人马座、摩羯座、宝瓶座和双鱼座，即黄道十二星座。古代天文学家为了表示太阳在黄道上所处的位置，就将黄道这个大圆划分为12段，称之为黄道十二宫。

狮子座

　　狮子座是黄道十二星座之一。古人绘制星图时，觉得这个星座的形状很像一只狮子；古埃及人还发现，每年仲夏太阳移到狮子座天区时，许多狮子都会迁移到尼罗河河谷中去避暑，狮子座因此而得名。

　　狮子座中最亮的一颗星为轩辕十四（狮子座α星），轩辕十四常被视为帝王、王者、支配者、英豪、力量源泉的代名词。狮子座β星则和牧夫座的大角星、室女座的角宿一，共同组成了春夜里的春季大三角。春天看星时，找到了大熊座的北斗七星和小熊座的北极星后，很快就能找到这个大三角。每年11月中旬，尤其是14日、15日两天的夜晚，都会出现狮子座流星雨。

室女座

　　室女座是全天88个星座中的第二大星座，仅次于长蛇座。每年春天太阳落山不久，室女座就会出现在东方的地平线上。室女座的位置很重要，黄道和天赤道的交点之一——秋分点就在室女座中，也就是说，每年9月16日～10月31日，太阳都会通过室女座，这意味着秋天的来临。室女座最亮的星星是角宿一（室女座α星）。

北斗星

　　北斗星又叫北斗、魁星等，由大熊座的七颗最亮的星组成。七颗星分别为天枢、天璇、天玑、天权、玉衡、开阳和摇光，又叫北斗七星。古人眼里，这七颗星连起来看时，就像个舀酒的斗：天枢、天璇、天玑、天权组成斗身，古代叫魁；玉衡、开阳和摇光组成斗柄。北斗星能帮助人们在夜间辨别方向。北斗星

北极星和极光

的斗柄在春季指向东，夏季指向南、秋季指向西、冬季指向北。

北极星

　　北极星是北方天空的标志。它属于小熊座，是夜空中亮度和位置都比较稳定的一颗星，而且它离北天极很近，差不多正对着地轴，从地球北半球上看，它的位置几乎不变。所以，古代天文学家对北极星非常尊崇，认为众星都绕着它转。也正由于北极星一直最靠近正北方位，所以千百年来，地球上的人们一直都把它看成是北方的标志，用它来导航。

　　实际上，北极星并不总是同一颗星。天极是以约26000年的周期围绕黄极运动的。在这期间，一些离北天极较近的亮星，会顺次成为北极星。公元前2750年前后，天龙座α星曾是北极星，小熊座α星成为北极星只是近1000年来的事，而到公元4000年时，仙王座γ星将成为北极星。

夜空中的北斗七星

夏季星空

夏季星空的重要标志，是从北偏东方向平行地向南方地平线延伸的光带——银河，以及由三颗亮星，即银河两岸的织女星（天琴座α星）、牛郎星（天鹰座α星）和银河之中的天津四（天鹅座α星）所构成的夏季大三角。夏季的银河极为壮美，晴朗无云的夜晚，在没有灯光干扰的野外就能欣赏到。

天蝎座

天蝎座是黄道十二星座之一。它位于天秤座与射手座之间，是一个接近银河中心的大星座。天蝎座是夏季星空最美丽的星座之一。在6～9月，它都悬在南方天空，样子像一只大蝎子。天空晴朗时，天蝎座"尾端"的"倒刺"清晰可见。天蝎座亮星云集，其中最耀眼的亮星是位于天蝎座心脏部位的天蝎座α星。在西方，天蝎座α星被称为天蝎之心；在中国古代，这颗星则叫心宿二。心宿二和金牛座的毕宿五、狮子座的轩辕十四、南鱼座的北落师门都处在黄道附近，而且在天球上各相差大约90°，正好每个季节一颗，因此被合称为黄道带的"四大天王"。

天鹅座

天鹅座是北天球中的星座。它完全沉浸在白茫茫的银河之中，与银河两岸的天鹰座、天琴座鼎足而立。天鹅座中心的几颗星星组成了一个大十字形，所以天鹅座也叫北十字座。在古人的想象中，十字形长长的一竖就是天鹅长长的脖子，一横就是天鹅展开的双翼。

天鹅座中最亮的一颗是天鹅座α星，也叫天津四。天津四是一颗蓝白色的超巨星，亮度在全天排第19位，是夜空中最明亮的恒星之一。除了天津四之外，天鹅座内的其他星星也很明亮。所以，在夏天的夜空中，虽然银河像轻纱，里面繁星密布，但是天鹅座并不难寻找。

夏秋季节是我们观测天鹅座的最佳时期。

穿越 ●●●●●●

牵星术

指南针的发明，让人们在海上航行时再也不为找不到方向而发愁。但如果在海中航行时只知道南、北方向，而不知道自己所在的具体位置，仍会迷失航向，不能顺利到达目的地。我国古代发明的"牵星术"，就解决了这个问题。牵星术是一种利用牵星板来测定船舶在海中位置的定位方法。牵星板由木板和象牙板组成，木板的长度依次递减。使用时，手握牵星板，将手臂伸直，让木板的下边缘保持水平，上边缘对准某颗特定的星星，这样就可以测量出星星距海平面的高度，进而估算出船所在的纬度，确定船所在的位置了。明朝郑和顺利地七下西洋，就是因为有牵星术的帮助。

天蝎座

天鹅座

几颗亮星组成
一个大十字形

天津四是天鹅座
最亮的一颗星

牛郎星

天鹰座

织女星

天琴座

夏季的星空中有许多有名的星座

天鹰座

天鹰座是夏季星空的代表星座之一。每年7～8月的夜晚，它都在银河的东侧，隔着银河与天琴座、天鹅座遥遥相对。天鹰座的主星是天鹰座 α 星，也就是牛郎星。它与天琴座主星织女星、天鹅座主星天津四在夏夜构成了夏季大三角。牛郎星两侧有两颗星，分别是天鹰座 β 星（河鼓一）和天鹰座 γ 星（河鼓三），相传它们是牛郎和织女所生的一对子女。

牛郎星距地球只有16.8光年，是距地球最近的一等星，在全天亮星中排名第12，比织女星稍微暗一点儿。

天琴座

天琴座因为形状犹如古希腊的竖琴而得名。它最亮的星是主星天琴座 α 星，也就是织女星（织女一），相传织女星旁边，由四颗暗星组成的小小菱形就是织女织布用的梭子。

织女星是全天第五亮的星，亮度在北天球排名第二，仅次于牧夫座的大角星。天琴座也有一个很著名的流星雨。它出现于每年的4月19日～23日，尤其以22日的最为壮观。

迷人的秋季星空

秋季星空

　　四季的星空中，秋季的星空是比较寂寥的，因为秋夜的亮星不多，所以辨识起来也较有挑战性，但一群"王族星座"给秋季星空增添了另一番光彩。此时，银河已经转到东北方，北斗七星运行到北方低空区域，要想找到北极星，就要先找到秋季北方星空的主角——仙后座。

仙后座

　　仙后座是秋天的代表星座之一，终年都能看到。仙后座中最亮的五颗星构成了英文字母 "W" 或 "M" 的形状，这是仙后座最显著的标志。仙后座和大熊座分别位于北极星的两侧，通常当仙后座升到地平线上方时，大熊座就没入地平线；当仙后座落下时，大熊座就正好升起，所以这两个星座常常被交替用来当成寻找北极星的指标。

仙王座

　　仙王座位于仙后座西北方向的银河中，靠近北极星，其中的五颗星组成了一个不规则的五边形。仙王座中一颗较亮的星叫造父一。造父一是一颗有名的变星，它的亮度会随着时间的变化，以固定的周期发生变化。

仙后座

仙女座

仙女座是秋天的代表星座之一，被飞马座、仙后座、英仙座、双鱼座所围绕，可以说是秋季星空的中心星座。仙女座 α 星与飞马座 α 星、β 星、γ 星共同组成了一个四边形，叫秋季四边形。仙女座内有一个著名的星体M31，即仙女座星系，也叫仙女座大星云。它是一个与银河系规模大小相近的河外星系，距地球220万光年，是宇宙中离我们最近的星系。

飞马座

飞马座是北天星座之一，位于仙女座西南，宝瓶座、双鱼座以北，是全天第七大星座。秋季四边形及其以西的较大一部分星空，就是飞马座。飞马座的 α 星和 β 星非常亮，而且是秋季四边形的一部分，所以十分易于观测。

飞马座与仙女座、宝瓶座毗邻

图中最亮的星星是英仙座 α 星，它下方有一个反射星云。

英仙座

英仙座是著名的北天星座之一，位于仙后座、仙女座的东面。英仙座的几颗明亮星星的连线很像汉字"人"。秋天的夜晚，只要在北方天空中找到仙后座或仙女座，然后沿着银河往东找，就能找到英仙座。

英仙座 β 星也叫大陵五。大陵五是双星系统，由两颗离得很近的星星组成，当两颗星的运行轨道面与地面上人的视线平行时，其中一颗星就会被另一颗星所遮掩，这时地面上的人就会感觉大陵五的星光变暗了。正是因为这样，所以英仙座的亮度总是会呈现周期性的变化，古人不知道其中的原因，觉得大陵五像一颗神秘莫测的魔眼，便称之为"魔星"。

北落师门

北落师门又叫南鱼座 α 星，它是南鱼座的最亮的星星，距离地球约25光年，明亮程度在全天排第18位。

北落师门是一颗"孤独"的星星。它的周围没有其他比较亮的星星，所以它显得格外醒目。它是秋夜的南方天空中最引人注目的星星之一，也是我国大部分地区在秋夜能够看到的最靠南的一颗明亮的星辰。

"北落师门"这个名字中的"北"指的是北方，"落"指的是战场上的篱笆等防御设施，"师门"指的则是军门。古人把北落师门这颗星星看成是北方天空上天军的军门，所以称之为北落师门。我国汉代长安城的北门——"北落门"就得名于北落师门。在我国古代，北落师门常被用于占卜，来预测国家是否安宁、军队是否强大、出兵打仗是吉是凶等。

穿越 ●●●●●●

英雄玻尔修斯

在西方神话中，英仙座象征着天神宙斯之子珀尔修斯。相传智慧女神雅典娜要珀尔修斯设法去取魔女美杜莎的头，并答应事后把珀尔修斯带入天界。美杜莎的头上长满毒蛇，谁看她一眼，就会变成石头。珀尔修斯脚穿飞鞋，头戴隐身帽，借着青铜盾的反光，避开了美杜莎的目光，用宝刀砍下她的头，然后骑着从美杜莎身体里跳出来的一匹飞马踏上凯旋之路。在回来的路上，珀尔修斯救下了安德洛墨达公主，并与公主结了婚，还将美杜莎的头献给了雅典娜。雅典娜兑现了自己的承诺。她将珀尔修斯带到天上，使珀尔修斯成为英仙座；同时，也将安德洛墨达公主一起带到天上，让她成为仙女座。因此，天上的英仙座和仙女座总是亲密地相依在一起。

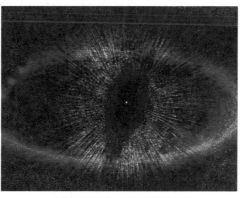

北落师门周围有一个圆盘状的岩屑环

冬季星空

在冬季，繁星争相辉映，镶嵌在深远无边的天幕上。如果能克服严寒，出来看星星，会发现冬季的星空是四季中最为壮观的，许多著名的亮星都出现在冬季的星空里。

猎户座

猎户座高悬在冬季星空的东南方，是冬夜星空中最好认的一个星座。它被金牛、御夫、双子、大犬、波江等明亮的星座环绕着，形状像一个左手持盾、右手挥刀，正在与面前的金牛座的"金牛"搏斗的猎人，而猎户座右下方的大犬座，就是猎户的猎犬。

猎户座最亮的星是参宿七。参宿七、参宿四等四颗星组成了一个四边形，四边形中央有三颗星排成一条直线，好比猎人腰上的腰带。我国民间有"三星高照，新年来到"的说法。在这三颗星下面，还有三颗小星，相传它们是猎人挂在腰带上的剑。

金牛座

金牛座位于猎户座三星的西北方。它的轮廓看起来像一头双角前伸的公牛，西方人把这头牛看成是天神宙斯的化身。金牛座最亮的星是金牛座 α 星，中国古代称之为毕宿五。

金牛座中最有名的天体是"两星团加一星云"。即昴星团、毕星团和著名的大星云 M1——"蟹状星云"。昴星团有上百颗星，其中有七颗星特别好认，俗称七姐妹。西方神话中，这些星代表泰坦神族的天神阿特拉斯的七个女儿，中国古代则称这七颗星为七簇星。毕星团在星图中是金牛的脸，它距离地球143光年，是离地球最近的星团。

凄美的猎户座

相传狩猎女神爱上了猎户，陶醉在爱河里的狩猎女神只顾和爱人相处，而疏忽了自己的职责，这使得狩猎女神的哥哥——太阳神阿波罗极度不满，所以阿波罗决定想办法杀死猎户。有一天，天上的阿波罗发现猎户在海中游泳，于是他和妹妹狩猎女神打赌谁能射中大海中的小黑点，而这个小黑点，正是猎户。狩猎女神不知道哥哥设计了圈套，便同意了哥哥的提议。她箭法如神，一箭就射中了海中的小黑点。直到猎户的尸体漂到岸上，狩猎女神才知道自己竟然亲手杀死了最爱的人。悲痛欲绝的狩猎女神于是把猎户的尸体带到天上，使之成为现在的猎户座，猎户的两只忠心的猎犬也跟随主人来到天上，成了今天的大犬座和小犬座。

金牛座

天狼星是全天最亮的一颗星

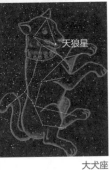

大犬座

大犬座位于南方天空，它的主星大犬座 α 星就是著名的天狼星。天狼星是全天最亮的一颗星，同时也是离地球最近的恒星之一。冬季星空中明亮的冬季大三角，就是由大犬座的天狼星、小犬座的南河三和猎户座的参宿四共同组成的。

古埃及人视天狼星为"圣星"，因为天狼星黎明前从东方升起的时候，就是尼罗河即将泛滥的时候，而尼罗河泛滥能让土地更加肥沃，更有利于粮食的生长。所以每到天狼星黎明前从东方升起的时候，古埃及人都会进行庆祝。

大犬座

御夫座

御夫座是北天星座之一，位于猎户座和金牛座的北面。御夫座由一个特别醒目的五边形组成，五边形有一半浸在银河中。

御夫座的主星御夫座 α 星在我国古代被称为五车二。它的亮度在全天排第六，在冬季的夜空中非常引人注目。

每年九月，御夫座都会给地球上的人们带来两场流星雨，一场是每年8月25日~9月5日出现的御夫座 α 星流星雨，另一场是每年9月5日~10月10日的御夫座 δ 星流星雨。

御夫座

位于猎户座的马头星云是最著名的星云之一

南天星空

在地球的南半球看星星，你会发现南半球的星空和北半球的星空是不一样的。此时，星空中再也见不到北极星的身影，也很难寻找到北斗七星的踪迹，同时，你会发现一些在北半球很难见到的亮星，如南十字座、老人星等。

巴西国旗

新西兰国旗

澳大利亚国旗

巴布亚新几内亚国旗

萨摩亚国旗

国旗上的南十字座

南十字座

南天星空中的美丽星云

南十字座

南十字座位于半人马座与苍蝇座之间，是全天88个星座中最小的星座。南十字座虽然是个小星座，但它包含四颗非常明亮的星星，即十字架一（南十字座 γ 星）、十字架二（南十字座 α 星）、十字架三（南十字座 β 星）、十字架四（南十字座 δ 星），这四颗亮星组成了一个十字形，沿这个十字形的一竖向下方一直划下去，就能找到南极。

因为南极上方没有足够明亮的恒星，所以在南半球生活的人们常通过南十字座来辨别方向。南半球许多国家的国旗上，都有南十字座的图案。新西兰的国旗上有省略了 ε 星的南十字座，澳大利亚、巴西、巴布亚新几内亚和萨摩亚的国旗上也都有南十字座。

半人马座

半人马是西方古代神话中的一种半人半马的动物。半人马座就是一个形似半人马的星座。它位于长蛇座以南、南十字座以北，处于圆规座、豺狼座与船帆座之间，常见于南半球秋季的夜晚。半人马座中最亮的两颗星——黄色的南门二（半人马座 α 星）和蓝白色的马腹一（半人马座 β 星）靠得很近。明朝郑和下西洋时，曾用它们来导航，称它们为"南门双星"。

半人马座的NGC5128星系

老人星

　　老人星就是船底座α星，也叫"南极老人""南极仙翁"。它比太阳亮10000倍以上，既是船底座中最亮的星，也是全天第二亮星，亮度仅次于天狼星。

　　老人星位于银河亮丽的部分，是南半球夏季傍晚的主要亮星。对于生活在南纬40°的人来说，它是一颗永不下落的星。在我国长江和长江以南地区，能看到老人星在南方天空的地平线附近短暂地出现。在我国古代人眼里，它是一颗象征长寿的星，所以也被称为长寿星。

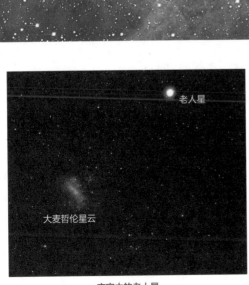

夜空中的老人星

穿越 ●●●●●●
星座的小秘密

　　组成星座的星星看上去似乎是聚集在一起的，可实际上它们并不一定彼此离得很近，只是从地球上看，它们之间的距离很近而已。而由于宇宙中每颗恒星都在移动，所以几十万年后，恒星会移动到不同的位置，到时候星座的形状和今天相比，必然也会有所不同。

太阳系
SOLAR SYSTEM

环境与生命

Environment and Life

太阳系

太阳系是一个受太阳引力影响的太空区域。太阳系的主要成员包括太阳、太阳系八大行星（水星、金星、地球、火星、木星、土星、天王星、海王星）及其卫星，还有不少矮行星、小行星、彗星、流星和行星际物质。

太阳是太阳系的中心天体，它的质量占太阳系总质量的**99.86%**。如果把太阳系比作一个大家庭，太阳就是一家之主。太阳系中的其他天体，都在太阳的引力作用下，绕太阳公转。

彗星

彗星轨道

太阳

水星

火星

金星

地球

小行星带

天王星

海王星

行星

行星通常指自身不发光，环绕着太阳等恒星运行的天体。行星的公转方向通常与其所绕恒星的自转方向相同。一般来说，被判定为行星的星球需要近似于圆球状，要绕着恒星运行，而且要有自己相对固定的运行轨道。

行星不同于小行星，图为接近地球的小行星。

卫星

围绕行星运行的天体，叫卫星。月球就是地球的卫星。绕行星转动的方向和行星绕恒星转动方向相同的卫星，叫顺行卫星，反之叫逆行卫星。

除了天然卫星，还有人造卫星。围绕行星运行的人造天体，就是人造卫星。

人造卫星

彗星

木星

土星

太阳

太阳是太阳系的中心天体。它是一颗自己能发光发热的气体星球，也是离我们最近的一颗恒星，与地球的平均距离约有1.5亿千米。太阳光从太阳来到地球，大概需要约500秒。

太阳的体积是地球的130万倍，质量是地球的33.2万倍，占太阳系总质量的99.86%。太阳大气中绝大部分是氢和氦。在高温、高压条件下，这些元素发生了核聚变反应。在核聚变的过程中，太阳损耗了一些质量，释放了大量能

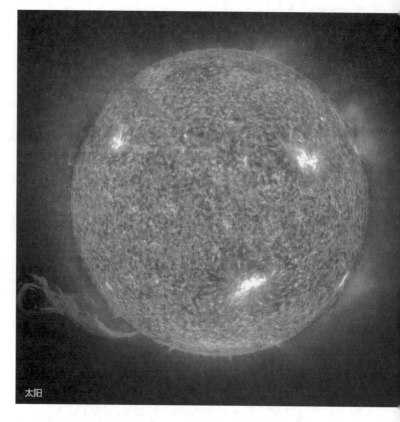

太阳

量。使太阳发光发热的，就是这种能量。我们平常看到的太阳，只是它大气的最里层，叫光球。光球从内到外可以分为三层，分别是核心、辐射层和对流层。

穿越 ●●●●●●

罕见的"方太阳"

一艘探险船正在海上航行，当它快接近南极时，船上的人忽然发现天上挂着一个奇怪的天体。这个天体四棱四方，闪烁着阴冷惨白的光。这让探险家们感到十分震惊。后来，科学家们进行了研究，发现这个神秘的天体竟然是太阳！可是太阳怎么会是方的呢？原来，这是因为当高层大气中飘浮着一定浓度的小冰晶粒时，太阳光就会产生反射或折射。这时圆圆的太阳在人们眼里，就可能被看成方的。当然，这种"方太阳"比较罕见，它一般出现在高纬度地区。

对流层

辐射区

光球

核心

核心中的热量
不断向外辐射

对流层

太阳黑子

太阳黑子

包裹着太阳光球的，是太阳大气。太阳黑子就是太阳大气中的旋涡状气流。它们靠近光球表面，有单个的，也有成对的，但多数是成群出现，叫黑子群。

黑子是太阳活动的重要标志。它们的形态会不断发展，并在太阳表面持续移动位置。大黑子群出现时，太阳的表面常会出现大耀斑，也就是太阳的局部地区会突然变得更明亮。这种现象持续的时间很短，天文学家称之为太阳风暴。太阳风暴会扰乱地球磁场，还会在地球的两极地区引发极光。

太阳黑子引发的一个中等大小的耀斑，相当于几十万次强火山爆发的能量。

我国西汉古墓出土的帛画上，在太阳图案中画了一只乌鸦，这只乌鸦代表的正是太阳黑子。

中间较暗的部分
为黑子的本影

本影周围稍亮的部分为黑子的半影

太阳黑子的温度，比光球低一两千摄氏度，所以相比较就显得黑了，如果它们单独出现，也会光芒四射。

太阳风

太阳会向宇宙空间不间断地发射粒子流，这种电子流就是太阳风。日冕中的低密度和低温地区释放出的太阳风通常速度很快，粒子很多，从太阳其他地区释放出来的太阳风速度则比较慢，粒子也较少。彗星的彗尾之所以始终不会朝着太阳，而是向着太阳的相反方向，正是由于太阳风的存在。太阳风也会吹向地球，地球附近太阳风的速度约为500千米/秒。

黑子多时的日冕景象

日冕

太阳的大气层从里向外分为光球、色球和日冕三层，最外面的一层大气就叫日冕。日冕很厚，可以延伸到5～6个太阳半径的距离，甚至更远。日冕的温度高达1000000℃～2000000℃，但它却很暗，亮度仅为太阳光球亮度的百万分之一，比地球地面上的天空亮度暗得多，所以我们只有用专门的日冕仪，或者在日全食时才能看见它。日全食时，我们能看见日冕是银白色的。

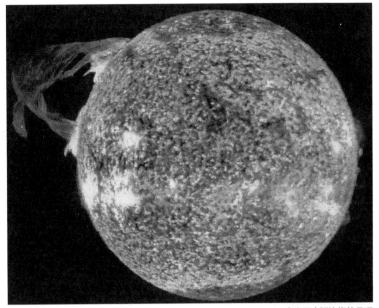

突出于太阳边缘的日珥

日珥

在太阳的色球边缘，镶着一个红色的环圈，上面跳动着鲜红的火舌，这种火舌状物体就叫日珥。日珥是在太阳的色球层上产生的一种非常强烈的太阳活动，有篱笆状、云彩状、喷泉状和圆弧形等形状。它分布的范围比太阳黑子广。

日食

月球会绕着地球运转，地球会带着月球一起绕着太阳运转。当月球运行到太阳和地球之间时，从地球上看，它刚好挡在太阳前面，使太阳的一部分被遮住，或者完全被遮住，这便是日食。日食有不同的类型。太阳只有一部分被遮住的日食，叫日偏食；太阳完全被遮住的日食，叫日全食；有时月球离地球比较远，只能挡住太阳的中间部分，让太阳看上去像个细细的圆环，这种日食则叫日环食。日全食开始或者即将结束的瞬间，太阳的圆面被月球的圆面遮蔽成一条细圆线时，月球圆面边缘高低不等的山峰有可能把细圆线切断，形成一串光点，好像是一串珍珠高挂在天空，这种现象叫倍利珠现象。

观测日食时，不能用望远镜直接看太阳，否则容易伤害眼睛，必须戴上墨镜，或使用有滤光镜的望远镜进行观测。

黑子少时的日冕景象

日偏食

日全食

日环食时的倍利珠现象

类地行星

太阳系中的八个大行星，按大小、质量和距太阳远近的不同，分为类地行星、类木行星两种类型。类地行星以地球为代表，包括水星、金星、地球和火星，它们都是体积小、质量小、含金属元素比较多、密度大、自转比较慢、卫星少的星体。类地行星中，地球和火星都有卫星，水星和金星一直没有发现卫星。

水星

水星是太阳系八大行星中最小的行星，也是距太阳最近的行星。在西方，它被称为"Mercury"，代表希腊神话中的信使之神；在我国古代，它被称为辰星，西汉之后有了"水星"这个名字。

水星虽然叫水星，但它的表面并没有水，周围也没有大气。正午时分，在水星面向太阳一面的赤道上，温度高达400℃以上，而在背向太阳的那个半球上，温度却可低到-170℃。不仅如此，在白天和晚上，水星表面的温度也能相差400℃～500℃，这在太阳系的行星和卫星中，是绝无仅有的。

在太阳系八大行星中，水星公转速度最快、公转周期最短，公转周期约要88个地球日。因为水星赤道和它公转轨道之间的倾角非常小，所以水星上没有季节之分，其赤道上空的日光总是直射，两极地区的日光总是斜射。

每当水星运行到太阳和地球的轨道之间，而且三者恰好又处于同一视线方向附近时，我们通过望远镜，能发现水星呈小黑圆点状自东往西地从太阳前通过，这种现象叫水星凌日。水星凌日平均每100年出现13次。

水星表面布满了密密麻麻的陨石坑

金星

天亮前后，东方地平线上有时会看到一颗特别明亮的星星，我国古代人叫它启明星；黄昏时，西方天空也会出现一颗非常明亮的星星，我国古代人叫它长庚星。其实，启明星和长庚星是同一颗星，也就是太阳系八大行星之一的金星。

从地球上看，金星是天空中最亮的星。西方人认为，它是爱与美的象征，所以叫它"Venus"，也就是希腊神话里的爱神维纳斯。

金星在大小、质量、物质构成等方面都和地球很相似。不过，因为金星是距太阳第二近的行星，比地球离太阳近，所以温度比地球要高。另外，金星上虽然也有一层大气，但大气的主要成分是二氧化碳，这种环境不适合人类生存。金星自转很慢，自转一周需要243个地球日，是八大行星中自转最慢的行星。而且，它的自转方向也与其他大多数行星相反，是从东往西自转的。

和水星一样，金星也会发生金星凌日的现象，金星凌日每两次为一组，两次之间相隔8年，两组之间则会相隔100多年。

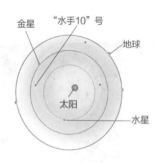

行星探测器"水手10"号
从地球飞向水星的运行轨道

金星

金星表面的电脑模拟图像

火星

火星是太阳系的八大行星之一，也是离太阳第四近的行星。西方人称火星为"Mars"，指的是罗马神话中的战争之神。在我国古代，火星被称为荧惑，西汉之后始称火星。

从地球上看，火星是一颗红色的行星。它之所以会呈红色，是因为表面的岩石富含大量铁元素，铁元素的氧化物是红色的。

火星也有大气和水，是太阳系中除了地球之外最适宜人类居住的行星。不过火星的大气层很稀薄，平均气压仅约为地球的0.001%。火星大气的成分也和地球不同，其中95%是二氧化碳，只有少量的氧气和水蒸气。

和地球相比，火星要小很多，它的半径仅为地球的53%，质量仅为地球的11%，体积仅为地球的15%，但它的公转周期却比地球长，公转一周需要约687个地球日，是地球公转一周时间的两倍多。

火星整体的温度很低，其表面的年平均温度低达-63℃，夏季时，火星赤道附近最高温度仅27℃。有科学家设想，可以在火星的卫星轨道上放置一些镜子，通过反射太阳光，提高火星的表面温度。这样一来，火星的表面就会变得适宜动植物生长、生存，也适合人类移居了。

火星的卫星

火星有两个卫星，分别为火卫一和火卫二。所以从火星上看，天上有两个"月亮"。

火卫一和火卫二是1877年美国天文学家A.霍尔用望远镜观测发现的。这两个卫星的表面都布满了陨石坑，还有一些环形山。不过，它们并不像月球一样是圆形的，而是呈边缘不规则的马铃薯形。其中火卫一比火卫二略大一些。

据科学家推测，火卫一和火卫二可能都是很久以前被火星俘获的小行星。

火星冲日

每当地球运行到太阳和火星轨道之间时，火星、地球和太阳会排成一条直线，这时火星的方位称为冲，这一现象则叫火星冲日。火星冲日平均每780天发生一次。火星冲日时，火星距地球较近，能从日落到日出整夜出现在地球的星空上，因此是地球上人们观测火星的最好时机。每隔15～17年，火星会离地球特别近，这时发生的火星冲日叫大冲。

火星上的水手谷

让人类登上火星，是不少航天研究者的梦想。

火星

火星的空间探测

火星是太阳系中除了地球之外最适宜人类生存的行星，离地球也很近。因此，为了实现未来人类登陆火星的梦想，从20世纪60年代到现在，人类共进行了几十次对火星的空间探测。

美国在20世纪60年代发射的"水手"行星际探测器系列，先后实现了对火星地形、地貌的成像和测绘等任务。20世纪70年代，美国的"海盗"1号和2号先后实现了环火星考察和着陆探测。1997年，美国发射的"火星全球勘测者"和"火星探路者"飞临火星，拍摄并送回约16000幅火星的图像，照片上的地貌显示火星早期曾爆发过大洪水。2001年，美国的"奥德赛"号火星探测器飞临火星，成为21世纪第一个成功运作的火星探测器。2004年，欧盟发射的"猎兔犬"2号、美国发射的"勇气"号和"机遇"号相继飞临火星。2008年，美国发射的"凤凰"号火星车在火星着陆，"凤凰"号获得的样本，让人类确定火星上有水存在。

"勇气"号火星探测器

地球

地球是太阳系八大行星之一，也是距离太阳第三近的行星。

1961年4月12日，世界上第一名航天员苏联苏的Yu. A.加加林驾驶"东方"1号飞船首次从上百千米的高空鸟瞰地球时，惊异地发现，地球是一个蔚蓝色的大水球。地球之所以如此蔚蓝美丽，正因为它是太阳系中唯一一个表面和地下都有液态水的星体，地球表面约71%的面积是海洋，约29%的面积是陆地。

和太阳系的其他行星一样，地球会自转。地球自转的方向是自西往东的，自转一周为地球上的一昼夜，约23时56分4秒。同时，地球还在绕太阳公转，公转一周为地球上的一年，约365.25天。正是因为自转和公转，地球上才有了昼夜的交替和四季的变化。

地球是一个略扁的椭球体，约有46亿年的历史。它由固体地球、表面水圈、大气圈和生物圈所组成。

固体地球由外向内分为地壳、地幔、地核三个圈层。地壳是固体地球的最上层部分；地幔约占地球总质量的66.9%；地核则分为外核

从太空中看到的地球

和内核两部分，外核为液态，内核为固态。地核的温度随深度的变化而变化。地核中心的温度高达4500℃~5000℃。从这种意义上讲，地球是个大火炉，内部贮藏着巨大的能量，可供人们去开发利用。

地球的表面水圈是地球表层所有水体的总称，其中97.3%都是海洋，2.1%是南极和北极的冰雪，其余部分则是河流、湖泊和地下水。

大气圈是地球的保护伞，它厚达2000千米以上，不但能吸收来自宇宙的不少辐射，还为地球上各种生命提供了宝贵的氧气。

生物圈包括大气圈的下部、岩石圈的上部和整个水圈，是动物和植物等赖以生存的家园。人是生物圈中占统治地位的生物，但人类对生物圈的改造应当有一定限度，一旦超过限度，生物圈的生态平衡就会遭到破坏。

地球还是个大磁体，它的磁场范围可以延伸到地面以上数千千米的高空，因此在地球表面任何位置，人们都可以用指南针指示方向。

地球是人类迄今已知的太阳系中唯一有生命存在的星球。人类只有一个地球，我们应当珍惜和爱护它。

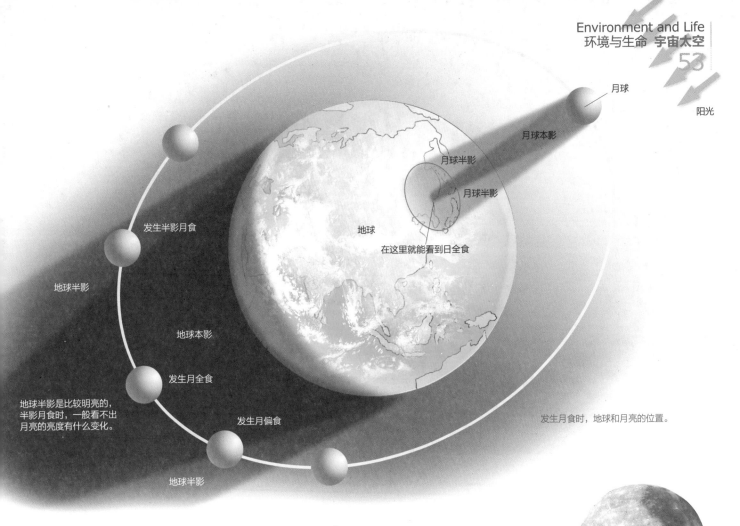

月球

月球半影

月球本影

月球半影

地球

在这里就能看到日全食

发生半影月食

地球半影

地球本影

发生月全食

发生月偏食

地球半影

地球半影是比较明亮的，半影月食时，一般看不出月亮的亮度有什么变化。

发生月食时，地球和月亮的位置。

阳光

月球

月球

月球就是我们平时说的月亮，它是地球唯一的卫星，也是距离地球最近的天体，与地球之间的距离为38.44万千米。

月球的体积相当于地球的1/49，质量为地球的1/81，表面重力只相当于地球表面的1/6，所以在月面上行走的宇航员，总是会感觉自己轻飘飘的。

和地球一样，月球也是自西向东自转的，自转周期需要约27.3天。有趣的是，月球的公转周期和自转周期是相同的，所以月球总以同一个半球朝向地球。

月球本身不发光，只反射太阳光，但它离地球近，所以在地球的夜空中显得最亮。由于太阳、月球、地球之间的相对位置不断发生变化，所以我们从地球上看月亮，会发现月亮有圆缺的变化。月亮从圆到圆，或从缺到缺变化一周，叫一个朔望月，差不多是29.53天。

月亮表面坑穴星罗棋布，环形山众多，直径大于1000米的环形山（也叫月坑）有3.3万多个。它们大都是各种天体冲击月面和月球火山活动的产物。月亮引力小，没有大气和液态水，昼夜温差很大，所以没有生命存在。但月球与地球关系非常密切，地球上的潮汐就是太阳、月球以及太阳系其他天体的引力作用的结果。

月食

当地球运行到月球和太阳之间，三者差不多在一条直线上时，地球把太阳射向月球的光都挡住了，这时从地球上看，就发生了月食。月食有不同的类型，月面被全部挡住的月食是月全食，月面被部分挡住的月食是月偏食。月食通常发生在农历十五、十六日，但不是每个月都会发生月食，因为月球绕地球的轨道和地球绕太阳的轨道之间有一个约5°的夹角，当月球从太阳和地球的上面和下面转过时，是不会发生月食的。

月球

月球探测器

穿越 ●●●●●●

无水的海洋

月球上较暗的区域叫月海。月海其实不是海，只是因为最初天文学家误以为月球上的这些区域是海洋，所以称之为月海。实际上，月海是月球上的平原。天文学家认为，这些平原是月球诞生初期喷发的熔岩形成的。当时，熔岩大量涌出，并注入了月球表面的巨大盆地，岩浆冷却和凝固后，就形成了今天开阔平坦的月海。月海上的环形山，则是流星撞击形成的。

图中下方为木星，上方为四个伽利略卫星。

穿越 ●●●●●●

不可小觑的太空碎片

由于火箭燃料箱、航天器电池爆炸等原因，太空中已经发生了几百次爆炸。每次爆炸都会产生无数碎片。如今，大约有19000个直径大于10厘米的碎片和数百万个更小的碎片环绕着地球运行。截止到2005年，美国的航天飞机在54次飞行任务中，共被太空碎片和小陨石击中舷窗1600多次！有些碎片的运行速度高达27000千米/时，所以即使碎片体积很小，也有堪比高速子弹的破坏力。一旦人造卫星被这种碎片击中，会受到严重损伤。为防止这种情况发生，国际空间站装有特殊的防护罩，美国军方也会追踪大块碎片，并在大块碎片可能和航天器相撞时发出预警。

类木行星

类木行星是类似于木星的气体行星，包括木星、土星、天王星和海王星。但天王星、海王星与木星、土星有许多不同，所以有时类木行星只指木星和土星。木星和土星的体积和质量都很大，它们自转比较快，而且卫星多，主要组成物质是氢和氦。目前人类已发现木星有63颗卫星，土星有62颗卫星。

木星

木星是太阳系八大行星之一，也是太阳系中最大的行星。它的体积是地球的1300多倍，质量是地球的300多倍。从地球上看，它是太阳系中亮度仅次于金星的行星。从地球上看，它是仅次于金星的亮星。木星堪称太阳系的行星之王，它在西方的名字"Jupiter"，指的就是罗马神话中的主神。

木星是典型的类木行星。它的南北两个半球上沿赤道带分布着形态多变的条带状和斑纹状云系，在木星的照片上，我们能看到这些云系。在木星的南半球，还有一个椭圆形"大红斑"。"大红斑"是木星大气中的一个旋涡状风暴气旋。它的宽度相当恒定，约有1.4万千米；但长度不恒定，几年内就能从3万千米变到4万千米。

木星上的大红斑

木星的内核非常小，只占木星整体半径的5%，内核外是厚度占木星整体半径95%的液态氢壳层，所以木星是一个典型的液态行星。木星最突出的特征就是它扁球形的外貌，这是因为它自转速度快，不到10个小时就能转一周，所以木星赤道附近明显地鼓了起来。木星还有一个宽约9000千米的绚丽光环。

伽利略卫星

木星的卫星众多，目前人类已知的木星卫星多达63个；其中最大的四个卫星是伽利略在1610年首次观察到的。按与木星由近及远的距离，它们分别被称为木卫一、木卫二、木卫三和木卫四，统称为伽利略卫星。四个卫星中，木卫三最大，直径为5270千米，比水星还大。木卫二最小，直径为3130千米，但仍比冥王星大。

据科学家研究，木卫一不时有猛烈的火山喷发；木卫二的表面是一层冰水圈，或许有某种形态的生命；木卫三或许有过水，被认为可能是具备生命诞生条件的天体。

土星

土星是太阳系八大行星之一，西方称它为"Saturn"，指的是罗马神话中的农神。中国古代称它为填星或镇星，西汉之后始称"土星"。按离太阳由近及远的次序排列，土星在太阳系八大行星中位居第六；按大小和质量排序，土星则在八大行星中位居第二，仅次于木星。

土星和木星很相像。它的体积约为地球的744倍，质量约为地球的95倍，与木星同属于巨行星；而且土星和木星一样，没有坚硬的外壳。它的核心是岩石核心，核心外包围着5000千米厚的冰层，冰层外是8000千米厚的金属氢区，再往外是宽度为36000千米的分子氢区，最外面还有一个大气层。土星绕太阳公转，公转一周约29.4个地球年。土星有四季，但每一季的时间长达7年多，而且即使是夏季也极其寒冷。土星自转很快，自转一周只要10小时39分钟。

巨大的土星环

土星环

土星有七个同心的光环，光环非常壮观，土星因此也被誉为"圆环行星"。1610年，意大利天文学家伽利略首先发现了土星环。科学家如今已经证明，土星环是由许多大小不等的块状物质组成的。土星的光环是个环系，共有五个"环"和四个"缝"。五个"环"分别叫C环、B环、A环、F环、G环，四个"缝"分别叫"法兰西""卡西尼""恩克"和"先驱者"。其中，最靠近土星的是C环，最靠外的是G环。C环、B环和A环是最亮的三个主环，我们用小型天文望远镜就可以观测到它们。

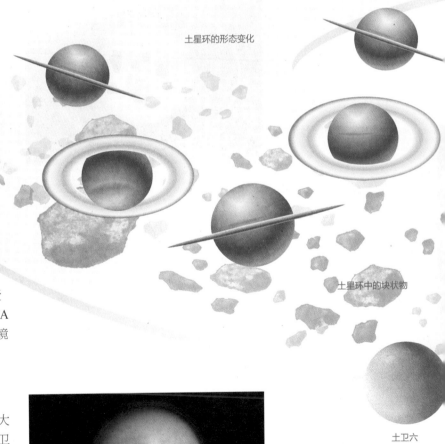

土星环的形态变化

土星环中的块状物

土卫六

土卫六

土卫六又叫泰坦、提坦。它是人类已知最大的一颗土星卫星，直径约为5150千米，略小于木卫四，是太阳系中的第二大卫星。土卫六的大气中含有有机物，地表覆盖着水和冰，环境和地球早期的情况十分相似，因此探索土卫六有助于揭开地球生物的诞生之谜。为了更多地了解土卫六，人类制造了"惠更斯"号探测器。"惠更斯"号已在土卫六表面成功登陆。

土卫六的照片

远日行星

在太阳系的行星中，天王星、海王星是离太阳较远的行星，我们因此称它们为远日行星。天王星和海王星的质量、半径及天然卫星数量等情况，均介于类地行星和类木行星之间。

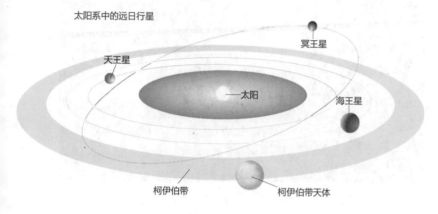

太阳系中的远日行星

海王星

海王星是太阳系八大行星之一。西方称它为"Neptune"，意为"海王之神"，中国取其译名为海王星。

海王星是太阳系的类木行星中最近似球形的行星，质量约为地球的17倍，体积约为地球的40倍，赤道半径约为地球的3.9倍。除了自转轴的指向外，海王星与天王星的其他天文特征、物理性质和化学组成都很相似，两者可以说是太阳系内的"孪生行星"。海王星是太阳系八大行星中离太阳最远的行星。它自转一圈需16小时6分，比天王星略快，公转一圈约为165个地球年。

海王星大气的主要成分是氢、氦和少量甲烷。甲烷能吸收太阳的红光，当红光从可见光中被剔出后，就剩下了蓝光。所以我们用望远镜看到的海王星是一颗蔚蓝的星球。

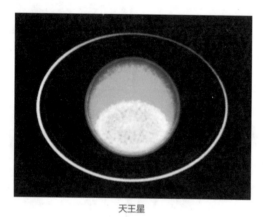

天王星

天王星

天王星是太阳系八大行星之一。西方称它为"Uranus"，意为"天王之神"，中国天文学家取其译名为天王星。

天王星是1781年由德国天文学家F. W. 赫歇耳观测到的。它是第一个用望远镜发现的大行星，质量约是地球的15倍，赤道半径为25559千米。按距离太阳由近及远的次序排列，天王星在太阳系八大行星中位居第七。

天王星公转一周需要将近84个地球年，自转一圈需要17小时14分，是太阳系的类木行星中最慢的一个。天王星的自转轴几乎平行于它的公转轨道，天王星就像躺在公转轨道上绕太阳运行一样。所以天王星上的昼夜交替和季节变化十分特别，它的南极和北极每42年才转向太阳一次。如果来这里旅游，游客将在42年里每天24小时都能见到太阳，而另42年则将一直是漫漫的长夜。

天王星有27颗已知的卫星，其中多数是以莎士比亚戏剧中人物的名字来命名的。

海王星环

海王星有固态颗粒组成的环系，目前人类已探测到五条环带，它们从里向外是伽勒环、勒威耶环、拉塞尔环、阿拉戈环和亚当斯环。最内环距行星中心1.68个行星半径，最外环距行星中心2.53个行星半径。

勒威耶

1846年，法国天文学家U. 勒威耶与英国天文学家J. C. 亚当斯，几乎同时通过计算出了海王星的位置。在勒威耶计算结果的基础上，德国柏林天文台的J. G. 伽勒首先用望远镜看到了海王星。因此，海王星被称为"笔尖上发现的行星"。

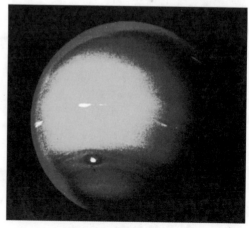

海王星

矮行星

　　矮行星是介于大行星和小天体之间的一类天体，它们绕太阳公转、具有足够的质量、呈圆球形，但不能清除轨道附近的其他物体。2006年，国际天文学联合会大会投票通过新的行星定义，不再将传统太阳系九大行星之一的冥王星视为大行星，而将其归入矮行星的行列。太阳系现有的矮行星包括冥王星、谷神星、鸟神星、妊神星等。随着人类的不断观测，被发现的矮行星会越来越多。

冥王星

谷神星

冥王星

　　冥王星曾是太阳系九大行星中的一员，2006年被降为矮行星。冥王星离太阳最近时，会运行到海王星轨道的内侧。1979～1999年，冥王星的运行轨道正是这样。冥王星是一颗极其寒冷的星球。即使在夏季，冥王星表面的温度也只有-230℃。即使在白天，冥王星上的亮度也比地球上低900～2500倍，可以说是"黑暗的白天"。

谷神星

　　西方天文学家按照大行星以古代神话中的神灵为名的传统，把罗马神话中的女性小精灵的名字作为了小行星的名字。谷神星就是1802年被天文学家F. W. 赫歇尔普列为"小行星1号"的小行星。在谷神星之后发现的小行星则叫智神星、婚神星等名字。因为谷神星的直径超过1000千米，2006年它被提升为矮行星。

穿越 •••••

冥王星的苦恼

　　《伊索寓言》中有个鸟兽争斗的故事。鸟与兽是阵线分明的敌对方，这让蝙蝠犯了难。鸟认为蝙蝠有可以爬行的四肢，是兽类派来的"间谍"；兽则认为蝙蝠有双翅，能在天空飞翔，不是兽类。

　　在20世纪70年代前，冥王星的处境就类似寓言里的蝙蝠。那时它虽是太阳系的九大行星之一，但若按类地行星和类木行星的分类方法，它被分在哪类里似乎都不合适。因为前者质量和体积较小，平均密度较大，卫星很少，且离太阳很近；后者刚好相反。冥王星虽质量大，但距离太阳却最远，其轨道也与其他八大行星有较大区别，所以后来它干脆从九大行星中被除名了。

冥王星和它的卫星卡戎

卡戎

冥王星

小行星

小行星是在体积和质量方面都比大行星小很多的固态小天体，它们的大小在几厘米到1千米之间。太阳系的小行星绝大多数分布在火星轨道和木星轨道中间的小行星带中，总数不下百万个。

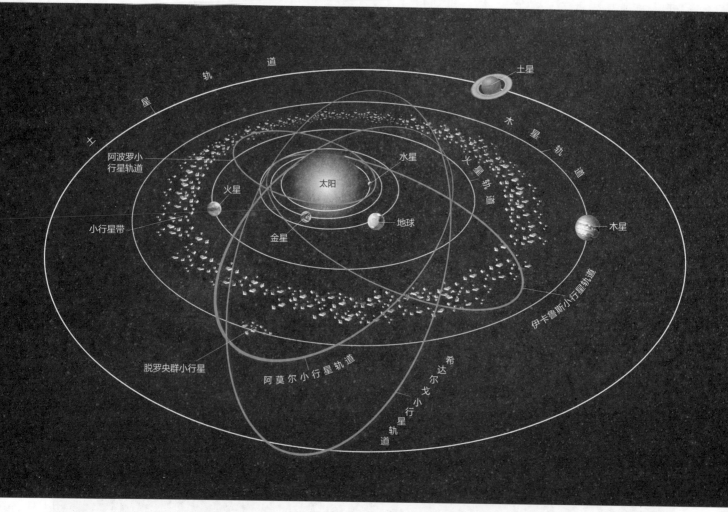

小行星带

在火星和木星的轨道之间，有一片小行星大量集聚的天区，这就是小行星带。1801年元旦，意大利科学家G.皮亚齐在这里发现了第一颗小行星。从此以后，这里不断有小行星被发现并编号。科学家们估计，小行星带内大约有数以百万的小行星。

近地小行星

小行星的轨道多种多样，有的不仅越出了木星轨道，甚至跑得更远；有的则跨进了火星轨道，穿越地球轨道，走到了比金星更接近太阳的空间。人们对那些可能与地球擦身而过的小行星比较关注，称它们为近地小行星。

柯伊伯带

一些天文学家认为，在海王星轨道的外侧，存在一个叫柯伊伯带的空间区域。那里聚集着许多小天体，它们数量庞大，大小不一。我们发现的一些小行星和彗星，就是柯伊伯带中的天体。

柯伊伯带中的天体

彗星

在繁星点点的天空中，每隔一定的时间，就会出现一个头部像星、后面却拖着一条长长尾巴的天体，这就是彗星。彗星有时像一把倒挂在天上的"扫帚"，所以人们也叫它扫帚星。

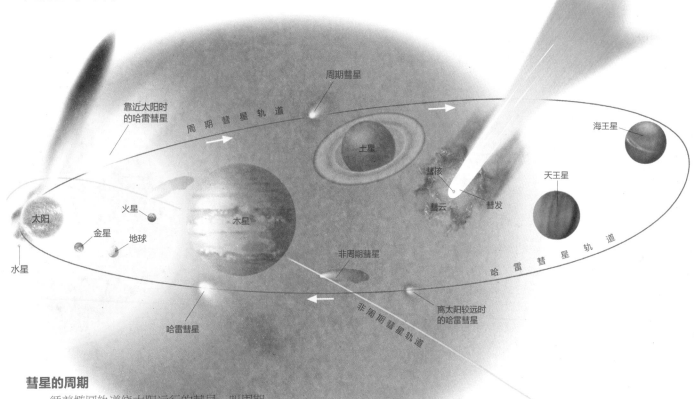

周期彗星

靠近太阳时的哈雷彗星

周 期 彗 星 轨 道

土星

海王星

彗核

天王星

彗云   彗发

火星

太阳

金星

地球

木星

非周期彗星

哈 雷 彗 星 轨 道

水星

哈雷彗星

非 周 期 彗 星 轨 道

离太阳较远时的哈雷彗星

彗星的周期

循着椭圆轨道绕太阳运行的彗星，叫周期彗星。它们每运行一个周期，就会到太阳和地球附近一次，这时我们才会观测到它们。周期在200年以内的彗星，叫短周期彗星；周期大于200年的彗星，叫长周期彗星。有些彗星是太阳系的"过路客"，从太阳和地球附近离去后，就再也没有机会回来了，它们叫非周期彗星。

哈雷彗星

E. 哈雷是英国的天文学家、数学家。1676年，他在南大西洋的圣赫勒拿岛，建立了南半球的第一个天文台，并测编了第一个南天星表。18世纪初，他通过计算推测出一颗彗星每隔约76年回归一次，并且预言这颗彗星将在1758年底或1759年初再度回归，结果彗星果然如期而至。后来这颗彗星被命名为哈雷彗星。

彗星的构造

一颗明亮的大彗星包括彗头和彗尾两部分。彗头中央的明亮部分是彗核，周围蓬松状的包层是彗发。彗发的直径有可能达到几十万千米，甚至更大。彗发外面的包层是彗云，也叫氢云，彗云的直径往往有上千万千米。彗核、彗发和彗云合称为彗头。从彗头向后延伸出去的是巨大的彗尾。

1986年哈雷彗星回归时，中国（左）和英国（右）发行的邮票。

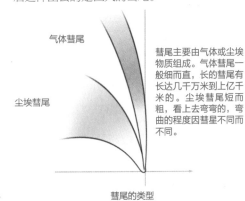

气体彗尾

尘埃彗尾

彗尾的类型

彗尾主要由气体或尘埃物质组成。气体彗尾一般细而直，长的彗尾有长达几千万千米到上亿千米的。尘埃彗尾短而粗，看上去弯弯的，弯曲的程度因彗星不同而不同。

• 超级视听 •

小行星有多可怕？

流星

晴朗的夜晚，常能看见一条亮线从空中一闪而过，随后便消失得无影无踪，这就是流星。行星际空间中，存在着大量不发光的微小尘粒和其他固体物质，它们高速进入地球大气层时，与大气分子碰撞、摩擦而燃烧发光，便会成为流星。

火流星

流星雨

穿越 ••••••

月球流星

除了地球，火星和月球等其他星球上也会出现流星。不过，月球上的流星可远远没有地球上的流星那么"温柔"。由于月球上没有大气，所以流星不会在天空中烧毁，而是会直接撞击月球并发生爆炸，同时迸发闪光。这种爆炸的能量相当于45千克的炸药！当月球越过稠密的彗星尘埃流时，月球上因爆炸产生的闪光可能每个小时都会出现一次。

火流星

亮度超过金星，甚至在白天也能看见的流星，叫火流星。

火流星属于偶发流星，也就是出现的时间和方向没有什么规律的流星。火流星出现时，显得非常明亮，像一个火球从天而降。在地球的大气层中，每年都会出现数万个火流星。

流星雨

彗星长时间绕太阳运行时，会将一些碎屑般的物质，一路撒在自己的轨道上，成为流星群。当地球从流星群中穿过时，流星就出现得比较多，像下雨一样，这就是流星雨。如果地球恰好从流星群的最密集的部分穿过，就很可能会出现盛大的流星雨，甚至流星暴雨。

陨石落到地面上时产生的撞击力，可以在地表撞出一个大坑。

陨石

落到地面上来的流星残余体，都叫陨石。陨石分三大类：石质成分居多的叫石陨石；铁质成分居多的叫铁陨石或陨铁；铁和石质成分约各一半的，叫铁石陨石。

陨铁

陨铁非常坚硬，落到地面上常能保持完整。我国的"新疆大陨铁"是世界三大陨铁之一，重近30吨，被当地人称为"银骆驼"。

通古斯大爆炸

1908年6月30日7时左右，俄罗斯西伯利亚通古斯河上游地区，突然发生了一次大爆炸。顷刻之间，在2000平方千米范围内，地面上所有的东西被毁掉，估计有6万棵树被连根拔起后倒在地上。

一个多世纪以来，科学家们始终没有搞清楚这究竟是一种什么性质的爆炸。不少人认为，这次爆炸有可能是某颗彗星的碎片在那个地区上空爆裂而引起的。

世界上最大的陨铁
世界上最大的陨铁重约60吨，现保存在非洲原来的陨落地。

世界上最大的石陨石
1976年3月8日，我国吉林省境内发生了一次罕见的陨石雨。这次陨石雨的"雨区"很广，而且"雨量"多、"雨点"大，在世界上都很少见。其中最大的一块陨石被称为"吉林1号"，它重1.77吨，是世界上最大的石陨石。

"银骆驼"最大长度是2.42米，最大宽度是1.37米。

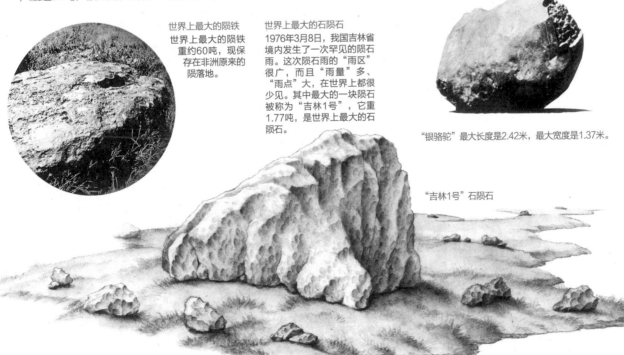

"吉林1号"石陨石

行星地球
THE EARTH

环境与生命

地球的运动

　　"坐地日行八万里，巡天遥看一千河"，是毛泽东对地球运动的诗意概括。

　　古时候的人们以为地球是宇宙的中心，认为地球是静止不动的，太阳和所有的星辰都围绕着地球在转动。

　　后来随着天文学的不断发展，人们逐渐了解到，地球并不是宇宙的中心，而只是太阳系的一颗行星。地球无时无刻不在运动着，它一边自转，还一边绕太阳公转。正是由于地球的自转和公转，地球上才有了昼夜变化和四季更替。

美丽的地球

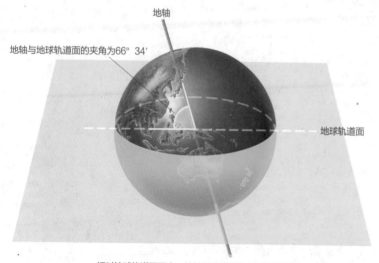

地轴

地轴与地球轨道面的夹角为66° 34′

地球轨道面

相对地球轨道面而言，地轴不是垂直的，而是倾斜的。

地轴

　　地轴是以地球南北两极为端点，经过地心，并与赤道垂直的假想轴线。它与地球轨道面的夹角为66° 34′。地球始终不停地绕着这个假想的轴自转，每自转一周，就是一个昼夜。

　　地轴的南端是南极，北端则是北极。地轴向宇宙无限延伸的部分叫天轴，天轴的北端始终指向北天极。

　　地轴的方向也不是真的没有丝毫变化，由于受到太阳和月亮引力的影响，地球自转时会出现轻微的摆动，地轴的指向也会慢慢偏离原来的位置，在天空中画圆圈，大约26000年画完一圈，这就是岁差运动。

地球自转

地球是绕着地轴不断转动的，这种转动叫自转。地球自转的方向是自西向东，所以我们在地球上总是看到太阳从东方地平线上升起，在西方落下。

地球自转一周需要24小时，一周有360°，所以地球每小时转动15°。因此，在地球某地看到太阳升起1个小时后，它往西15°的另一个地点才迎来初升的太阳，这种现象就是时差，比如北京与法国巴黎相差约110°，时差约为7个小时，当北京早晨七八点钟太阳已经升起时，巴黎还是午夜时分。

地球上不同纬度的地区，自转的速度是不同的。南极和北极虽然也自转，但因为纬度高，所以自转速度慢；而赤道周长很长，那里的自转速度就很快，可达1600千米/时以上。

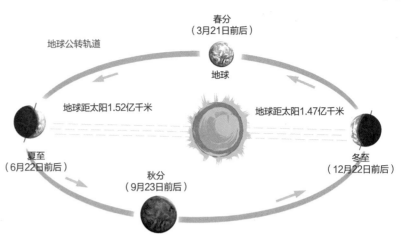

因为地球一直在自转，所以世界各地之间有了时差。

昼夜

地球每天都在自转，自转一圈就是一天。因为地球本身不会发光，所以地球的哪一面朝向太阳，哪一面就是白天，而相对的另外一面就是黑夜。

我们把地球上从天亮到天黑的这段时间称为昼，黑夜的那段时间称为夜。由于地球在不停转动，所以地球上各个地方的昼夜也在不停发生变化。但无论何时，地球总是有半个球是白天，半个球是黑夜。

地球公转

地球在绕着地轴自转的同时，还绕着太阳进行圆周运动，这就是地球的公转。地球绕太阳

公转一周所需的时间是365天，也就是一年。不过，一年其实并不正好是365天，而是365.242天。为了补足所差，历法规定每隔4年就要在2月加一天，即2月会有29天。2月有29天的这一年，就叫闰年。

由于地球的地轴不是直立在公转轨道上，而是与轨道平面有一个约66°34′的倾斜角度，所以，地球总是倾斜着身子绕太阳公转的。

四季

我们通常说的一年四季，指的就是春、夏、秋、冬。四季的形成和地球公转有关。

因为地球总是倾斜着身子绕太阳公转，所以有时北半球会更靠近太阳一些，有时南半球会更靠近太阳一些。当北半球靠近太阳时，北半球的日照时间更长，温度更高，所以就会昼长夜短，过夏天；南半球这时则因为日照时间相对短，温度相对低，所以昼短夜长，过冬天。相反，当南半球靠近太阳时，南半球会昼长夜短，过夏天；北半球此时则是冬天。如此一来，地球上便形成了寒来暑往的四季。

穿越 ●●●●●●

害虫闻香辨昼夜

人们一直认为，昆虫的生物钟是由光线、温度和湿度决定的，但现在科学家却发现，有些昆虫能以植物的气味为"时钟"，比如农业害虫黏虫。为躲避天敌，黏虫通常在夜间活动。而之所以昼伏夜出，是因为它们有一种特殊的本领——通过气味辨别昼夜。当黏虫被关进塑料箱子里，箱子中不断充入玉米夜间散发的气味时，即使箱子里亮堂得和白天一样，多数黏虫也会开始觅食；而往箱子中充入玉米白天散发的气味时，即使箱子里一片漆黑，黏虫也还是会躲到箱子中隐蔽的角落里，不肯出来觅食。

阿尔卑斯山的四季

原始的地球

　　地球最初形成时，温度非常高。随着地球逐渐冷却，较重的物质沉到中心，形成地核；较轻的物质浮在上面，冷却后形成了地壳。大约在45亿年前，原始的地球就已达到现在的大小。原始的地球上，既没有大气，也没有海洋。在最初的数亿年里，由于原始地球的地壳比较薄，加上小天体的撞击，所以地球内的岩浆不断上涌，到处都有地震、火山喷发。

原始的地球火山爆发频繁

穿越 ●●●●●●

神秘的火星人脸

　　火星有大气和水，具备诞生生命的一定条件。因此，很多人都想知道，是否真有火星人存在。1976年，"海盗"探测器拍摄的图像展示了火星上一个看起来类似人脸的东西。一些人为此感到十分激动，认为这是失落了很久的火星文明曾经存在的证据。可惜的是，20年后，"环火星巡逻者"访问火星时，拍摄了更高质量的图像，表明神秘的火星人脸，只不过是特定视角造成的错觉而已。

海洋的出现

　　蕴藏在地球内部的水合物，在火山喷发过程中变成水汽升到天空，然后又通过降雨落回到地面。降落到地球表面的水，填满了洼地，注满了沟谷，最后积水连成一片，地球上最原始的海洋就这样诞生了。由于原始地球周围的大气很少，大气中的水汽就更少了。因此，科学家们推测，原始海洋里的水量，可能仅为现在海洋水量的10%。

现在的海洋

大气的形成

　　在地球诞生初期，它的周围就包围了大量的气体。由于当时火山爆发频繁，所以地球早期的大气成分主要是水、二氧化碳、一氧化碳、氮气，以及火山喷发出的其他气体。随着生物的出现，地球大气中生成了氧，而且氧气的含量渐渐增加，为地球上各种生命的发展提供了有利的条件。最后经过几十亿年的演化，地球便形成了现今的大气层。

大气中的台风气旋

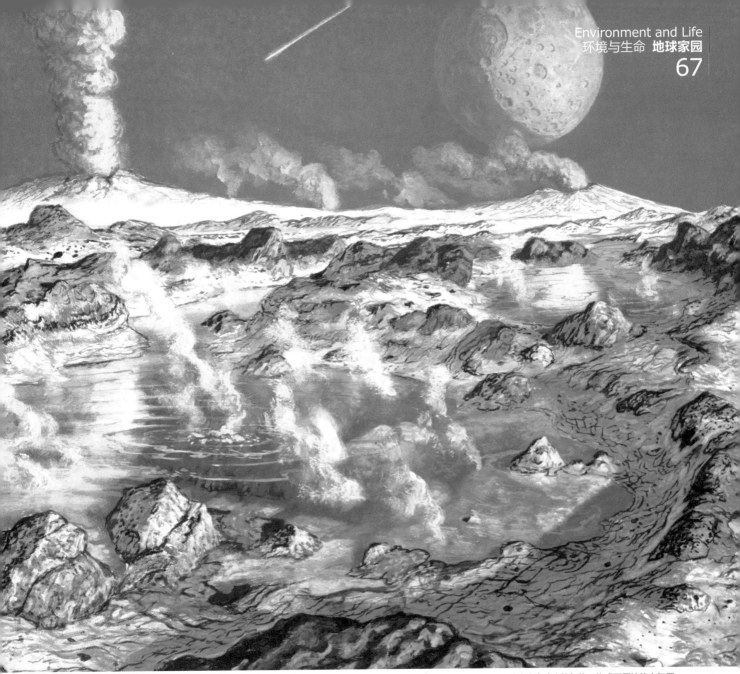

从火山中喷出的气体，构成了原始的大气层。

生命的出现

　　科学家研究发现，在35亿年前形成的岩石中，就已经有原始生物蓝藻、绿藻的遗迹了。虽然人类至今还不能解释地球上最初的生命是怎么出现的，但可以确定，地球上最初的生命，大约出现在40亿年前。

　　科学家认为，地球上最初的原始生命是一些功能和现在的病毒类似的、非细胞形态的生物。它们的躯体仅以一层"界膜"与水分开。久而久之，"界膜"发展为细胞膜，从此原始的单细胞生物——原核生物便出现了。后来，随着大气层中氧气含量的不断增加，地球上的生物越来越多，简单的原核生物也进化得越来越复杂。约10亿年前，多细胞生物已经出现。约7亿年前，水母、蠕虫等复杂的动物也已出现。此后地球上的生命世界日益多姿多彩。

地球是我们已知的唯一——颗有生命存在的星球

地球的年龄

　　地球上繁衍了多种多样的生命，其中大多数现在都已灭绝了，但它们的遗体、遗迹有一部分在岩层中保留下来，形成了化石。科学家们通过对这些化石的研究，又结合对地球岩石年龄的测定，把地球的演化历史分为若干个时代，我们称其为地质年代。

三叶虫化石

我国四川出土的马门溪龙化石长　米、高3.5米，是我国已发现的最　的爬行动物化石之一。

元古宙

　　元古宙开始于25亿年前，结束于约5.43亿年前，时间跨度近20亿年。在元古宙之前，是地质年代中最早的一个时代——太古宙。太古宙时，地球表面不断发生地震和火山喷发，岩浆四溢，后来形成了最初的海洋。到了元古宙，地球表面基本上被海洋包围着，海洋中出现了藻类和无脊椎的原始生物。

古生代

　　古生代开始于约5.43亿年前，结束于2.5亿年前，持续时间将近3亿年。古生代的意思，就是古老生命的时代。在这个时代，生物界有一个非常明显的飞跃。海洋中出现了几千种动物，鱼类大批繁殖起来，还出现了用鳍爬行的鱼，并且登上陆地，成为陆地上脊椎动物的祖先。在北半球的陆地上，出现了茂密的蕨类植物。地球表面从此变得生机勃勃。

中生代

　　古生代之后，就是中生代。中生代开始于约2.5亿年前，结束于6500万年前。那是一个爬行动物兴起的时代，恐龙曾称霸一时。当时的陆地、水域、天空，都能看到各种各样的"龙"的身影，因此中生代又被称为"龙的时代"。在中生代植物界，裸子植物取代了孢子植物成为主体。当时的树木都四季常青、苍翠欲滴，只是还没有绚丽的花朵和美味的果实。

新生代

　　随着中生代的结束，爬行类动物如恐龙等都灭绝了，哺乳动物突飞猛进地演化为世界的主人，地球从此进入了新生代。新生代是哺乳动物繁盛的时代，也是鸟类兴起的时代。此时，高等的植物——被子植物开始布满大陆。新生代最伟大的奇迹是，在第四纪出现了人类。

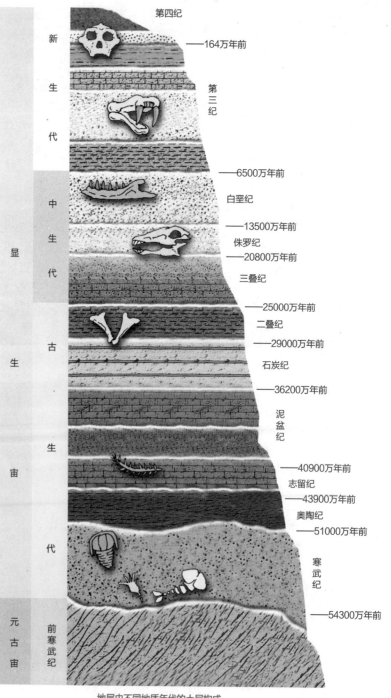

		第四纪
新		——164万年前
生		第三纪
代		
		——6500万年前
中		白垩纪
生		——13500万年前
代		侏罗纪
		——20800万年前
		三叠纪
		——25000万年前
古		二叠纪
		——29000万年前
生		石炭纪
		——36200万年前
		泥盆纪
		——40900万年前
		志留纪
		——43900万年前
代		奥陶纪
		——51000万年前
		寒武纪
元古宙	前寒武纪	——54300万年前

地层由不同地质年代的土层构成

造煤时期

泥盆纪以前，大陆上赤地千里，荒漠无垠。在志留纪晚期，蕨类植物首先出现在陆地上。这些低等的蕨类植物，很快就演化为高大的蕨类植物、有节植物、鳞木植物等。到了古生代晚期，全球各地都出现了大面积的森林。这一时期也是地质史上最著名的造煤时期，估计地球上70%以上的煤，都是由这一时期的植物形成的。

植物化石

鱼化石

始祖鸟化石

琥珀化石

古生代的志留世中期，有颌的鱼开始出现。到了泥盆纪，鱼成为当时最高等、最普遍的动物。所以，泥盆纪也被称为"鱼类时代"。

侏罗纪末期出现的始祖鸟，骨骼特点十分接近爬行类，但它的前肢已变成了翅膀，全身还披上了羽毛。这是鸟类从爬行类动物演化而来的重要证据。

黄河菊石

石燕化石

我国古代人最初发现石燕化石时，由于它的形状很像燕子，就称它为石燕。其实石燕非燕，而是生活在古生代海洋里的腕足动物。

化石

古生物死后，它们的遗体被埋入地层。经过亿万年的演变，生物体内较硬的部分，如动物的贝甲、骨骼、牙齿，植物的树干、花粉等，在地层中矿物质的填充和交替作用下，变得像石头一样，我们称它们为化石。地质学家通过对古生物化石的研究，不仅可以推断出古生物当时的生存环境，还能了解它们的进化过程和彼此的亲缘关系。

测定岩石的年龄

大多数岩石在形成时，都含有微量的放射性元素。这些放射性元素会衰变为稳定的元素。一种放射性元素的衰变速率是恒定不变的，并且可以精确测得。科学家们根据岩石中现有的放射性元素的含量，就可以推算出岩石的年龄。

猛犸象的骨架化石

留在岩石中的放射性元素会随着时间的推移，变得越来越少。测定岩石中放射性元素的含量，就可以推算出岩石的年龄。

又经过一个半衰期，岩石中的放射性元素更少了。

一段时间以后，放射性元素减少了一半，这段时间称为半衰期。

岩石形成时的放射性元素含量很高

测定岩石年龄的方法

穿越 ●●●●●

最早、最晚迎接新年的地方

亚洲东部的楚克奇半岛、太平洋的岛国斐济、汤加和新西兰等，是全世界最早开始新的一天的地方，这些地方的人们最先庆贺元旦。全世界最后过元旦的是西萨摩亚人，他们与斐济人、汤加人和新西兰人的时间正好相差一天一夜。

地球的构造

地球是太阳系的一颗行星，是我们人类的家园。它由地壳、地幔和地核构成，体积大约为10830亿立方千米。地球的外部被气体包围着，这圈气体叫大气圈。大气圈与地球表面的水圈一起维系着地球上的各种生命活动。

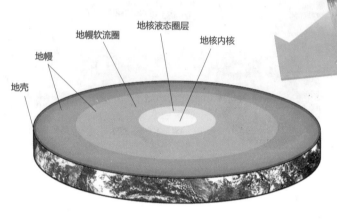

地球的内部构造

地壳　地幔　地幔软流圈　地核液态圈层　地核内核

地壳

地球最外面的一层岩石薄壳叫地壳，质量不到地球总质量的1%。地壳分为大陆地壳（陆壳）和大洋地壳（洋壳）。陆壳较厚，平均厚度为37～40千米；洋壳较薄，平均厚度不到10千米（包括海水）。

地幔

地幔介于地壳和地核之间，厚度约为2900千米。从地壳的下表面到地核的外表面的部分，都是地幔。科学家推测，地幔的下部可能是岩浆，温度在1200℃左右，地幔的下部因此被称为软流圈。当岩浆喷出地表时，就形成了火山喷发。地幔的上部由温度较低的固体物质组成，它们与地壳共同构成了地球的岩石圈。

地核

地球内部的核心部分就是地核。从地下约2900千米深的地方再往下，一直到地球中心的部分，都是地核。地核分为内核和外核。据推测，外核是液态圈层，由液态的铁、镍等元素组成，温度在3700℃以上。内核则由铁镍合金组成，虽然它的温度达到了4000℃～4500℃，但由于压力极大，所以它仍为固体。

·超级视听·

亲历火山喷发

火山

地球内部炽热的岩浆具有活动性。当地壳剧烈变动时，岩浆就可能侵入岩层，猛烈地喷出地面，这就是我们看到的火山喷发。岩浆喷出时的温度达1000℃～1200℃。强烈的火山喷发，还会喷出大量的浓烟、灰尘和碎屑，在天空形成高大的蘑菇状云团。火山喷出的岩浆冷却后，会形成岩石。这些岩石常保留有岩浆流动的形态。

火山喷发

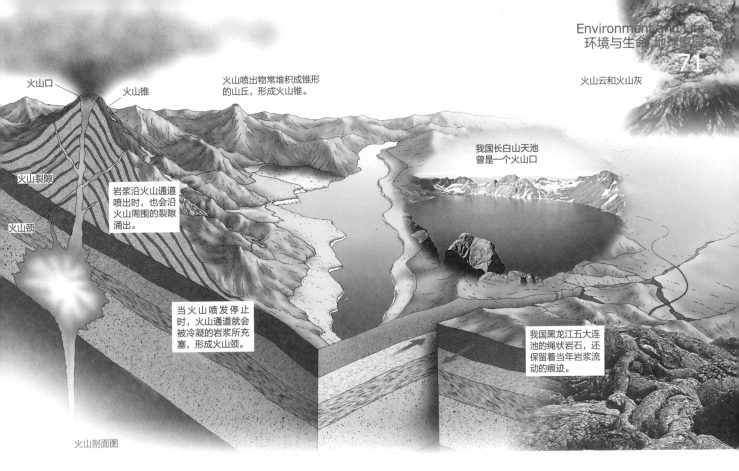

火山云和火山灰

火山口　火山锥

火山喷出物常堆积成锥形的山丘，形成火山锥。

我国长白山天池曾是一个火山口

火山裂隙

岩浆沿火山通道喷出时，也会沿火山周围的裂隙涌出。

火山颈

当火山喷发停止时，火山通道就会被冷凝的岩浆所充塞，形成火山颈。

我国黑龙江五大连池的绳状岩石，还保留着当年岩浆流动的痕迹。

火山剖面图

地震

地球表面的地壳，受到来自地球内部的压力，当压力不断增加，达到足够大时，地壳就会突然发生错动，瞬间释放出巨大的能量，引起大地的强烈震动，这就是地震。一个地区的地壳受力时间越长，受力越大，释放的能量就越大，产生的地震震级也就越高。

地堑

中间的岩块向下运动，两侧的岩块向上运动，这样形成的断层，称为地堑。

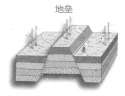

地垒

中间的岩块向上运动，两侧的岩块向下运动，这样形成的断层，称为地垒。

平行断层

两个岩块平行错动，这样形成的断层，称为平行断层。

汶川地震中震塌的房屋

2008年5月12日，我国汶川发生的地震，震级高达8.0级，许多房屋都被震塌。

海啸

当海底发生地震、火山爆发，或海底塌陷、滑坡时，会激发海水进行一种巨大的波浪运动，这就是海啸。海啸所含的能量非常大，它到达海岸时，掀起的狂涛巨浪能形成高达几十米的水墙，并伴着隆隆声响冲向岸边，给沿岸地区带来毁灭性的灾难。2011年3月日本东海岸发生的巨大海啸，还引发了核泄漏事故。

唐山大地震遗迹

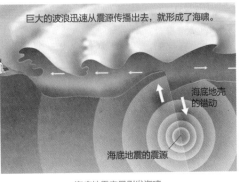

巨大的波浪迅速从震源传播出去，就形成了海啸。

海底地壳的错动

海底地震的震源

海底地震容易引发海啸

穿越 ●●●●●●●

两度沉浮的古城堡

在非洲肯尼亚蒙巴萨的东部沿海，有座17世纪的古城堡。它虽然耸立在地面之上，但外墙上却布满了海洋生物牡蛎的贝壳。这是怎么回事呢？

原来，在短短的300年间，由于地壳的运动，这座城堡经历了两度沉浮。地壳下降时，这座城堡沉入海中。后来地壳上升，城堡又露出了海面。海洋中的牡蛎的贝壳，自然也就被带到了陆地上。

漂移的大陆

地质学家们很早就注意到了，本来生活在海洋里的生物，其化石却在高高的山上被发现了；南美洲和非洲之间隔着大洋，可在这两个大洲上，却出现了相近的古生物化石。是什么原因造成这些现象的呢？经过长达一个多世纪的探索，现在人们终于知道，原来地壳是会运动的，我们居住的大陆能够漂移。

古生代晚期的联合古陆，分为冈瓦纳古陆和劳亚古陆两部分。两块大陆夹着的海，叫特提斯海。

大约在1.8亿年前，联合古陆开始分裂。

魏格纳

魏格纳的设想

A. L. 魏格纳（1880～1930）是德国气象学家、地球物理学家，1905年获得柏林大学天文学博士学位。年轻的魏格纳在浏览世界地图时发现：在大西洋的东西两岸，南美洲在巴西的位置凸出的轮廓，正好和非洲西海岸的凹陷部分契合，两边可以拼合起来。这引起了魏格纳的极大兴趣。他突发奇想：这几块大陆会不会曾经彼此相连，后来又像撕报纸那样彼此分开了呢？为此，魏格纳进行了长期的研究。1912年，他第一次提出了"大陆漂移"的伟大设想。

1.35亿年前，大西洋已经张开。

大陆漂移

1915年，魏格纳出版了《海陆的起源》一书。在这本书中，他系统地论证了"大陆漂移"的设想。

魏格纳认为，在2亿多年以前，即地质年代的古生代晚期，地球上只有一块大陆，叫联合古陆，又叫泛大陆。从中生代起，联合古陆开始破裂。这些破裂的陆块像是浮在海上的轮船，向外漂移。漂移的过程一直持续到距今二三百万年以前，到达大致今天的位置。魏格纳的大陆漂移设想提出后，遭到了当时许多人的反对。一些人认为，那么庞大的陆块，像船一样在地球上到处漂移，是无法想象的。

1000万年前，大西洋扩大了许多，地球上的几大洲初步形成。

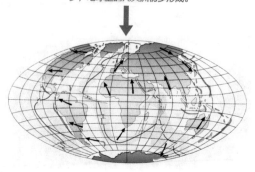

现今的地球

穿越 ●●●●●●

神秘的"杀人湖"

1986年8月21日夜里，非洲北部的尼奥斯湖中出现一个巨大的气柱。没多久，周围村庄的村民和牲畜相继在睡梦中不知不觉地死去，还有一些人难受得发出惨叫，不少草木也枯萎了。一夜之间，尼奥斯湖附近变得一片死寂。后来人们才知道，原来尼奥斯湖位于一座火山的山口。火山释放出的大量二氧化碳溶在湖水中，积累得非常多。1986年8月21日夜里，湖水里的二氧化碳突然被排出。因为二氧化碳气流比空气重，所以它紧贴着地面流入山谷中的村庄，使当地空气中二氧化碳的浓度过高，村民和其他生物因此窒息而死。

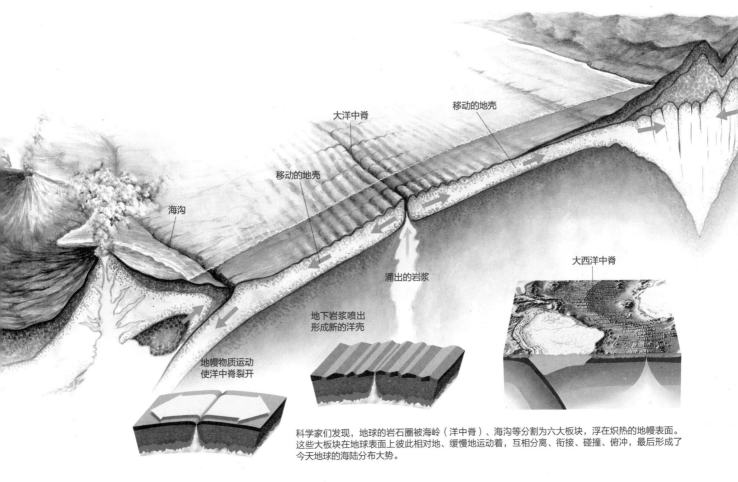

大洋中脊

移动的地壳

移动的地壳

海沟

涌出的岩浆

地下岩浆喷出
形成新的洋壳

大西洋中脊

地幔物质运动
使洋中脊裂开

科学家们发现，地球的岩石圈被海岭（洋中脊）、海沟等分割为六大板块，浮在炽热的地幔表面。
这些大板块在地球表面上彼此相对地、缓慢地运动着，互相分离、衔接、碰撞、俯冲，最后形成了
今天地球的海陆分布大势。

海底扩张

　　20世纪50年代，科学家们对海底的地磁场进行了大规模的测量。通过测量，科学家们认为：不仅陆地在移动，海底也在不断地更新和扩张。大洋中脊处的地壳会裂开，向两侧移动，同时地下岩浆会涌出，填充在中脊裂谷的底部，逐渐形成新的地壳。大约每隔不到2亿年，海底就要更新一次。这一理论就是海底扩张学说。正是因为海底会扩张，所以离大洋中脊越远，岩石的年龄越老。地壳的移动，也是海底扩张的结果。所以科学家都说"古老的海洋，年轻的洋底"。

板块构造

　　20世纪70年代，科学家把大陆漂移理论和海底扩张理论结合为一体，形成了板块构造理论。这个理论认为，地壳是由若干个坚硬的板块组成的，当板块运动时，会载着板块上的大陆向前漂移，大陆像"乘客"一样，乘在大洋板块上一同行进。板块可以在一个扩张轴的两边相互拉开，产生移动，也可以相互滑移产生运动，或是互相碰撞。当两个大陆板块发生碰撞时，它们的前沿处发生翘曲，就形成了山脉。而当大陆板块和大洋板块发生碰撞时，大洋板块因为密度比较大，所以会插入大陆板块之下，形成海沟。

板块划分

　　全球岩石圈可分为六大板块，即亚欧板块、非洲板块、美洲板块、印度洋板块、南极板块和太平洋板块。有人又将美洲板块分为北美板块和南美板块，如果按这种方法划分，全球就有七大板块。

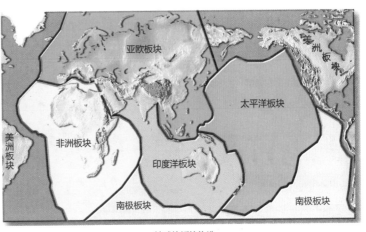

亚欧板块

美洲板块

太平洋板块

非洲板块

印度洋板块

南极板块

南极板块

地球的板块构造

地形地貌 TOPOGRAPHY

环境与生命

Environment and Life

海洋

在地球表面上，分布着土黄色的陆地和蔚蓝色的海洋，浩瀚的海水占据了地球表面积的71%，陆地分散在海洋中间。海洋可分为洋和海。洋是海的主体部分，它远离大陆，占海洋总面积的89%，大多数水深在2000米以上。海是大洋的边缘部分，与陆地相连，面积、深度比大洋小得多。

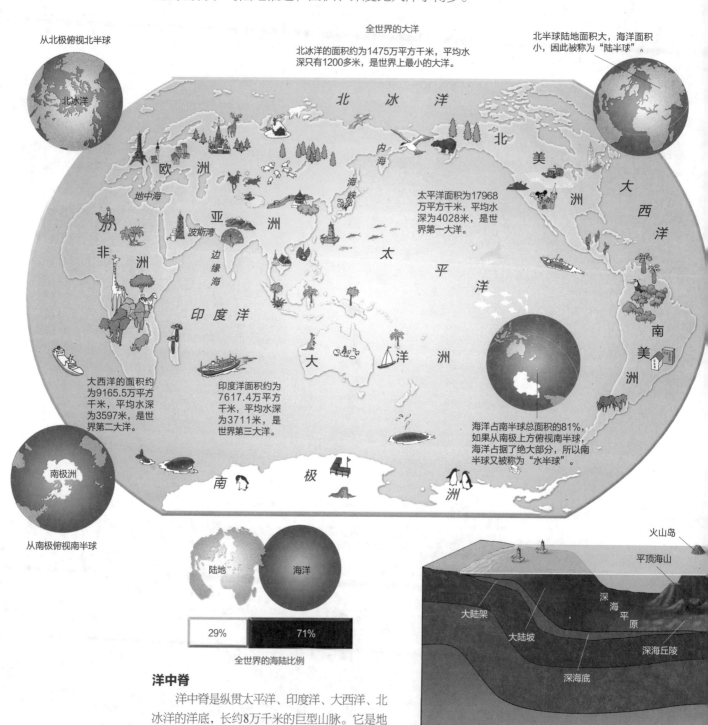

从北极俯视北半球

北冰洋

全世界的大洋

北冰洋的面积约为1475万平方千米，平均水深只有1200多米，是世界上最小的大洋。

北半球陆地面积大，海洋面积小，因此被称为"陆半球"。

太平洋面积为17968万平方千米，平均水深为4028米，是世界第一大洋。

大西洋的面积约为9165.5万平方千米，平均水深为3597米，是世界第二大洋。

印度洋面积约为7617.4万平方千米，平均水深为3711米，是世界第三大洋。

海洋占南半球总面积的81%，如果从南极上方俯视南半球，海洋占据了绝大部分，所以南半球又被称为"水半球"。

从南极俯视南半球

陆地 海洋

| 29% | 71% |

全世界的海陆比例

洋中脊

洋中脊是纵贯太平洋、印度洋、大西洋、北冰洋的洋底，长约8万千米的巨型山脉。它是地球上最长的山系，约占世界大洋总面积的33%，与全球大陆面积差不多。洋中脊位于大西洋的部分叫大西洋中脊，位于印度洋的部分叫印度洋中脊，位于太平洋的部分叫东太平洋海隆。

火山岛

平顶海山

大陆架

大陆坡

深海平原

深海丘陵

深海底

海底结构

海沟

海沟大多分布在大洋边缘，常与大陆边缘平行，所以又叫边缘海沟。海沟是海洋板块与大陆板块相互作用的结果，一般长500～4500千米，宽40～120千米，深6～11千米，横剖面呈不对称的V字形，有些海沟的底部会被沉积物所填充。世界上的海沟大多集中在环太平洋地区，大西洋和印度洋也有少数海沟。

大陆架

大陆架是大陆的边缘部分，那里蕴藏着丰富的石油和天然气资源。如果海洋是一个大澡盆，那么大陆架就像盆边的上沿。大陆架在海中会延伸很长一段距离。到水深接近200米等深线的地方，海底突然变得十分陡峭，就像下了一个台阶一样，这时大陆架就变成了大陆坡。可以说，大陆架是陆地和海洋"握手"的地方。

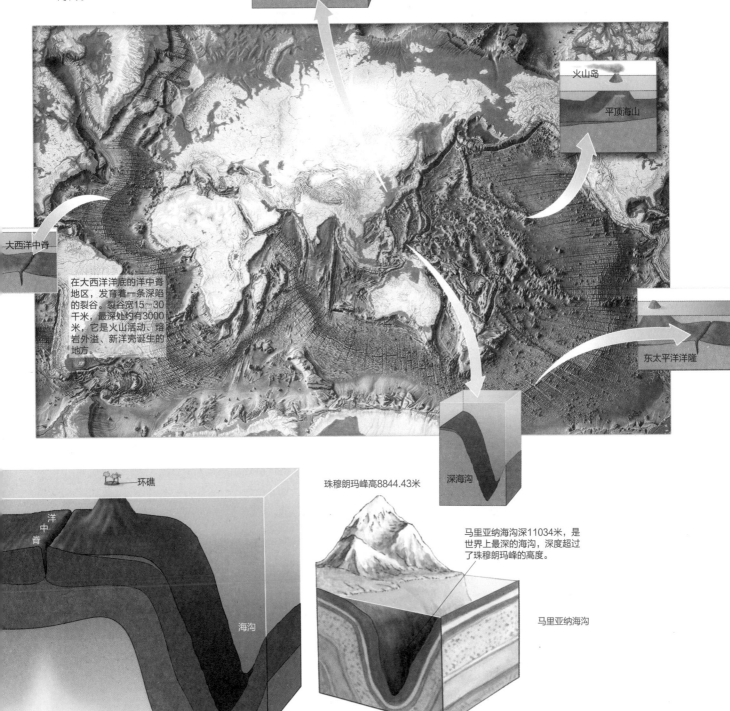

大陆架
大陆坡

火山岛
平顶海山

大西洋中脊

在大西洋洋底的洋中脊地区，发育着一条深陷的裂谷。裂谷宽15～30千米，最深处约有3000米，它是火山活动、熔岩外溢、新洋壳诞生的地方。

东太平洋洋隆

深海沟

环礁

洋中脊

海沟

珠穆朗玛峰高8844.43米

马里亚纳海沟深11034米，是世界上最深的海沟，深度超过了珠穆朗玛峰的高度。

马里亚纳海沟

大陆坡

大陆坡紧挨着大陆架伸向大洋的一侧。大陆坡的水深很快便能从约200米达到2000～3000米，形成一道巨大的陡峭斜坡。大陆坡中可能有地球上最大的斜坡。

海山

海山像陆地上的山一样，从海底隆起，一般高出海底至少1000米。海山有尖顶的，也有平顶的。大部分海山都是海底的火山锥，并且它们和陆地上的火山一样，在顶部也有个环形口。海山在世界大洋底部星罗棋布，总计约有2万座。

深海丘陵

大洋底部高度小于海山的水下丘陵或山冈，就是深海丘陵，也叫海丘。深海丘陵一般分布于水深3000～6000米处，通常高出周围洋底数十米至数百米。

深海平原

深海平原

深海平原一般在深海丘陵附近，深度为3000～6000米。它表面光滑而平整，几乎近于水平状，面积较大，可延伸数百千米至数千千米。

全世界各大洋之间都有海流在流动。图中红色为大洋海水表层的暖流，蓝色为海水底层的冷流。

海流

海水在大范围里相对稳定的流动，就是海流。海流与陆地上江河里的水流不同，陆地上江河的两岸是陆地，而海流的两岸仍然是海水，因此我们用肉眼看不见海流，它是历代航海家在对海洋的不断探索中发现的。

大洋中某处的海水流走了，邻近的海水马上补充进来，连续不断，天天如此，于是在海洋中就形成了海流。发生在大洋中的海流，一般则被称为洋流。海流可以分为许多种类。其中，海水从深水区上升到浅水区的海流，叫上升流。上升流在上升过程中，会把深水区的大量营养物质带到浅水区，为浮游生物提供了丰富的养料，而浮游生物又为鱼类提供了饵料。因此上升流显著的海域，多是著名的渔场。

太平洋

太平洋是世界第一大洋，也是最深、边缘海和岛屿最多的一个大洋。其实，太平洋并不太平，这里火山和地震频发，全球约85%的火山和80%的地震都集中在太平洋地区。太平洋里生长的动植物，无论是浮游植物、海底植物或鱼类和其他动物，都比别的大洋丰富，太平洋的洋底还蕴藏着大量石油、天然气等矿藏。

·超级视听·

海里的"热带雨林"

澳大利亚的大堡礁被誉为"太平洋上的翡翠"，图为大堡礁中的环礁。

大西洋和印度洋的汇合处——好望角

大西洋

　　大西洋位于欧洲、非洲和南、北美洲之间，是世界第二大洋。"大西洋"这个名字来源于希腊语"阿特拉斯"。在希腊神话中，擎天巨神阿特拉斯住在极远的西边。于是，当人们看到无边无涯的大西洋时，便认为它是阿特拉斯栖身的地方，将其称为阿特拉斯之海，拉丁语称之为西方大洋，我们则把它译为大西洋。

　　大西洋周围几乎都是世界各大洲最为发达的国家和地区，因此与它有关的航海业、海底采矿业、渔业等非常发达。

印度洋

　　印度洋位于亚洲、非洲、大洋洲和南极洲之间，是地球上的第三大洋。它位于亚洲印度半岛的南面，全部水域都在东半球。因为它的大部分海域都位于热带，所以有时它也被称为热带海洋。

　　印度洋很多海域的海水碧蓝而澄清，夜晚许多海里的浮游生物会发出亮光，常常形成"海里开花"的绚丽景象。印度洋上的热带风暴较多，常造成巨大的灾难。印度洋西北部的波斯湾地区，是世界石油储量最丰富的地方。

穿越 ●●●●●●

太平洋为什么叫太平洋？

　　太平洋名字的由来和16世纪初第一个实现环球航行的航海家麦哲伦有关。1521年3月，麦哲伦的船队环球航行经过太平洋时，恰巧没有遇到风暴，而且还有东南信风稳定地吹拂，麦哲伦的船队由此一帆风顺地到达了亚洲东南部。于是，麦哲伦一行人便称这座大洋为太平洋。实际上，与"太平"这个名字恰恰相反，太平洋上经常有台风、恶浪兴起。

印度洋上的岛国马尔代夫是著名的旅游胜地，图为马尔代夫的一座小岛。

北冰洋

北冰洋是世界最小的大洋，也是最浅的大洋。它位于北极圈内，"北冰洋"这个名字源于希腊语，意思是"正对大熊座的海洋"。1650年，德国地理学家B.瓦伦纽斯首先把北极的这一块冰天雪地的海域划为一个独立的海洋，称之为大北洋。后来，人们对这个海域有了较全面的认识，又把它命名为北冰洋。北冰洋上岛屿众多，海面和岛屿都被一层厚厚的冰覆盖着。

东海

东海是中国三大边缘海之一，面积约77万平方千米，相当于黄海的2倍，渤海的10倍。东海的平均水深约为370米，远远超过黄海和渤海，最深处有2719米。东海的海底地形像一把敞开的扇面，它海底的大陆架是世界上最宽的大陆架之一。东海有众多岛屿和海湾，其中最大的海湾是杭州湾。流入东海的河流也很多，有长江、钱塘江、闽江等。

北冰洋上的浮冰和浮冰上的北极熊

渤海

渤海畔的北戴河是旅游胜地

渤海在古代被称为沧海，它位于辽东半岛和胶东半岛之间，是一个半封闭的大陆架浅海，三面被陆地环抱，仅东面有通往大洋的出口。渤海的面积约为7.7万平方千米，由于黄河、海河等河流带来的大量泥沙堆积在海底，所以渤海深度较浅，平均深度为18米，最深处仅70米，在临近我国的诸海（渤海、黄海、东海和南海）中，既是最小的一个，也是最浅的一个。渤海有辽东湾、渤海湾和莱州湾三大海湾，其海区底部全部位于大陆架上，石油、天然气资源非常丰富。2亿多年前，渤海及周围地区是一片连绵不断的陆地，因为地壳运动，陆地沉降，形成向下沉陷的盆地，后来海水逐渐灌入盆地，便有了渤海。由于有大量淡水河注入，所以渤海是我国含盐度最低的海区。河流携带的大量泥沙，不仅使渤海深度很浅，也使渤海成为我国最混浊的海。此外，因为渤海的纬度较高，所以它还是我国最冷的海，每年冬季都会结冰。

南海

南海是我国最大、最深的边缘海。它位于西太平洋的西端，临近我国大陆东南方，东邻菲律宾群岛，西接马来半岛和中南半岛，南抵加里曼丹岛与苏门答腊岛，是东南亚各国海上贸易的必经之地，

南海上的油气钻井平台

战略地位十分重要。南海的面积很大，约有350万平方千米，几乎是渤海、黄海、东海总面积的三倍。南海的平均水深也很深，约为1212米，最深处更是达到5377米。珠江、红河、湄公河、湄南河等有名的河流，都注入南海。南海有极为丰富的石油和天然气资源。南沙群岛海域的海底油气储量超过200亿吨，占整个南海油气资源的一半以上，所以那里有不少油气钻井平台。

黄海

　　人们乘船或乘飞机来到黄海海面或上空时，一幅奇异的海上景观会映入眼帘：海水颜色由深海的蓝绿色向近岸逐渐变成黄绿色和浅黄色，这片水色独特的水域就是黄海。长期以来，淮河等河川把数不尽的泥沙注入黄海。黄褐色的泥沙与湛蓝澄澈的海水混合在一起，使百里海疆看上去一片微黄，黄海因此而得名。

　　黄海位于中国大陆与朝鲜半岛之间，是一个半封闭的大陆架浅海，面积约为38万平方千米，与云南省的面积相仿，平均水深约为44米，最深约达140米。

　　黄海是一个从大陆脱胎而出的海洋。在数千万年前，黄海地区曾是一片陆地，由于地壳断裂，陆地下陷，逐渐形成海洋。距今6000年左右，黄海的海面才上升到接近现在的位置。注入黄海的河流有中国的淮河，中朝边界的鸭绿江，朝鲜半岛的大同江、汉江等。因为入海的大河较少，所以黄海的含盐度比渤海高。

阿拉伯海

　　阿拉伯海是印度洋西北部的边缘海，位于亚洲南部的印度半岛和阿拉伯半岛之间，面积约为386万平方千米，平均深度约为2734米，最深处有5203米。阿拉伯海的南侧面对辽阔的印度洋，西北部的阿曼湾能够经过霍尔木兹海峡到达波斯湾，西部能从亚丁湾经曼德海峡进出红海，阿拉伯海也因此成为联系亚洲、欧洲、非洲海上交通的重要水域。自古以来，它就是东西方往来的要道。明代郑和下西洋时，就曾率领庞大的船队到访此地。如今阿拉伯海沿岸的主要港口城市有孟买、卡拉奇、亚丁和吉布提等。阿拉伯海大陆架的一些区域有丰富的油气资源。此外，阿拉伯海的生物资源也很丰富，盛产鲭鱼、沙丁鱼、金枪鱼等。

阿拉伯海与亚丁湾交界处的索科特拉岛

俯瞰加勒比海一角

加勒比海

　　如果说印度洋上的马尔代夫可以用水清沙白来形容的话，那么大西洋上的加勒比海就是碧海蓝天。

　　加勒比海是大西洋的属海，位于北大西洋的西南部，介于大安的列斯群岛、小安的列斯群岛和中美洲、南美洲之间，因当地的原住居民是加勒比印第安人而得名。加勒比海面积约为275.4万平方千米，平均深度约为2491米，它经由尤卡坦海峡与墨西哥湾相通。17世纪时，这里是欧洲大陆的商旅舰队到达美洲的必经之地，所以，当时这里的海盗活动非常猖獗。20世纪初，巴拿马运河通航后，加勒比海既是连接大西洋和太平洋的交通要道，也是南、北美洲之间许多航线的枢纽，因此获得了"美洲地中海"之称，具有十分重要的战略地位。

　　加勒比海的海洋生物资源非常丰富，盛产金枪鱼、海龟、鲨鱼、虾等。加勒比海因此成为拉丁美洲的重要渔场之一。此外，其大陆架里也蕴藏有丰富的石油和天然气。

·超级视听·

海盗肆虐

风光旖旎的红海

红海

红海是印度洋西北部的狭长海域，位于亚洲的阿拉伯半岛和非洲大陆之间。红海海水通常呈蓝绿色，当红海中的海藻大量繁殖时，海水便转变为红褐色，"红海"之名由此而来。因为没有河川注入，而且所在的沙漠地带雨量稀少，所以红海是世界上含盐度最高的海域之一。1869年，苏伊士运河开辟后，红海成为直接沟通印度洋和大西洋的重要国际航道。

地中海

地中海是大西洋的属海，也是世界上第二大陆间海（位于几个大陆之间的海）。地中海的面积约为251万平方千米，它位于欧洲、非洲和亚洲之间，向西穿过直布罗陀海峡，就能到大西洋；东边经由苏伊士运河，就能到印度洋，东北部通过达达尼尔海峡等就能与黑海相连。地中海上的贸易自古就很繁盛，促进了古埃及、古希腊、古罗马等文明的发展。

地中海沿岸风光

碧蓝的地中海

黑海

乘船在黑海的海面上航行时，如果从甲板上向下望去，会发现水色深暗，加之这片海域常有风暴肆虐，给人造成了黑暗恐怖的印象，"黑海"这个名字便由此而来。

黑海位于欧洲大陆东南部与小亚细亚半岛之间，是一个典型的内陆海，面积约为42.2万平方千米，平均水深约为1315米。黑海的西南部经博斯普鲁斯海峡等海峡与爱琴海和地中海相连，地理位置十分重要。古代时，黑海就是丝绸之路从中亚到罗马的北线必经之路；如今，黑海也是联系乌克兰、保加利亚、罗马尼亚、俄罗斯西南部与世界市场的航运要道。黑海的含盐度比地中海低，但是水位却比地中海高，所以黑海表层含盐度低的海水会流向地中海，而含盐量高的地中海的海水则会从底部流向黑海，使黑海的海水很明显地分为了表层水和深层水两类。

黑海一角

波罗的海

波罗的海是大西洋北部的一片内海，位于欧洲北部。它的四周几乎均被陆地环抱，只有西部通过厄勒海峡、卡特加特海峡等与北海相通。波罗的海的总面积约为42.2万平方千米，海水很浅，平均深度仅有86米左右。因为与外海交换的海水很少，而且注入的河流众多，加之气候寒冷，蒸发微弱，种种因素结合在一起，使波罗的海成了世界上含盐度最低的海。波罗的海是地球最后一次冰期结束后，大量冰川融化形成的，冰川使得波罗的海的海岸线复杂曲折，风光绮丽。波罗的海是北欧的重要航道，沿岸主要的港口城市有圣彼得堡、斯德哥尔摩、哥本哈根、赫尔辛基等。

波罗的海上的帆船比赛

湛蓝的波罗的海

岛屿

岛屿是完全被水包围的小块陆地，除了海洋里的岛屿，河流、湖泊、水库中被水包围的小块陆地也都是岛屿。其中，面积较大的称岛，如世界上最大的岛——格陵兰岛；面积较小的叫屿，如我国厦门著名的鼓浪屿。彼此相距较近的一群岛屿，则叫群岛，如世界最大的群岛——马来群岛。如果许多岛屿或群岛排成一列或是一个弧形，我们就称它们为列岛或列屿。

地球上岛屿众多，总面积约有1000万平方千米，比我国陆地面积还大。这些岛屿可分为大陆岛、火山岛、珊瑚岛和冲积岛等。大陆岛分布在大陆边缘，其底部仍与大陆相连；火山岛是海底火山喷发，岩浆堆积后露出水面形成的，夏威夷群岛、澎湖列岛等都是火山岛；珊瑚岛是珊瑚骨骼聚集形成的，集中在水温20℃以上的热带浅海地区，澳大利亚的大堡礁堪称是世界上最壮观的珊瑚群岛，我国南海的东沙、西沙、中沙群岛中的不少岛屿也是珊瑚岛；冲积岛一般位于河流的入海口，主要是由河流泥沙堆积而形成的，我国第三大岛——崇明岛就是典型的冲积岛。

珊瑚死亡后能堆积成珊瑚岛

台湾岛

台湾岛是我国最大的海岛。它地处东海、南海和太平洋之间，西临台湾海峡，遥对大陆的闽南、粤东海岸。台湾岛面积约为3.578万平方千米，岛上大部分都是山地和丘陵，海拔在100米以下的平原低地只占30%左右。因为岛上超过3000米的高山不下百余座，最高峰玉山主峰的海拔更是高达3997米，所以人们又把台湾岛称为"高山岛"。台湾岛风光秀丽，物产丰富，岛上有煤、石油、金、铜等矿产，沿海有丰富的渔业和盐业资源，故而历来有"宝岛"的美誉。此外，因大量出口蔗糖，台湾岛也有"东方甜岛"之称，还因植物繁多，被誉为"亚洲天然植物园"。日月潭是台湾岛上最大的天然湖泊，也是驰名中外的旅游胜地。

日月潭的湖光山色

海南岛

海南岛的面积约为3.22万平方千米，是我国仅次于台湾岛的第二大岛，因为位于琼州海峡之南，所以叫海南岛。从平面上看，海南岛就像一只雪梨，横卧在碧波万顷的南海之上。海南岛非常温暖，年平均温度在22.5℃～25.4℃之间，是冬季时有名的旅游胜地。海南岛的物产非常丰富，岛上天然橡胶的种植面积占全国的80%以上。海南岛出产的水果种类也十分繁多，其中以菠萝、芒果、香蕉最为著名。

崇明岛

崇明岛地处长江口，位于上海市区的北部，是我国第三大岛，也是我国最大的沙岛。唐朝初期，崇明岛才露出水面，后来几经变迁，不断扩大，终于在明朝嘉靖年间形成了今天的基本规模。如今崇明岛的面积约为1041平方千米，全岛地势平坦，土地肥沃，林木茂盛，物产富饶，是有名的鱼米之乡。

连接崇明岛和江苏启东市的崇启大桥

舟山群岛

舟山群岛是我国沿海的第一大群岛，1339个岛屿星罗棋布地分散在东海上。这些岛屿总面积约为1240平方千米，主要的岛屿有舟山岛、岱山岛、普陀山、朱家尖岛、金塘岛、桃花岛等。舟山岛是其中最大的一座岛，面积约为472平方千米，是我国的第四大岛。舟山群岛自然条件优厚，海域内鱼群众多，我国沿海最大的渔场——舟山渔场就位于那里。

舟山群岛轮廓图

南海一隅

东沙群岛

东沙群岛是我国南海诸岛四大群岛中位置最北的一组群岛，也是最小的一组群岛，主要由东沙岛、东沙礁、南卫滩和北卫滩等组成。因为它的礁盘呈新月形，所以有"月牙岛"之称。东沙群岛地处东亚至印度洋、非洲、大洋洲的国际航线会合处，广州、香港至菲律宾首都马尼拉或我国台湾高雄的航线均经过其附近海域，所以有很重要的航运意义。但是由于水下的暗礁星罗棋布，因此那里并不利于航行。东沙群岛属于热带地区，终年高温，海产丰富，是南海海域的重要渔场，盛产海龟、墨鱼、海参等。

西沙群岛

西沙群岛是南海诸岛四大群岛中位置最西的群岛，位于海南岛东南方，古称千里长沙、九乳螺洲。西沙群岛包括23个岛屿和4个不包含岛屿的环礁，这些岛屿和环礁主要分为东西两群，东群叫宣德群岛，西群叫永乐群岛。永兴岛是西沙群岛中最大的一座岛，也是南海诸岛的政治、经济中心。西沙群岛是海鸟的天下，栖息着成千上万的鸟儿。厚厚的鸟粪堆积在岛上，为当地人提供了丰富的肥料和工业原料。

中沙群岛

中沙群岛是我国南海诸岛四大群岛中位置居中的群岛，包括中沙大环礁、神狐暗沙、一统暗沙、宪法暗沙等部分，中沙大环礁是南海诸岛中最大的环礁。中沙群岛的环礁几乎都位于水下，只有黄岩岛露出了水面。中沙群岛附近海域是南海的重要渔场，那里水下的珊瑚礁中有很多的生物，形成五光十色的"海底花园"。中沙群岛也是海上的交通要道，从我国广州、香港、上海、台湾到新加坡的航线均会经过中沙群岛。

南沙群岛

南沙群岛古称万里石塘、万里长堤、万里长沙等。它是南海诸岛四大群岛中位置最南的群岛，也是南海诸岛中岛礁最多、岛礁散布范围最广的椭圆形珊瑚礁群。南沙群岛毗邻越南、印度尼西亚、马来西亚、文莱和菲律宾等国，群岛中的曾母暗沙附近海域是我国领土的最南端。南沙群岛不但水产丰富，盛产多种热带鱼类、海龟、海参、贝类、椰子等，而且海区的大陆架内也蕴藏有丰富的石油和天然气资源。南沙群岛的地理位置对气象观测、无线电通信、国防安全等，都有重大的意义。

西沙群岛一隅

穿越 ●●●●●●

赤道上的寒带风光

加拉帕戈斯群岛是典型的赤道群岛，赤道横穿岛的中央。但在这座热带岛屿上，人们却完全看不到高温多雨、植物繁茂的热带景象，反而发现那里寒冷干燥，还长着不少寒带植物。为什么会出现这种反常的现象呢？这是因为，在太平洋的东南部，有一条巨大的秘鲁寒流，它把南极洲附近的冷水源源不断地送到赤道附近。加拉帕戈斯群岛正好挡在寒流经过的地方，所以寒流中的冷水就把岛屿包围起来，使岛屿的温度变得很低，于是赤道上便神奇地拥有了寒带风光。

澎湖列岛的海岸一角

占，后来均被收复。清末甲午战争之后，澎湖列岛曾和台湾岛一起被日本占据。1945年台湾光复，澎湖列岛也被设为澎湖县。

澎湖列岛地理位置优越，往来于大陆与台湾岛之间的船只，常常进入澎湖岛上的马公港停泊。澎湖列岛的旅游资源也很丰富，有妈祖庙、孔庙、七美人冢等名胜古迹，每年吸引了上百万名游客。澎湖盛产鲳鱼、鲽鱼，还有马鲛鱼、鲨鱼、乌贼和龙虾等。居住在岛上的人70%以上是"以海为田、以舟为家"的渔民，所以澎湖列岛又有"渔夫岛"之称。

澎湖列岛

"晚风轻拂澎湖湾，白浪逐沙滩。没有椰林缀斜阳，只是一片海蓝蓝……"这首有名的歌曲《外婆的澎湖湾》中描绘的美景，就在澎湖列岛。

澎湖列岛位于台湾海峡东南部，由澎湖岛与另外63个岛共同组成。虽然位于海上，但因为澎湖岛和它周围的渔翁岛、白沙岛、中屯屿互相衔接，共同围成了澎湖湾，而且澎湖湾里海水平静、澄清如湖，于是便有了"澎湖"这个名字。

早在唐宋时期，澎湖就是我国劳动人民从事渔业活动的基地。澎湖列岛曾两度被荷兰人侵

格陵兰岛

格陵兰岛位于北美洲东北部，介于北冰洋和大西洋之间。它是世界第一大岛，面积约为216.6万平方千米，几乎有50个丹麦那么大。

格陵兰岛有4/5的面积在北极圈内，因此气候严寒，年平均气温在0℃以下，绝对最低温度达到-70℃。那里常有凛冽的风暴，还有极地特有的极昼和极夜现象，比如岛的北部每年都有连续5个月的白昼和5个月的黑夜。

格陵兰岛上到处是冰川，全岛有85%的地面都被厚厚的冰层覆盖，平均厚度约1500米，中部最厚处足足有3200多米。格陵兰岛的沿岸地带有麝牛、驯鹿、旅鼠、北极熊和北极狐等动物，周围的海中则生活着鲸、海豹、鳕鱼、鲨鱼等动物。岛上的经济以捕鱼业和渔产品加工业为主，盛产鱼罐头、鱼干、冻鱼。

格陵兰岛风光

夏威夷群岛

夏威夷群岛位于北太平洋中部，由132个岛屿组成。它是美国唯一的群岛州，既有绮丽的热带海滨风光和火山奇观，也有四季如春的宜人气候。除了高山地区以外，当地最冷月和最热月的平均气温分别为22℃和26℃，只相差4℃。所以冬季时，那里温暖如春，百花争艳；盛夏时，那里微风轻拂，十分凉爽。夏威夷群岛上遍布热带植物，盛产甘蔗、咖啡、香蕉等热带作物。夏威夷群岛上还有许多风景名胜，夏威夷火山国家公园被联合国列入《世界遗产名录》，瓦胡岛上的怀基基海滩、珍珠港太平洋战争遗址等，均享有盛名。因此，旅游业成为当地人的重要经济来源。夏威夷群岛还是亚洲、美洲和大洋洲间的运输枢纽，美国太平洋舰队的司令部就设在那里的珍珠港。

冰岛

冰岛位于欧洲西北部，介于大西洋和北冰洋的格陵兰海之间，靠近北极圈。虽然名字叫冰岛，但实际上，冰岛上的现代冰川只占全岛面积的11.5%。此外，冰岛的东、西、南三面还受北大西洋暖流的影响，所以与同纬度其他地区相比，那里冬暖夏凉，气候温和，有"冰岛不冷"的说法。

冰岛是世界上火山活动最活跃的地区之一，岛上有30多座活火山，平均每5年就有一次较大规模的火山爆发。冰岛还有许多温泉，而且温泉的平均水温高达75℃。由于地热资源丰富，86%的居民都利用地热取暖。冰岛全境的大部分都是高地，平均海拔达到了500米，平原大多在沿海地区，但都很零星，首都雷克雅未克附近的平原稍大一些。

冰岛海岸的迷人风光

夏威夷群岛的美景

半岛

　　仔细观看世界地图的话，你一定会发现，在各大陆的边缘处，有一些延伸进海洋的小块陆地，它们形态各异，比如南欧延伸进地中海的"长筒靴"——亚平宁半岛，延伸进印度洋的"倒三角"——印度半岛等。它们都是延伸进海洋或湖泊中的陆地，三面邻水，一面与陆地相连，因此都被归入了同一种陆地类型——半岛。

　　世界上有很多著名的半岛，比如位于非洲大陆东部，被称为"红海的门闩"，也叫"非洲之角"的索马里半岛；出产柑橘，被誉为"美国的柑橘王国"的佛罗里达半岛；世界上最大的半岛——阿拉伯半岛；欧洲最大的半岛——斯堪的纳维亚半岛等。我国的半岛则主要有山东半岛、辽东半岛、雷州半岛等。

山东半岛

　　山东半岛是我国三大半岛之一，也是我国最大的半岛。它位于山东省东部，介于渤海与黄海之间，以烟台的蓬莱角为界，蓬莱角以西濒渤海，蓬莱角以东濒黄海。山东半岛地貌的南北差异很显著，中部为胶莱平原，北部和南部为山地，胶莱河以东的部分又被称为胶东半岛。山东半岛的海岸线漫长曲折，岛屿众多，有套子湾、威海湾、胶州湾等优良港湾。

　　山东半岛属于暖温带季风气候，温和湿润，物产丰富，水果种植业和海产养殖业发达，是苹果、梨等温带水果的重要产区。此外，山东半岛还是道教文化的重要发源地。

山东半岛的沿岸风光

山东半岛最东端的威海湾内的刘公岛

山东半岛建筑群

辽东半岛

　　辽东半岛是我国第二大半岛，位于辽宁省南部，半岛上金州以南的部分又叫旅大半岛。辽东半岛三面临海，最南端的老铁山隔渤海海峡与山东半岛遥遥相望，形成了渤海和黄海的分界。东北三大名山之一的千山山脉从南至北纵贯整个半岛，构成了辽东半岛的脊梁。辽东半岛海岸线长、滩涂广阔、岛屿众多，著名的岛屿有蛇岛、长山群岛等。受到海洋的影响，辽东半岛冬暖夏凉。温暖的气候为水果提供了良好的生长条件，当地因此盛产苹果、梨、山楂等水果。半岛上还蕴藏着多种金属矿藏，鞍山钢铁、本溪钢铁、大石桥镁矿等都很有名。

雷州半岛的金色沙滩

雷州半岛

　　雷州半岛是我国第三大半岛，位于广东省西南部，介于南海和北部湾之间，南隔琼州海峡与海南岛相望，之所以得名"雷州"，是因为当地多雷暴。

　　雷州半岛三面环海，岛上地形单一，起伏不大，分布有不少火山丘。那里的气候属热带季风气候，全年温暖如春，年平均气温在23℃以上，极端最低气温也高于4℃。雷州半岛上的天然植被是热带季雨林，滨海地带有不少红树林。岛上还盛产经济作物，是我国蔗糖生产的重要基地，也是纤维作物——剑麻的主产区。

辽东半岛的曲折沿岸

巴尔干半岛的迷人一角

中南半岛

中南半岛是亚洲南部三大半岛（阿拉伯半岛、印度半岛、中南半岛）之一，也叫中印半岛、印度支那半岛。它地处中国和南亚次大陆之间，东临南海、泰国湾，西临孟加拉湾、安达曼海与马六甲海峡。半岛的南端扼南海、新加坡海峡和马六甲海峡的咽喉，是国际航运的要道，交通与战略意义十分重要。

中南半岛的面积约为206.9万平方千米，缅甸、泰国、老挝、柬埔寨、越南等国家都位于中南半岛。半岛的地势北高南低，山脉从北向南呈扇形展开状，山脉之间有不少大河分布，形成山河相间之势。著名的大河有伊洛瓦底江、萨尔温江（怒江）、湄南河、湄公河与红河等。这些河流水量充足，水力资源十分丰富，河口地区冲积而成的三角洲土地肥沃，非常适于农业生产。

中南半岛的气候属于热带季风气候，年平均气温为20℃～27℃。虽然降水非常丰富，但是干湿季节也很分明。半岛南端的马来半岛属于赤道雨林气候，终年高温多雨。中南半岛矿藏丰富，出产锡、钨、煤、宝石、石油和天然气等。半岛上还盛产水稻、橡胶、棕油、椰油、甘蔗等农作物和经济作物，其中橡胶和棕油的产量居世界首位。

巴尔干半岛

巴尔干半岛是欧洲南部三大半岛（亚平宁半岛、伊比利亚半岛、巴尔干半岛）之一。它位于南欧东部，地处欧、亚、非三大洲之间，是联系欧亚的"陆桥"，地理位置极为重要。

巴尔干半岛的面积约为50.5万平方千米，阿尔巴尼亚、保加利亚、希腊、马其顿等国家，都在巴尔干半岛上。塞尔维亚、罗马尼亚、土耳其等国的部分领土，也在巴尔干半岛上。巴尔干半岛的地形以山地为主，有巴尔干山脉、罗多彼山脉等，土耳其语中"巴尔干"的意思，就是"多山"。在山间的河谷地带，零散地分散着一些平原，如多瑙河下游平原、萨瓦河平原等。半岛的气候类型多样，西部和南部沿海地区属于地中海气候，半岛内部则属于大陆性气候。

巴尔干半岛的林业资源丰富，煤、铜、石油等资源也有出产。巴尔干半岛还是世界文明的摇篮之一，古希腊文化就发源于半岛的南部。

穿越 ●●●●●●

神秘的幽灵岛

1965年，大西洋的一个角落里，海水忽然沸腾，冒起青烟，没过多久，人们就发现水中出现一座从未见过的新小岛。可不久后，人们来到这里，发现小岛居然又消失了！这难道真的是幽灵岛？原来，这都是火山变出的"戏法"。海底火山喷发时，岩浆堆积起来，露出海面，形成了新的岛屿。而海浪不断冲击，又很快把新岛冲垮，小岛便消失了。

中南半岛上的下龙湾是有名的景区

巴尔干半岛一隅

阿拉伯半岛

阿拉伯半岛是世界最大的半岛，面积约为322万平方千米。它地处欧、亚、非三大洲之间，为三海（地中海、红海、阿拉伯海）、两湾（波斯湾、亚丁湾）所包围，自古以来就是东西陆海交通的要冲。沙特阿拉伯、也门、阿曼、阿拉伯联合酋长国、卡塔尔、科威特都位于半岛上。阿拉伯半岛的地形以高原和平原为主。自然景观中，热带荒漠占绝大部分，此外还有热带草原和绿洲。阿拉伯半岛属于典型的热带荒漠气候，是世界上最热的地区之一，每年超过30℃的高温能持续四五个月，最高气温度达55℃！阿拉伯半岛最闻名于世的资源是石油，那里是世界石油与天然气蕴藏量最丰富的地区之一，石油与天然气大多分布于半岛东部的平原和波斯湾的沿岸。阿拉伯半岛还是伊斯兰教的创始地和传布中心，圣地——麦加和麦地那都位于那里。

阿拉伯半岛的海岸和灯塔

亚平宁半岛

亚平宁半岛又叫意大利半岛，是南欧三大半岛之一。它突出于地中海中部，介于亚得里亚海、伊奥尼亚海和第勒尼安海、利古里亚海之间，面积约为25.1万平方千米。从地图上看，它的轮廓很像一只长筒靴。除了意大利之外，小国圣马力诺和梵蒂冈也位于亚平宁半岛上。亚平宁半岛的气候以地中海气候为主，冬季多雨，夏季干燥。半岛上的矿藏有汞、钾盐和大理石等，尤其是大理石久负盛名。此外，半岛上出产的葡萄、柑橘、油橄榄等也很有名。

亚平宁半岛沿岸风光

鸟瞰美丽的亚平宁半岛

海湾

　　人们把海或洋延伸入大陆、面积逐渐收缩、深度逐渐减小的水域称为海湾。海湾三面靠陆，一面朝海，面积大小不一。世界上的海湾主要分布在北美洲、欧洲和亚洲沿岸。面积超过100万平方千米的大海湾，全世界共有五个，它们是墨西哥湾、孟加拉湾、阿拉斯加湾、几内亚湾、哈得孙湾。

胶州湾

　　胶州湾位于山东半岛南岸，被青岛市、胶州市、胶南市所环抱，因古代为胶州所辖，故而得名。它的轮廓近似喇叭形，湾内港阔水深，浪小波轻，冬季一般不结冰，对海上航运十分有利。胶州湾的湾口是我国对外贸易重要港口之一的青岛港。胶州湾还有丰富的湿地资源，有胶州少海湿地公园等湿地保护区。

胶州湾一隅

渤海湾

　　渤海湾位于渤海西部。它三面环陆，分别与河北、天津、山东的陆岸相邻，是华北的海运枢纽、京津的海上门户。流入渤海湾的河流有黄河、海河、滦河等。由于河流含沙量大，所以渤海湾淤积严重，滩涂广阔，这一点有利于盐业开发，渤海湾也因此拥有我国最大的盐场——长芦盐场，其盐产量占全国的1/3。

　　渤海湾是我国油气资源较丰富的海域之一，海底的油气储量很丰富。此外，渤海湾的热水资源也不少。

夕阳余晖笼罩下的渤海湾

全长36千米、横跨杭州湾的杭州湾跨海大桥

杭州湾

　　杭州湾位于我国浙江省东北部。它的湾口宽达100千米，从湾口外侧向湾口内侧越来越狭窄，到位于海盐的澉浦时，仅宽20千米，因此杭州湾是典型的喇叭形海湾。杭州湾北侧的沿岸海底有一个巨大的冲刷槽，能够通航万吨级海轮，有良好的航运条件。杭州湾畔建有我国第一座自行设计和建造的核电站——秦山核电站。著名的钱塘江大潮，也出现在杭州湾。

大亚湾

　　大亚湾是南海北部的一座半封闭的海湾，位于我国广东省惠州市与深圳市之间，是广东省沿海最优良的海湾之一。它东靠红海湾，西邻大鹏湾，内部有大鹏澳、哑铃湾、范和港三个小湾，其中大鹏澳水深不淤，尤其适合作为大型深水码头。大亚湾水产资源丰富，盛产石斑鱼、鲍鱼、龙虾、青蟹、珍珠等。大亚湾的西南岸还建有著名的大亚湾核电站。

穿越 ●●●●●●

大亚湾核电站

　　大亚湾核电站是我国第一座大型的商用核电站。它位于广东省深圳市龙岗区大鹏半岛，是继浙江省秦山核电站以后，我国大陆建成的第二座核电站。大亚湾核电站于1994年开始投入商业运行。此后，在距离它不远的地方，人们又建设了岭澳核电站，与大亚湾核电站共同组成了一个大型核电基地。

大亚湾的蓝天碧海

墨西哥湾海岸一隅

墨西哥湾

墨西哥湾位于北美洲东南部边缘，是大西洋的一部分，因濒临墨西哥而得名。它的轮廓略呈椭圆形，周围大部分被美国和墨西哥的领土环抱。北美洲最长的河流——密西西比河的入海口，就在墨西哥湾。入湾河流带来许多悬浮物质和浮游生物，为鱼类提供了丰富的饵料，墨西哥湾因此成为盛产鱼类的重要渔场。由于油气资源储量丰富，墨西哥湾成为世界上最早进行海洋石油勘探和开采的地区之一。此外，墨西哥湾也是世界上潮汐的潮差最小的海域之一。

墨西哥湾位于北美洲东南部边缘

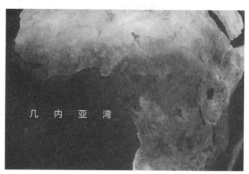

几内亚湾位于非洲西部

几内亚湾

几内亚湾位于非洲西部，以尼日尔河三角洲为界，东侧叫邦尼湾，西侧叫贝宁湾。几内亚湾的大陆架富藏石油，尤以尼日利亚近海的储量最大。几内亚湾是西非和美洲间的贸易通道，殖民者曾在此大肆掠夺黄金、象牙等，因此沿岸有"黄金海岸""象牙海岸"之称。

孟加拉湾

孟加拉湾是印度洋东北部的一个海湾。它西临印度半岛，东临中南半岛，面积约为217.2万平方千米。孟加拉湾沿岸贸易发达，印度、孟加拉国、缅甸等国家，都位于孟加拉湾沿岸。古代时，孟加拉湾是联系东西方的海上丝绸之路的必经海域，如今它也是太平洋和印度洋之间的重要通道。其沿岸的重要港口有加尔各答、金奈和吉大港等。

孟加拉湾

波斯湾一隅

波斯湾

波斯湾因伊朗古称波斯而得名，通称海湾，阿拉伯人称之为阿拉伯湾。它是印度洋西北部深入大陆的一个大海湾，夹在阿拉伯半岛与伊朗高原之间，长约990千米，宽56～338千米，呈狭长而略有弯曲的新月形，面积约为24万平方千米，周围有伊朗、伊拉克、科威特、沙特阿拉伯、阿拉伯联合酋长国等国家。

波斯湾气候炎热，降水稀少，海水温度和含盐度都比较高，渔业资源丰富，出产的珍珠和贝母著称于世。千百万年前，这里曾是一片汪洋大海，海中有极为丰富的藻类、鱼类以及其他生物。后来，随着地质时期的变化，大量死亡的动植物被埋入岩层中，长时间与空气隔绝，在高温、高压等条件下便形成了石油。而地壳运动恰恰又使这些岩层形成了有利于储油的穹隆构造，波斯湾地区由此便成为世界上最大的石油产地和供应基地，被称为"世界石油宝库"。波斯湾地区的石油储量约为910亿吨，足足占世界探明总储量的64.5%。当地的石油出口量，也占世界石油贸易总量的40%以上。世界最大的油田——盖瓦尔油田，世界最大的海底油田——塞法尼耶，都位于波斯湾地区。

波斯湾是国际石油贸易的一条大动脉，因此有十分重要的战略地位，历来就是兵家必争之地，沿岸有许多国家的军事基地，重要的港口有多哈、阿布扎比、迪拜等。

波斯湾沿岸经济发达，图为迪拜的帆船酒店。

阿拉斯加湾

阿拉斯加湾地处美国阿拉斯加州南部，位于阿拉斯加半岛和亚历山大群岛之间。它的面积约为153.3万平方千米，平均水深为2431米，最大水深约为5659米。阿拉斯加湾沿岸曲折，有许多小海湾和峡湾。那里也是世界著名的渔场，盛产鲑、鲭、大比目鱼等水产。

俯瞰阿拉斯加湾

台湾海峡和巴士海峡的交界处

海峡

　　两块陆地之间连接两片海域的狭窄水道，就是海峡。全世界的海洋中有上千个宽窄不同、长短不一的海峡，著名的有直布罗陀海峡、马六甲海峡、霍尔木兹海峡等。其中，非洲大陆与马达加斯加岛之间的莫桑比克海峡是世界上最长的海峡。海峡是海上交通的重要通道，在经济和军事上具有重要的战略地位，因而历来是兵家必争之地。世界上可以通航的海峡有130多个，位于欧洲大陆和大不列颠岛之间的英吉利海峡、沟通太平洋和印度洋的"咽喉"——马六甲海峡、位于波斯湾与阿曼湾之间的霍尔木兹海峡……都是非常重要的航运通道。

穿越 ●●●●●●

海峡人

　　1999年，福建石狮的一个渔民在海上捕鱼时，无意中打捞出一件古人类的右肱骨化石。考古学家鉴定后发现，这块化石是2万年前的一名男性晚期智人的骨头。1999年，我国考古界权威贾兰坡为这块古人类肱骨化石的主人命了名，称之为海峡人。后来，考古学家在海峡人的出土地点附近，又找到了熊、狼、野猪、鹿等生物的化石。海峡人和其他动物的化石证明：2万年前海峡人还活着的时候，台湾海峡是一片陆地。后来因为冰河时代结束，大片冰川融化，导致海水上涨，陆地被淹没，便有了今天的台湾海峡。海峡人的存在也让不少人猜测：海峡人或他们的祖辈，是踏上台湾岛的先行者。

台湾海峡

　　台湾海峡位于我国台湾省和福建省的海岸之间，是我国最大的海峡。它呈东北—西南走向，长约370千米，宽130～410千米，最窄处在台湾岛白沙岬与福建海坛岛之间，两地间的距离约为130千米。台湾海峡自古就是福建与台湾之间的航运纽带，也是东海及其北部邻海与南海、印度洋之间的交通要冲，因此在海上航运和军事方面有十分重要的战略地位。台湾海峡的西岸海岸线曲折，港湾、岛屿众多，有厦门港、海坛岛、金门岛等；东岸则为台湾岛西部平原，海岸线平直，港湾、岛屿较少，主要港口有高雄、台中、淡水等。

马六甲海峡

　　马六甲海峡地处亚洲东南部的马来半岛和苏门答腊岛之间，是一条长约1080千米的狭长水道。它的轮廓呈漏斗状，东南部最窄的地方仅有37千米，西北部最宽处则有370千米。海峡的海底和沿岸富藏锡和石油。

　　马六甲海峡是连接太平洋和印度洋的"咽喉"，也是亚、非、欧三洲的海上交通纽带，因此有"远东的十字路口"之称。古代著名的海上丝绸之路和香料之路，都经过马六甲海峡。如今的马六甲海峡也是世界海上航运最繁忙的地区之一，位于海峡北侧的新加坡因此发展成为世界级的海运大港埠。

暮色中的台湾海峡

夜幕下的马六甲海峡

霍尔木兹海峡

霍尔木兹海峡介于伊朗和阿曼之间，是连接波斯湾与阿曼湾的重要水道。它长约150千米，宽55～95千米，海峡中有许多小岛，组成了海峡的"门闩"。早在古代，霍尔木兹海峡就是东西方商路的中继站和欧亚各国的贸易中心之一。15世纪，我国明代著名的航海家郑和七下西洋的后五次，都到过此地。如今，霍尔木兹海峡是世界石油宝库——波斯湾通往印度洋的唯一出口，占世界石油贸易总量的40%以上的波斯湾石油，都是从这里经过，然后被运往世界各地的。经过霍尔木兹海峡的船只，向西可以通过亚丁湾、红海、苏伊士运河、直布罗陀海峡等，把石油运到西欧各国；向东可以经过马六甲海峡进入太平洋，把石油运至日本；向南则能经莫桑比克海峡，绕过好望角，穿越大西洋，把石油运到美国。

白令海峡

白令海峡是沟通太平洋与北冰洋的唯一一条水道，也是亚洲与北美洲的分界线。白令海峡的名字来自白令。1725年，白令受俄国皇帝彼得大帝之命，率领探险队开始远洋探险。此

探险家白令

后的17年中，白令先后完成两次极其艰难的航行。在1739年开始的第二次探险航行中，白令到达了北美洲西海岸，发现了阿留申群岛和阿拉斯加，从而证实，亚洲与北美洲并没有连在一起，而是隔着一条海峡，这条海峡就是白令海峡。

白令海峡一侧的曲折海岸

直布罗陀海峡

直布罗陀海峡是沟通大西洋和地中海的重要海上通道。它位于欧洲伊比利亚半岛南端和非洲西北端之间，全长约65千米，东深西浅。

直布罗陀海峡自古就是地中海沿岸的航海家前往大西洋的交通要道。1869年，苏伊士运河通航之后，直布罗陀海峡不但是西欧、北欧各国舰船经过地中海、苏伊士运河南下前往印度洋的咽喉要道，也成为飞机选择自由过境时常用的空中走廊，因此有"西方的生命线"之称，具有极其重要的经济和战略地位。

直布罗陀海峡沿岸风光

远眺英吉利海峡

英吉利海峡

英吉利海峡位于欧洲大陆和大不列颠岛之间，是欧洲最小的大陆架浅海。它略呈东一西走向，全长约520千米，东窄西宽，最宽处为240千米，最窄处为96千米。英吉利盛产青鱼、比目鱼等鱼类。海峡底部还有丰富的石油资源。

英吉利海峡的东北部经多佛尔海峡与北海相连，西南则连接大西洋，是欧洲大陆通往英国的最近水道，也是西欧、北欧通往大西洋、与北美往来的海上航道要冲，英吉利海峡因此成为世界上货运量最大、最繁忙的航道之一，每年的船舶通航量均居世界前列。

英吉利海峡是英国的天然屏障，历来都是兵家必争之地。1588年，英国在此击败西班牙的"无敌舰队"，获得了海峡的控制权。1944年，美英军队横渡海峡，发起了著名的诺曼底登陆战役。

以前英国和欧洲大陆之间的陆路交通，主要靠轮渡、气垫船等，十分不便。1994年，穿越英吉利海峡、连接英国和法国的英吉利海峡隧道正式通车，隧道全长约50千米，大大缩短了从欧洲大陆往返英国的时间。

·超级视听·

了不起的海峡隧道

平原

　　我们居住的地球，分成海洋和陆地两个最大的地理单元。在陆地上，地面宽广低平、略有起伏，海拔在200米以下的区域，就叫平原。与高原相比，平原的海拔较低；与丘陵相比，平原的起伏更小。

　　按形成原因的不同，平原可分为侵蚀平原和堆积平原。侵蚀平原是原本地势较高，因长期受到海蚀、风蚀、冰蚀、水蚀等侵蚀、剥蚀而形成的平原，这类平原的地面一般起伏较大；堆积平原是由于地壳长期沉降，来自高处的碎屑物质堆积在低处的地面，使地表原有的起伏趋于消失，从而形成的平原，这类平原的地面一般较平坦。世界上绝大多数的平原都是堆积平原。冲积平原也是堆积平原的一种，多分布在河流中下游地区。

　　平原地势低平，土地肥沃，水网密布，蕴藏有许多类型的矿产。这些优势条件，使得平原成为农业发达、交通便利、人文景观荟萃之处。平原是人类文明的摇篮，四大文明古国都是从大河附近的平原上发展起来的。如今世界上的大部分人口均居住在平原地区，世界上著名的大油田也都位于海滨地带或平原地区。

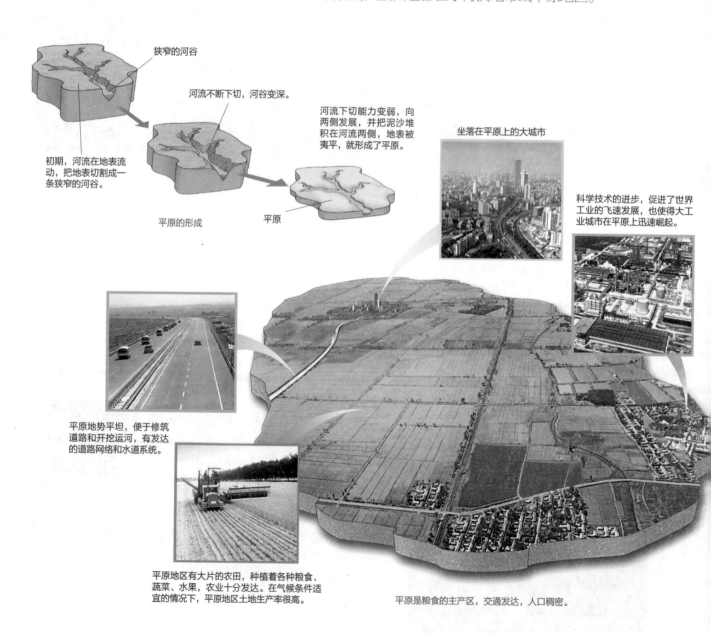

狭窄的河谷

河流不断下切，河谷变深。

初期，河流在地表流动，把地表切割成一条狭窄的河谷。

河流下切能力变弱，向两侧发展，并把泥沙堆积在河流两侧，地表被夷平，就形成了平原。

平原的形成

平原

坐落在平原上的大城市

科学技术的进步，促进了世界工业的飞速发展，也使得大工业城市在平原上迅速崛起。

平原地势平坦，便于修筑道路和开挖运河，有发达的道路网络和水道系统。

平原地区有大片的农田，种植着各种粮食、蔬菜、水果，农业十分发达。在气候条件适宜的情况下，平原地区土地生产率很高。

平原是粮食的主产区，交通发达，人口稠密。

丰收时节的东北平原

东北平原

　　东北平原又叫松辽平原，是我国最大的平原，在我国各大平原中地势最高。它位于我国东北部的大兴安岭、小兴安岭和长白山之间，面积约为35万平方千米，由东北角的三江平原、北部的松嫩平原和南部的辽河平原组成，其中松嫩平原面积最大，是东北平原的主体。

　　东北平原的土壤大多是黑土，土中含大量有机质，十分肥沃。加之东北平原的气候属于大陆性季风气候，夏季温暖多雨，冬季寒冷漫长，适于作物生长，所以那里物产丰富，盛产小麦、水稻、大豆、土豆等，是我国重要的粮食、大豆、畜牧业生产基地。此外，我国著名的大庆油田也位于那里。

东北平原

三江平原的黑土地

华北平原上金黄的麦田

华北平原

　　华北平原又叫黄淮海平原，是我国第二大平原，面积有30多万平方千米。它西起太行山和伏牛山，东到渤海和黄海，北依燕山，南达大别山北侧。黄河冲积平原、淮河中下游平原、海河中下游平原、滦河下游冲积扇平原构成了华北平原的主体。

　　华北平原地势低平，一望无际，土壤为棕壤或褐色土，因为耕作历史悠久，各类自然土壤已熟化为农业土壤。其中，黄潮土是华北平原最主要的耕作土壤，它富含养分，适于作物生长。华北平原因此成为我国重要的农业区，有"麦仓""棉海"的美誉。华北平原上的粮食作物以小麦、玉米为主，主要经济作物是棉花和花生。华北平原还拥有丰富的煤、石油等矿藏，有开滦、淮南、淮北、兖州等大煤矿及山东的胜利油田。

穿越 ●●●●●●

地道战

　　抗日战争时期，在华北平原上，一种出其不意、灵活巧妙的作战方式让日本侵略者闻风丧胆，这就是地道战。

　　起初，民兵们先在自己家中挖了单口隐藏洞，主要用于躲藏。后来，挖地道的活动广泛展开。地道从单一的躲藏场所，转变为了能打、能藏、能机动、能攻、能守的地下工事，并逐渐形成了房连房、街连街、村连村的地道网。通过地道中的互相配合，民兵们以暗对明，藏打结合，常常出其不意地打击敌人，把日本侵略者打得落花流水。著名的电影《地道战》，讲述的就是地道战的这段传奇。

鱼米之乡——长江中下游平原

亚马孙平原

亚马孙平原是世界上最大的冲积平原，由世界上流域面积最广、流量最大的河流——亚马孙河及其支流冲积而成。它位于亚马孙河的中下游，介于圭亚那高原和巴西高原之间，西部为安第斯山脉，东部延伸到大西洋沿岸，地势低平坦荡，大部分区域的海拔都在150米以下。亚马孙平原的面积约为560万平方千米，大部分在巴西境内，巴西国土面积的1/3几乎都在亚马孙平原上。

亚马孙平原属于热带雨林气候，终年湿热多雨，降水量很大。平原上的雨林面积达到300多万平方千米。由于热带雨林密布，所以那里的热带植物种类繁多，橡胶树、可可等植物的家乡，都是亚马孙平原；那里的动物种类也非常丰富，树栖动物尤其多，如树懒、树蛙等。不过，居住在亚马孙平原上的人却并不多，许多地区人烟稀少，交通不便。由于亚马孙平原上雨林的光合作用特别旺盛，能源源不断地向大气输送氧气，对地球的气候具有重要的调节作用，就像肺对人体的作用一样，所以亚马孙平原上的雨林有"地球的肺"的美誉。

除了丰富的生物资源，亚马孙平原上也有不少矿藏，如石油、锡等。

亚马孙平原上的河流和广袤的雨林

长江中下游平原

长江中下游平原是我国三大平原中最小的一座，由两湖平原（江汉平原、洞庭湖平原）、鄱阳湖平原、苏皖沿江平原、里下河平原和长江三角洲平原组成，面积约为20万平方千米。它是我国水资源最丰富的地区之一，长江天然水系与人工河渠纵横交错，形成了全国密度最大的河网；鄱阳湖、洞庭湖、太湖及巢湖等，也使长江中下游平原成为我国淡水湖群分布最集中的地区，水生生物数量居全国之冠。长江中下游平原还是我国重要的粮食、棉花、桑蚕丝生产基地，素有"水乡泽国""鱼米之乡"之称。

长江中下游的鄱阳湖平原

东欧平原是世界第二大平原

西西伯利亚平原

西西伯利亚平原是一个极端寒冷的平原，也是世界最大的平原之一。

它位于亚洲西北部、俄罗斯中东部，介于乌拉尔山脉和叶尼塞河之间，南接哈萨克丘陵和阿尔泰山区，北达北冰洋的喀拉海，东西宽1000～1900千米，南北长约2500千米，面积约为300万平方千米。

西西伯利亚平原地势低平开阔，因为鄂毕河水系纵贯全境，有2000多条大小河流，所以平原上河网密布，湖泊众多，沼泽连片。其自然景观从北到南依次为苔原带、森林苔原带、森林带、森林草原带及草原带，其中森林带的面积最广，南部的草原则是俄罗斯重要的乳用畜牧业基地和谷物产区。平原上的油气资源也很丰富，世界著名的秋明油田就位于那里。

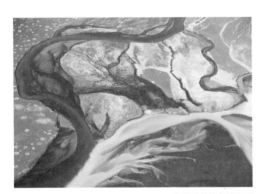

鸟瞰壮美的东欧平原

东欧平原

东欧平原是世界上最大的平原之一。它位于欧洲东部，北起北冰洋，南抵黑海、里海之滨，东起乌拉尔山脉，西达波罗的海，面积约为400万平方千米，因为绝大部分在俄罗斯境内，所以又被称为俄罗斯平原。

东欧平原的气候以温带大陆性气候为主，由于地势起伏，面积广大，各地的气候并不相同。总体而言，东欧平原的气温由北向南逐渐升高，降水由北向南逐渐增多，自然景观由北向南分别为苔原带、森林苔原带、针叶林带、针阔混交林带、森林草原带、草原带和半荒漠带。东欧平原上的河流也很多，有乌拉尔河、伏尔加河、第聂伯河、顿河等著名的大河。

东欧平原的森林草原带和草原带土壤肥沃，盛产小麦、玉米、亚麻、向日葵等，是俄罗斯、乌克兰重要的农业生产基地；森林带也是俄罗斯重要的木材生产基地。此外，平原上还有丰富的煤、铁、石油等资源。

风景如画的西西伯利亚平原

山地

当我们在飞机上俯视大地时，映入眼帘的常常是莽莽的山地。山地是陆地上的一种隆起的地貌，它具有较大的高度和坡度，海拔一般在500米以上，相对高度超过200米。地球上的山地，大部分是地壳抬升形成的，还有一些山峰是由火山喷发形成的。

山地

丘陵、低山与高山三者之和，超过了地球陆地总面积的3/4。可见，地球的陆地表面是很不平坦的。

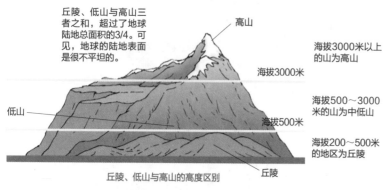

高山

海拔3000米以上的山为高山

海拔3000米

海拔500～3000米的山为中低山

海拔500米

低山

海拔200～500米的地区为丘陵

丘陵

丘陵、低山与高山的高度区别

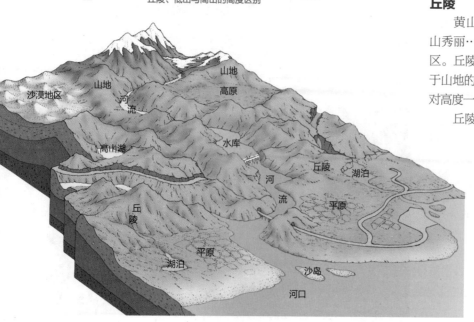

沙漠地区

山地

山地

河流

高原

高山湖

水库

丘陵

河流

湖泊

平原

丘陵

平原

湖泊

沙岛

河口

丘陵、山地等地形

山脉

具有明显走向的长条状山地称为山脉。

地壳是由若干个大的大陆板块和海洋板块组成的。板块之间的相对运动引起大陆板块和海洋板块的碰撞、聚集，海洋板块容易插入到大陆板块的下面。这样，两个板块接触的地方因受到挤压而隆起，这就是造山运动。地球上的许多山脉都是通过造山运动形成的。

山脉往往排列有序、脉络分明，有"大地骨架"之称。几条走向大致相同的山脉排列在一起，可以组成一个山系，比如喜马拉雅褶皱带上形成的全部山脉，就统称喜马拉雅山系。世界上著名的山脉有亚洲的喜马拉雅山脉、欧洲的阿尔卑斯山脉、北美洲的科迪勒拉山脉、南美洲的安第斯山脉等。喜马拉雅山脉与阿尔卑斯山脉都是既高又年轻的山脉，它们至今仍在上升之中。

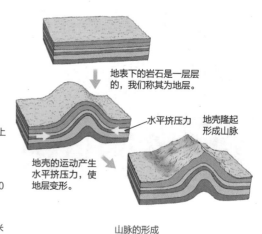

地表下的岩石是一层层的，我们称其为地层。

水平挤压力

地壳隆起形成山脉

地壳的运动产生水平挤压力，使地层变形。

山脉的形成

丘陵

黄山奇绝、华山险峻、井冈山雄伟、庐山秀丽……我国的这些名山往往分布在丘陵地区。丘陵介于山地与平原之间，是一种高度小于山地的隆起地貌，海拔一般在500米以下，相对高度一般在200米以下。

丘陵有孤立的，也有连绵成片的。它们一般分布在山地或高原与平原的过渡地带，常与低山毗连，与低山合称为低山丘陵。

我国是一个多丘陵的国家，丘陵面积有100万平方千米，约占国土总面积的10%。我国长江以南、云贵高原以东，一直延伸到海边的东南地区，统称为东南丘陵。北方的丘陵则主要有辽东丘陵、山东丘陵及黄土高原上的黄土丘陵等。

梯田

山地地形崎岖，土地贫瘠，土壤层薄，可以种植农作物的平坦土地十分珍贵。因此，住在丘陵山区的居民，会在山坡上沿着等高线修筑一道道石堤，再往堤内回填土壤。这样，沿着山的坡向，就形成一层高过一层的带状平地，可以种植农作物。这种带状平地就是梯田。梯田是人类在长期与山地打交道的过程中总结出来的一种有效利用土地的方式。

梯田

喜马拉雅山脉

喜马拉雅山脉位于我国西藏自治区与巴基斯坦、印度、尼泊尔、不丹等国的边境上，东西绵延约2500千米，南北宽200～300千米，由几列大致平行的山脉组成，呈向南凸出的弧形，我国境内的山脉是它的主干部分。

喜马拉雅山脉平均海拔高达6000米，7000米以上的高峰有50多座，8000米以上的高峰有10座。这些山峰终年被厚厚的冰雪覆盖着，藏语里"喜马拉雅"，就是"冰雪之乡"的意思。

高大雄伟的喜马拉雅山脉和昆仑山脉一起，像一道巨型台阶，将青藏高原和我国其他地区天然地分隔开来，对大气环流、水系走向和生物景观都产生了明显的影响。

地质学家研究发现，早在20亿年前，现在喜马拉雅山脉所在的广大地区是一片汪洋大海，叫古地中海。3000万年前，这里的地势开始下降，接着地壳发生了一次大规模的造山运动，也就是地质学上所说的"喜马拉雅运动"。"喜马拉雅运动"使这一地区逐渐隆起，形成了世界上最雄伟的山脉。如今，喜马拉雅山脉还在不断地缓缓上升。

穿越 ●●●●●●

奇妙的天然灯塔

中美洲萨尔瓦多沿海有座伊萨尔科火山。每隔8～10分钟，这座火山就会向天空喷出高达300米的烟柱，同时向海中倾泻大量炽热的熔岩。

地中海西西里岛北部的利帕里群岛上，也有一座斯特龙博利火山，每隔2～3分钟，这座火山就会响起一阵轰隆声，随即喷出直冲云霄的烟柱和蒸气。

这两座火山都位于沿海地区，都是定时喷发。到了晚上，它们每次喷发时，沸腾的岩浆都会照亮一片天空，在离火山几十千米，甚至100多千米的海上都能见到。火山的一明一灭，于是便成了过往船只辨明方向的天然灯塔，非常奇妙。

雄鹰的飞翔高度可达雪线以上

终年积雪带

活跃在雪线附近的岩羊

针叶林

阔叶林

海拔4000～5000米的区域为高山苔原带，这里土地贫瘠，高寒风大，只有矮小的灌木和苔藓、地衣等植物。

苔原上的藓类植物

海拔4000米

海拔3000～4000米的区域为寒带气候。这里气候湿冷，耐寒的针叶树木为主要的植被。

寒带针叶林

海拔3000米

海拔2000～3000米的区域为温带气候，这里气候温暖、湿润，生长着各种乔木。

温带针叶、阔叶混交林

海拔2000米

热带、亚热带常绿阔叶林

海拔2000米以下，是热带、亚热带气候。

同一座山脉的不同高度，有不同的气候。

中国少年儿童百科全书

CHINESE CHILDREN'S ILLUSTRATED
— ENCYCLOPEDIA —

《中国儿童百科全书》

★ 国家图书奖　★ 国家辞书奖　★ 国家科技进步奖
★ 全国优秀少儿图书奖　★ 全国优秀科普作品奖

之后又一力作

环境与生命　ENVIRONMENT AND LIFE

中卷

中国大百科全书出版社

珠穆朗玛峰

珠穆朗玛峰耸立在我国与尼泊尔的边界上，海拔为8844.43米，是喜马拉雅山脉的主峰，也是世界第一高峰，与南极、北极并称为"地球的三极"。

珠穆朗玛峰的南坡在尼泊尔境内，北坡在我国的西藏。它的山体像一个巨形金字塔，上面分布着巨大的山谷和冰川。许多大冰川上还有奇特的冰塔林。冰塔林里有幽深的冰洞和曲折的溪流，景色异常奇丽。

珠穆朗玛峰上空气稀薄，地形陡峭，气温极低，还常有大风、雪崩，要登上峰顶异常困难。直到1953年，人类才第一次从南坡登上了峰顶。1960年5月25日，我国登山运动员战胜了种种困难，首次从北坡登上珠穆朗玛峰顶端，把五星红旗插到了这座世界最高峰的峰顶上。

珠穆朗玛峰

横断山脉

横断山脉位于青藏高原东南部，是一系列南北走向的平行山脉的总称。因为它横断了东西交通，因而得名"横断山脉"。邛崃山、大渡河、大雪山、雅砻江、沙鲁里山、金沙江、芒康山（宁静山）、澜沧江、怒山、怒江和高黎贡山等，都是横断山脉的一部分。其中，大雪山的主峰贡嘎山海拔高达7556米，是横断山脉的最高峰。

横断山脉是因地壳运动而隆起形成的，那里至今仍是我国主要的地震带之一。横断山脉还盛产有色金属，金沙江、澜沧江和怒江里蕴藏着100多种有色金属。

台湾山脉

在台湾岛上，平行排列着四条南北走向的山脉——台东山、中央山脉、玉山和阿里山，它们合称为台湾山脉。

台湾山脉长约360千米，面积约占台湾岛面积的2/3，有"台湾屋脊"之称。它的最高峰玉山海拔为3997米，是我国东部最高的山峰。

台湾山脉两侧有很多断层，断层沿线有许多山间盆地和湖泊，其中最有名的湖泊就是日月潭。台湾山脉还是我国重要的林区，盛产红桧、扁柏等乔木。

阿里山

南岭

宋代大文豪苏轼曾写过："日啖荔枝三百颗，不辞长作岭南人。"诗句中的岭南，说的就是南岭以南。

南岭位于我国广西、湖南、广东、江西四省区边境，是我国南部最大的山脉，一般指越城岭、都庞岭、萌渚岭、骑田岭和大庾岭五条山岭，所以又叫五岭。南岭东西绵延600千米，平均海拔在1000米左右，最高峰为越城岭的猫儿山，海拔约为2142米。南岭是重要的地理分界线，长江水系和珠江水系就是以南岭为界的。

横断山脉风光

秦岭

在我国中部，从西到东横亘着一条大山脉，从气候上来看，山的北面较为寒冷干燥，被划为暖温带，南面则温暖湿润，属于亚热带；从地理区划上来看，山的北面是华北地区，南面则属于华中地区。这条山脉，就是我国的南北地理分界线——秦岭。

秦岭长约1600千米，平均海拔为2000～3000米，主峰太白山的海拔为3767米。人们说的秦岭，通常指秦岭山脉中段位于陕西省中部的一部分，不过有时也包括岷山、终南山、华山、嵩山在内。秦岭南北的自然景观有明显的不同。秦岭以南的河流冬季不结冰，植物以常绿阔叶树为主，普遍生长着柑橘、茶叶等亚热带作物；秦岭以北地区1月平均气温在0℃以下，河流冻结，植物以落叶阔叶树为主，大量生长着玉米、苹果等暖温带和温带作物。

昆仑山

"横空出世，莽昆仑，阅尽人间春色。飞起玉龙三百万，搅得周天寒彻。"毛泽东的《念奴娇·昆仑》一词中，就写到了昆仑山的磅礴气势。

昆仑山高大雄伟，势如巨蟒，横贯我国西部，屹立在塔里木盆地与柴达木盆地之南，长2500多千米，山脊高度多在5000米以上，是我国西部山系的主干。其中，公格尔山（7649米）和慕士塔格山（7509米）是两座著名高峰。昆仑山的西段还分布着许多巨大的冰川，冰川的融水成为塔里木河、格尔木河等河流的水源。

太行山

太行山耸立在黄土高原与华北平原之间，是中华民族的祖先最早活动的地区之一，著名的北京猿人、许家窑人就生活在它的山麓地带。

太行山的最高峰是小五台山，海拔约为2882米。太行山西坡平缓，东坡急陡，许多地段形成近1000米的断层岩壁，气势雄伟。因地势险要，太行山历朝历代都是兵家必争之地。抗日战争期间，八路军曾利用这里的地形展开游击战，有力地打击了日本侵略者，并创建了太行山抗日根据地（晋冀豫边区）。

大兴安岭

大兴安岭是我国东北地区的重要山脉，长约1200千米，平均海拔为1100～1400米，最高峰黄岗梁海拔为2029米。

大兴安岭北部生长着茂密的森林。林区北宽南窄，面积约为1.7万平方千米，是我国最大的原始林区，盛产兴安落叶松、樟子松、红皮云杉、白桦等树种。大兴安岭也因此成为我国重要的木材产地和森林工业基地。

安第斯山脉

安第斯山脉纵贯南美大陆西部，绵延约8900千米，是世界最长的山脉。安第斯山脉平均海拔在3000米以上，超过6000米的高峰有50多座，最高峰阿空加瓜山海拔高达6960米，是西半球最高的山峰。安第斯山脉是南美洲许多河流的发源地和分水岭，山脉西侧河短流急，山脉东侧河流绵长，世界流域面积最广的河流——亚马孙河就位于山脉东侧。安第斯山脉的矿产也十分丰富，从秘鲁南部到智利中部的铜矿，是世界上最大的斑岩型铜矿床。

大兴安岭的茂密森林

阿尔卑斯山脉

阿尔卑斯山脉位于欧洲南部，是欧洲最高大的山脉，有"欧洲屋脊"之称，其最高峰——勃朗峰的海拔高达4810米。

阿尔卑斯山脉西起法国东南部，经意大利北部、瑞士南部、列支敦士登、德国南部，东至奥地利和斯洛文尼亚，长约1200千米，呈弧形向东西延伸。欧洲许多大河的源头均在阿尔卑斯山脉，如多瑙河、莱茵河、波河、罗讷河等。阿尔卑斯山脉风景幽美，设有现代化旅馆、滑雪道、登山吊车等，是旅游、度假和登山、滑雪的胜地，每年吸引了大量游客前往。

阿尔卑斯山脉风光

高原

　　高原是指海拔超过600米，面积较大、顶面比较平缓的高地。它比平原的海拔高，与山地的区别是平缓地面较多、起伏地面较少。

　　高原海拔高，空气稀薄，云雾少，所以阳光比较充足，日照时间长。高原表面的土壤一般比较贫瘠，不利于农耕，但适宜牧草生长，往往是良好的牧业基地。高原地区气压低，氧气含量少，利用这种低压缺氧的环境进行锻炼，可以提高人体的耐力素质。因此，高原是中长跑、竞走等体育项目的训练宝地。

黄土塬地面平坦，有大片的农田，是黄土高原上较为富庶的地区。可惜，黄土高原上的黄土塬已经不多了。

黄土塬

长期的流水侵蚀，使黄土高原地形破碎、千沟万壑。黄土高原上的河流大都含有大量泥沙，黄河就是最典型的代表。

黄土高原

青藏高原上的羊卓雍错湖

黄土高原

"我家住在黄土高坡，大风从坡上刮过……"这首歌曾经在中国风靡一时，歌中描绘的地方就是黄土高原。

黄土高原主要分布在秦岭以北、山西大部分、甘肃东部，以及相邻的河南、河北、内蒙古、宁夏的部分地区，总面积约为40万平方千米。

黄土高原的地表到处被厚厚的黄土覆盖着，黄土的平均厚度有三四十米，最大厚度超过200米，黄土高原也因此得名。黄土高原上的黄土质地细腻，没有明显层次，干时比较坚硬，可是一遇水就会变软，甚至会变成稠稠的黄泥汤，顺坡流下。

黄土高原比较干旱，年降水量只有400～500毫米，有的地区不足300毫米。遇上旱年，年降水量可能只有200～300毫米。这时就会出现水荒，不仅地里的庄稼颗粒无收，连人畜饮水也会出现困难。因此，黄土高原不少地区是我国比较贫穷的地区。

黄土高原是中华文明的发源地，几千年来，炎黄子孙在这片土地上生活、繁衍，形成了黄土高原独具特色的文化和勤劳淳朴的民风。黄土高原上的人利用不同的地形条件，在地面平坦的黄土塬上开垦大片的农田，精耕细作；在坡度比较和缓的黄土峁（峁是孤立的黄土丘）上修建梯田，种植庄稼。农闲时，他们还会唱起高亢的信天游，跳起红红火火的腰鼓舞。

西藏寺庙中的佛塔

青藏高原

2008年北京奥运会的吉祥物中，有一个可爱的福娃迎迎，它是以生活在青藏高原上的藏羚羊为原型设计的。

青藏高原位于我国西部至西南部，分布在西藏、青海、四川、新疆、甘肃、云南等省区，面积约为250万平方千米，约占我国陆地面积的25%，是我国最大的高原，也是世界上最高的大高原。青藏高原地势高峻，海拔大多在3500米以上，许多六七千米高的山峰直耸云霄，有"世界屋脊"之称。青藏高原上还有很多冰川、高山湖泊和高山沼泽，我国最大的咸水湖——青海湖、世界最高的咸水湖——纳木错湖都坐落于此。亚洲的许多主要河流都是从这里发源的，黄河、长江也发源于这里。青藏高原的居民大多是藏族。由于这里空气稀薄，寒冷干燥，气候严酷，藏民们主要种植青稞、小麦、马铃薯等耐寒作物，养殖的动物也以耐高寒的牦牛、藏绵羊、藏山羊为主。藏民们居住的房屋是用石头垒砌而成的，房子的外墙厚实，窗户很小，整栋房子看上去像个碉堡，所以被称为碉楼。

穿越 ●●●●●●

糌粑

糌粑是青藏高原上藏民的传统主食之一。"糌粑"在藏语里的意思是"炒面"，它是由青稞等粮食晒干炒熟后所磨的面粉做成的。糌粑分为青稞糌粑、混合糌粑等种类，以去掉内皮、精细加工的青稞糌粑为上品。吃糌粑时，先将少许酥油倒入碗内，加些奶渣和白糖，冲入热茶，添上青稞面粉，然后左手拿碗，右手在碗里不断抓拌，将与酥油、热茶等混合在一起的面粉捏成小团，就可以大快朵颐了。

内蒙古高原

内蒙古高原主要位于我国内蒙古自治区境内，面积约为40万平方千米，平均海拔为1000～1200米，从西北向东南，依次分布着戈壁、沙漠等地貌。内蒙古高原是我国的多风地区之一，高原的西部每年有沙尘暴的天气多达10～25天，风多而大虽然对牧业生产不利，但却为风力发电提供了良好的条件。内蒙古高原上没有较大的河流，内陆河多为间歇河，春季呈现为干谷状态，雨季时往往成为洪流的通道。有些河流还会中途消失，成为无尾河。内蒙古高原是我国湖泊较多的地区之一，高原上分布有许多湖泊。不过，不少湖泊是雨季才有的雨季湖，常年有水的湖泊通常浅而小。

内蒙古高原是我国重要的牧场，草原的面积占高原总面积的80%。高原上，处处是水草丰美、一望无际的大草场。

蒙古包是内蒙古高原上最具代表性的房屋

云贵高原

云贵高原是我国四大高原之一，位于我国西南部，由云南高原与贵州高原组成。

云南高原的主体包括云南省中部、东部及四川省的西南部，地势西北高、东南低，大部分地区海拔在1500～2000米之间，以中山、低山、丘陵为主。那里有峰林、峰丛、石林、溶洞等许多典型的喀斯特地貌景观，尤以路南石林最为著名。云南高原年平均气温为15℃～18℃，冬暖夏凉，有"四季如春"的美誉。由于山地、丘陵多，山上山下的温度差异很大，所以那里又有"一山有四季"的说法。

贵州高原平均海拔约为1000米，比云南高原略低一些。高原由东向西逐级升高，就像一个梯级状的大斜坡。由于那里河流分散，河水对地面的侵蚀作用很强，所以地面起伏比较大，地表崎岖，山岭纵横，有"地无三里平"的说法。

贵州高原上的万峰林景区

东非高原

埃塞俄比亚高原以南、刚果盆地以东、赞比西河以北的高原地区，就是东非高原。它的面积约有100万平方千米，平均海拔约为1200米。非洲第一高峰——海拔约为5895米的乞力马扎罗山基博峰，非洲第二高峰——海拔约为5199米的肯尼亚山基里尼亚加峰，都位于东非高原上。

东非高原的中部被东非大裂谷的东部所纵贯，裂谷中的凹地积水成湖，形成了许多湖泊。那里有非洲最大的湖泊——维多利亚湖，也是非洲湖泊最集中的地区。东非高原因此又有"湖泊高原"之称。

东非高原的不同地区之间气候差异很大，比如南部是热带稀树草原气候，肯尼亚北部和东部是热带荒漠、半荒漠气候，印度洋沿岸又是热带海岸气候等。高原上的动植物资源十分丰富，生活着大猩猩、黑猩猩、羚羊、斑马、犀牛、狮子、豹、犀鸟、巨嘴鸟等许多动物，堪称是一座巨大的天然动物园。

墨西哥高原

墨西哥高原位于墨西哥境内。它是一座桌状高原，隆起于地面的形态很像桌子。

墨西哥高原的地势由西北向东南抬升，面积约有66.6万平方千米，分为北部高原和南部高原（中央高原）两部分，北部高原海拔为800～1000米，南部高原海拔为2000～2500米。墨西哥高原上有布拉沃河、巴尔萨斯河和亚基河等河流，中部高原的山间盆地中还有许多湖泊。墨西哥高原的土壤肥沃深厚，终年气候温和，非常适合农业生产。

埃塞俄比亚高原

在非洲东部、埃塞俄比亚中西部，有一座平均海拔高度在2500米以上、面积有80多万平方千米的高原，这就是非洲大陆最高的高原——埃塞俄比亚高原。

埃塞俄比亚高原有"非洲屋脊"之称。它地势高峻，起伏不平，著名的东非大裂谷从东北延伸到西南，把高原分割为东、西两大部分。高原上火山、巨谷、深湖交错分布。深邃的河谷中，有茂密的森林；耸立的高山群峰中，有幽深的峡谷；高山上溪水急流直下，形成许多高原湖泊。尼罗河最大的支流——青尼罗河，就发源于这座高原上最大的湖泊——塔纳湖。

埃塞俄比亚高原还是古人类最早的起源地之一，高原上的奥莫河流域和阿瓦什河流域有大量的古人类遗迹出土。

埃塞俄比亚高原上的植物

巴西高原

巴西高原又叫中央高原，它位于南美洲中东部、巴西东南部，是世界上最大的高原，面积足足有500多万平方千米，是青藏高原面积的两倍多，几乎相当于半个欧洲！

巴西高原

巴西高原的得名，源于当地出产的一种红木。16世纪初，葡萄牙航海家卡布拉尔率船队前往印度，途中经过了一块不知名的大陆，他们在那里发现了一种名贵的红木，这种红木色彩鲜艳，坚固耐用，可以做家具，还能提取红色染料。卡布拉尔一行人于是称这种木头为"巴西"，"巴西"在葡萄牙语里的意思就是"红木"。

巴西高原的地势南高北低，地面起伏平缓，海拔在300～1500米之间。高原上大部分地区都是热带草原气候，终年温暖，降水充足，土壤肥沃，作物可以一年收获三四次。高原上的草原面积也很辽阔，是良好的天然牧场。高原南部盛产咖啡，咖啡的产量和出口量均居世界前列。此外，巴西高原的铁、锰、金刚石等矿藏和水力资源也十分丰富。

埃塞俄比亚高原

盆地

地球上不仅有辽阔的大平原、大高原，还有巨型的大凹地——盆地。

盆地是陆地上的一种四周高、中间低的盆状地形。盆地的四周一般被高原或山地环绕，中部是平原或丘陵。地球上的盆地有大有小，一些小的盆地只有几平方千米到几十平方千米那么大，而一些较大的盆地比我国的一个省还要大。盆地的海拔差异也很大，有的盆地海拔高达一两千米，也有的盆地可能低于海平面。

四周高、中间低的特点，使盆地四周的河流不断地流入了盆地。河流给盆地带来大量有机物。这些物质堆积在盆地里，日久天长，形成了丰富的矿产，如煤炭、石油、天然气等，所以盆地是世界上矿产资源最丰富的地区之一。此外，盆地内的土地通常也平坦而肥沃，对发展农业生产十分有利。

山间盆地地势平坦，水力资源丰富，经济也较发达。

山间盆地

山间盆地是山区常见的面积较小的盆地，面积从几平方千米到几十平方千米不等。山间盆地虽然面积不大，却是山区经济最发达的地区。这与盆地平坦的地表和较丰富的河流资源有关：平坦的地表有利于开垦农田，河流资源为灌溉农田提供了充足的水源。

在我国西南的云贵高原上，山间小盆地十分常见，当地人称之为坝子。人们在坝子上建造村镇，开垦良田，世代生息在那里。

内流盆地

如果盆地周围的地势比较高，河流只能进入盆地，不能流出盆地，这种盆地就叫内流盆地。内流盆地大多深居内陆地区，干旱少雨，但矿产丰富。我国青海的柴达木盆地、新疆的塔里木盆地，就是这样的内流盆地。

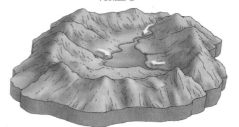

内流盆地

内流盆地中的河流没有出口，河水聚集在盆地中。

外流盆地

有些盆地不像一个完整的圆盆，而是在"盆边"上留有缺口，有河流从中穿过，直通大海。这样的盆地，我们叫它外流盆地。外流盆地水源充足，地势平坦，土地肥沃，是人类生产和生活的好地方。世界上的许多大城市就坐落在这样的盆地中，比如法国的首都巴黎和英国的首都伦敦等。我国的四川盆地就是外流盆地，长江从四川盆地穿过，向东注入东海。

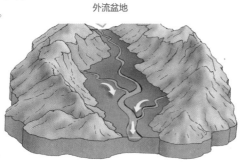

外流盆地

外流盆地内的河流可以通过出口流到外面，直通大海。

塔里木盆地中的楼兰古城遗址

塔里木盆地

你吃过多汁的库尔勒香梨吗？你听说过脆甜的阿克苏苹果吗？它们都来自我国最大的内陆盆地——塔里木盆地。

塔里木盆地与柴达木盆地、准噶尔盆地、四川盆地并称为我国的四大盆地。它位于我国新疆维吾尔自治区南部，周围有天山山脉、昆仑山脉和帕米尔高原，面积约为53万平方千米。盆地的大部分地区气候干燥，雨量稀少，形成大片的戈壁和沙漠，盆地的中部是我国最大的沙漠——塔克拉玛干沙漠，神秘的罗布泊也位于塔里木盆地中。塔里木盆地里的所有河流汇成了塔里木河，河流两岸生长着大片的胡杨林。"有水的地方就有树，有树的地方就有人"，塔里木河蜿蜒千里，在广袤寂寥的沙漠和戈壁间串起了库尔勒、阿克苏、和田、库车等100多个水草丰美的大小绿洲，为人类提供了宜居的栖息地。前文所说的香梨和苹果，就产自这些沙漠中的绿洲。

不仅如此，塔里木盆地还有丰富的矿藏资源，正日渐成为我国重要的石油、天然气开发基地。著名的西气东输工程的起点，就是塔里木盆地北部的库车地区。

受到人类活动的影响，塔里木盆地的土地荒漠化日益明显，河流水量萎缩，绿洲的面积也在缩小，改善盆地的生态环境迫在眉睫。

塔里木盆地的沙漠绿洲

准噶尔盆地的野马

穿越 ••••••

麻雀消失之谜

麻雀是与人共居的鸟类，但20世纪70年代末80年代初，曾广布于四川各地的麻雀却突然在四川盆地消失了。有人认为这是因为全球变暖导致麻雀从四川盆地向气温较低的地区迁移了；也有人认为这是因为现代的水泥建筑取代了传统的木屋瓦房，使麻雀失去了筑巢的地方。如今，一种解释越来越多地获得人们的认可：20世纪70年代末80年代初期，四川各地的农业生产积极性空前高涨，但滥施农药的现象非常普遍，致使喜食昆虫的麻雀间接中毒而死；不仅如此，取食沾有微量农药的草籽后，麻雀也会死亡。成年麻雀死亡后，幼鸟失去父母的抚育，很快也饥饿而亡。久而久之，四川盆地的麻雀就几乎消失了。

柴达木盆地

"南昆仑，北祁连，山下瀚海八百里，八百里瀚海无人烟。"歌谣中曾经浩瀚无垠、荒无人烟的地方，后来却变成了世界闻名的"聚宝盆"，这就是柴达木盆地。

柴达木盆地是我国四大盆地之一，它位于我国青海省西北部，四周被昆仑山脉、祁连山脉、阿尔金山脉所环绕，面积约为25万平方千米，海拔在2600～3000米之间，是我国海拔最高的盆地。很久以前，柴达木盆地所在的地区是一个巨大的湖泊。后来，由于气候变得干燥等原因，柴达木盆地里湖泊的面积不断缩小，最后只留下了一大片含盐的沼泽和众多的盐湖。"柴达木"在蒙古语中就是"盐泽"的意思。如今，柴达木盆地中有察尔汗盐湖、茶卡盐湖等许多盐湖，食盐储量有600亿吨左右，盆地的地下还有大量的铅、锌、石油等矿藏，是一个不折不扣的"聚宝盆"。

柴达木盆地气候干旱，降水稀少，风力强劲，野生的植物大多是抗旱的灌木和半灌木。盆地的东部和东南部有不少绿洲，适宜农业耕种，农作物产量高，畜牧业也十分发达。

准噶尔盆地

准噶尔盆地是我国四大盆地之一，位于我国新疆维吾尔自治区北部，地处天山和阿尔泰山之间，面积约有20万平方千米，平均海拔约为500米，盆地内30%的土地都是沙漠。

准噶尔盆地的地势向西倾斜，北部略高于南部，北部的乌伦古湖（布伦托海）湖面海拔为479.1米，中部的玛纳斯湖湖面海拔为270米，西南部的艾比湖湖面海拔为189米，是整座盆地的最低点。我国第二大沙漠——古尔班通古特沙漠和新疆第二大河——额尔齐斯河，都位于准噶尔盆地之中。

准噶尔盆地属温带气候，盆地的东部是寒潮的通道，所以冬季时是我国同纬度地区中最冷的地方。经勘探证明，准噶尔盆地有可喜的石油开发前景。已开发的克拉玛依油田，是我国著名的大油田。

食盐生产线

柴达木盆地中的盐湖

富饶的四川盆地

刚果盆地

刚果盆地也叫扎伊尔盆地，面积约为337万平方千米，是世界上最大的盆地。它位于非洲中西部，包括刚果河流域的大部分地区，所以叫刚果盆地。

刚果盆地拥有非洲最大的一片热带雨林，一半以上的面积被森林占据。热带雨林里生活着黑猩猩、刚果孔雀许多动物，还盛产黑檀木、乌木、红木、檀香木、花梨木等名贵木材，这里因此也被称为"地球最大的物种基因库"之一。

刚果盆地出产油棕、咖啡、可可、橡胶、烟草、甘蔗等作物。盆地边缘的高原、山地矿产资源丰富，那里的金刚石矿、铜矿、锰矿、铁矿世界闻名。

从卫星拍摄的四川盆地照片上，我们可以看到，盆地四周群山环绕，西部的横断山上白雪皑皑。

四川盆地

四川盆地是我国四大盆地之一，也是我国各大盆地中位置最南、海拔最低的一座。它东西长380～450千米，南北宽310～330千米，包括了四川省东部和重庆市的大部分地区，面积约为20万平方千米。因为盆地的边缘山势陡峻，地表崎岖，难以行走，所以历史上有"蜀道难，难于上青天"的说法。

四川盆地的地表被大面积的紫红色砂岩与泥岩所覆盖，这些砂岩与泥岩中富含各种养料，非常肥沃，加之四川盆地冬季较温暖，夏季湿热，雨量充沛，所以那里农业发达，物产丰富。不仅如此，四川盆地还盛产煤、铁、天然气等矿藏，所以历来有"天府之国"的美誉。

刚果盆地中的雨林是动物的天堂

峡谷

　　峡谷是狭而深的一种地形，主要是因河流或冰川向下的强烈侵蚀作用而形成的，它的两侧非常陡峭，横剖面常呈V字形。峡谷地区的地质基础如果较好，又有蓄水条件，很适合作为水库大坝的坝址。我国就已利用峡谷建成了许多大型水库。不仅陆地上有峡谷，海底也有峡谷。海底峡谷形似陆地上的峡谷，主要分布在海底的大陆坡上，全世界的海底几乎都有峡谷分布。

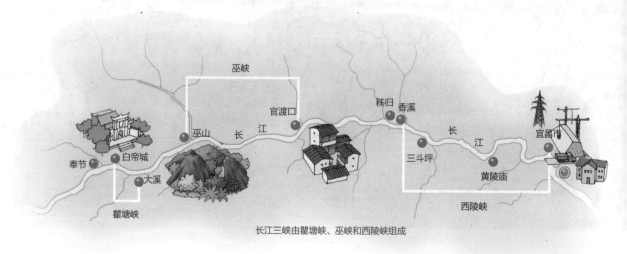

长江三峡由瞿塘峡、巫峡和西陵峡组成

科罗拉多大峡谷

长江三峡

　　长江三峡是长江上游瞿塘峡、巫峡和西陵峡三座峡谷的总称。它西起白帝城，东到南津关，全长208千米，是世界上最长的峡谷之一，以险峻的地形、绮丽的风光、磅礴的气势和众多的名胜古迹闻名于世。长江流经三峡时，江面紧束，船只航行到这里时，常有"峰与天关接，舟从地窖行"的感觉。

　　瞿塘峡位于长江三峡的最西头。它长约8千米，是三峡中最短、最窄、最雄伟的峡谷，有"瞿塘天下雄"的美誉。瞿塘峡两侧的石壁高耸入云，像一个大门，所以又叫夔门、夔峡。那里两岸之间的距离很窄，宽阔的长江流到这里时，水势陡然变得汹涌澎湃。唐代诗人杜甫

长江三峡水力枢纽

所写的"众水会涪万，瞿塘争一门"，就生动地表现出了长江水流到瞿塘峡时的气势。

　　瞿塘峡的下游是巫峡。巫峡又叫大峡，那里两岸群峰连绵，峡谷幽深曲折，有秀丽的"巫山十二峰"，其中以外形神似女子的神女峰最为著名。

　　西陵峡位于三峡的最东头，它长约75千米，是三峡中最长的峡谷。这一段峡谷险滩最多，江水湍急，水下暗礁遍布，航行比较艰险。2009年，我国三峡水利枢纽全面建成。三峡水利枢纽所在的位置，就是西陵峡。

长江三峡一景

科罗拉多大峡谷

雅鲁藏布大峡谷

雅鲁藏布大峡谷是世界最大峡谷。它位于我国西藏自治区雅鲁藏布江的下游，全长达504.6千米，最深处为6009米，景致十分壮观。

雅鲁藏布江流经雅鲁藏布大峡谷时，产生了许多大瀑布，不少主体瀑布的落差都达到了30～35米，因此蕴藏着丰富的水力资源。雅鲁藏布大峡谷也是我国山地垂直自然带最齐全完整的地方。从峡谷的谷底到山峰的顶端，依次分布着9个垂直自然带，其中最低处是热带季雨林带，最高处是高山冰雪带。这些自然带中蕴藏着青藏高原60%～70%的生物资源。

1998年10～12月，中国雅鲁藏布大峡谷科学探险考察队成功穿越了大峡谷，实现了人类首次全程徒步穿越雅鲁藏布大峡谷的壮举。

雅鲁藏布大峡谷

科罗拉多大峡谷

科罗拉多大峡谷位于美国亚利桑那州西北部的科罗拉多高原上，处于科罗拉多河的中游，长约446千米，谷深约1600米，谷顶部宽6.5～29千米，最窄处仅120米，横剖面是典型的V字形。

科罗拉多大峡谷陡峭的谷壁上有许多断层。断层色彩各异，有红色、绿色、黄色、褐色、橘红色等，层次清晰，十分美丽。这些断层是在不同的地质年代里形成的，每一种颜色都代表着一个地质年代，有的岩层还露出了它形成的那个时期的生物化石。这些色彩绚丽的垂直岩层，记录了过去亿万年间地层的变化历史。所以有人形象地把科罗拉多大峡谷称为"地质史教科书"。

在风力和水力的作用下，科罗拉多大峡谷中的岩层被雕琢得千姿百态，形成了许多奇峰异石和峭壁石柱。随着天气的变化，峡谷中水光山色变幻无穷，蔚为壮观。

科罗拉多大峡谷有1500多种植物，355种鸟类，89种哺乳动物，还有许多爬行动物、两栖动物和鱼类，堪称是动植物的乐园。

1919年，科罗拉多大峡谷被美国国会辟为国家公园。1980年，它作为自然遗产，被联合国教科文组织列入《世界遗产名录》。

穿越 ●●●●●●
会"走路"的石头

在美国加利福尼亚州和内华达州的交界处，有一段又长又深的谷地。这里的石头竟然会"走路"！有人做过实验，把这里的一些石头按顺序排列，然后发现有些石头做了短距离移动，有一块竟"行走"了64米！科学家认为，石头"走路"可能是风和冰相结合的结果。如果天气条件合适，那里平坦的地面上一夜之间就会结上一层很薄的冰，强大的飓风假如在这时穿过那里，就能使平滑地面上的石头移动一段距离。不过，这种说法目前只是一种猜测，石头会"走路"的真正原因，至今还是个谜。

喀斯特

自然界中的石灰岩，是遥远的地质年代里深海的沉积物。当它长年累月受到雨水或地下水的冲蚀后，岩层会被溶蚀破坏，这种侵蚀破坏作用叫岩溶。岩溶的结果，就是在地表、地下形成了石林、溶洞、地下河等不同的岩溶地貌形态，非常壮观。由于这种地貌最早是在亚得里亚海边的喀斯特地区被发现的，科学家们便把它称为喀斯特地貌。我国广西、云南等地的喀斯特地貌都很有名。

路南石林中的这座巨石形似一位少女，被称为阿诗玛。

溶洞

岩溶地区的地下水，沿着岩层的层面或裂隙进行溶蚀和机械侵蚀，慢慢地就形成了地下空洞——溶洞。当地壳上升，地下水的水面下降时，溶洞就会露出水面，所以高山上也能看到溶洞。溶洞大小不一，洞底起伏很大，洞壁四周怪石嶙峋。走进溶洞，就像走进了一个光怪陆离的世界，能看到各种形状的钟乳石、石笋、石柱，有时还有潺潺的流水和飞泻的瀑布。世界上最大的溶洞是马来西亚的穆鲁洞沙捞越厅，面积约为为162700平方千米；最长的溶洞是美国的肯塔基猛犸洞系，长达563.5千米。

溶洞

石林

在高温多雨的热带气候条件下，由于雨水的溶蚀作用，层厚质纯的石灰岩地表上，会形成崎岖不平、怪石嶙峋的岩溶地貌。这种地貌的石柱、石峰之间有很深的溶沟，相对高度一般在20米左右，高者可达50米。远远望去，岩柱如古木参天，峻峭挺拔，"石林"这个名字便由此而来。我国最典型的石林是云南昆明的路南石林。广为人知的阿诗玛的故事，就流传在这里。

石林

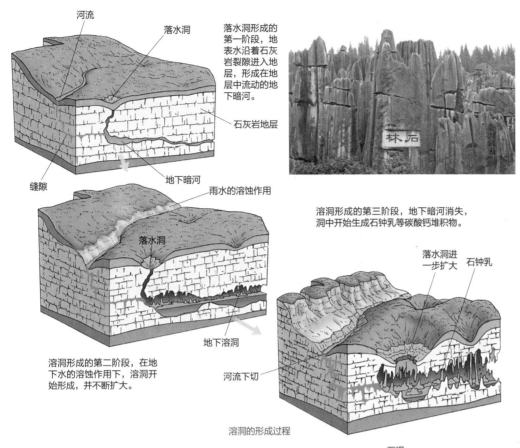

河流

落水洞

落水洞形成的第一阶段，地表水沿着石灰岩裂隙进入地层，形成在地层中流动的地下暗河。

石灰岩地层

缝隙

地下暗河

雨水的溶蚀作用

落水洞

溶洞形成的第三阶段，地下暗河消失，洞中开始生成石钟乳等碳酸钙堆积物。

落水洞进一步扩大　石钟乳

地下溶洞

河流下切

溶洞形成的第二阶段，在地下水的溶蚀作用下，溶洞开始形成，并不断扩大。

溶洞的形成过程

穿越 ●●●●●●

天然"音乐厅"

　　南斯拉夫的喀斯特地貌分布广、类型多，那里的波斯托依那岩洞是一座世界闻名的石灰溶洞。波斯托依那岩洞长约24千米，里面的石柱、石笋和石钟乳千姿百态，有的钟乳石只要用手指弹击，就会发出叮咚清脆的琴音。岩洞里有许多岔路，往岔路深处走，往往会突然出现一些大厅。这些大厅中有个"舞厅"，"舞厅"的舞台地面平坦，比大剧院还大，人们可以在灯光下举行舞会。溶洞里还有个"音乐厅"，"音乐厅"内有很多洞穴，洞穴之间有回廊连接，只要敲击一下那里的石柱，就会发出声响，接着就会有一连串的回声响彻"音乐厅"。"音乐厅"里还有个大舞台，可以举行音乐演奏会。

桂林岩溶地貌

　　我国广西位于低纬度地区，那里一年四季温暖多雨，植物茂盛。在含有二氧化碳的流水的长期作用下，广西的岩溶地貌广泛发育，形成了峰丛、峰林、孤峰、溶沟等地表岩溶地貌，还发育了暗河、溶洞、石钟乳、石笋、石柱、石幔、石花等地下岩溶地貌。这些岩溶地貌共同构成了一个典型的岩溶世界。

石幔

石笋

桂林岩溶地貌

荒漠

荒漠在地球的干旱地区最常见到。不论是热带还是温带，都有荒漠广泛分布。荒漠地区终年干旱少雨，地表植被稀少，是大片的不毛之地。那里白天炎热，夜晚寒冷，很不宜居，所以一般都人迹罕至。能在荒漠中生活的动物和植物，都有忍受炎热、干旱环境的特殊本领，比如骆驼和胡杨。

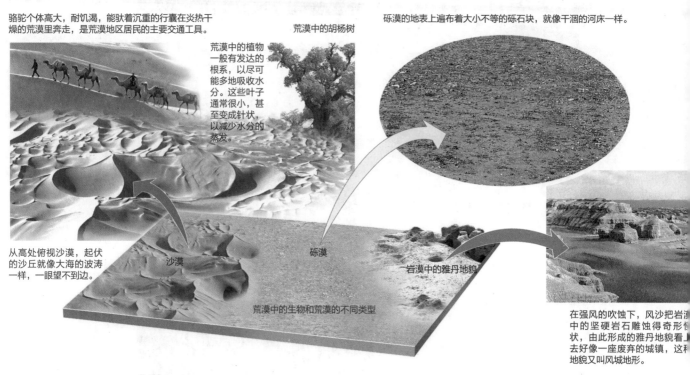

骆驼个体高大，耐饥渴，能驮着沉重的行囊在炎热干燥的荒漠里奔走，是荒漠地区居民的主要交通工具。

荒漠中的胡杨树

砾漠的地表上遍布着大小不等的砾石块，就像干涸的河床一样。

荒漠中的植物一般有发达的根系，以尽可能多地吸收水分。这些叶子通常很小，甚至变成针状，以减少水分的蒸发。

从高处俯视沙漠，起伏的沙丘就像大海的波涛一样，一眼望不到边。

沙漠

砾漠

岩漠中的雅丹地貌

荒漠中的生物和荒漠的不同类型

在强风的吹蚀下，风沙把岩漠中的坚硬岩石雕蚀得奇形怪状，由此形成的雅丹地貌看上去好像一座废弃的城镇，这种地貌又叫风城地形。

戈壁

戈壁是荒漠的一种类型。我国的戈壁主要分布于内蒙古北部、河西走廊，以及准噶尔、塔里木、柴达木等盆地的边缘地带。戈壁气候干旱，植被稀少，地面通常被碎石或卵砾石覆盖。"戈壁"在蒙古语中的意思，就是"茫茫一片被碎石覆盖，不生草木的地方"。

戈壁包括岩漠和砾漠两类。岩漠的地表大多是粗大的风化岩块，还有一些风化层下露出的完整岩块。这些岩块的表面有残留的矿物，经过天长日久的风沙蚀磨，外部便形成了一层乌黑发亮的铁锰化合物——荒漠漆。荒漠漆使岩漠的地表看上去呈黑色，所以人们称岩漠为黑戈壁。砾漠的地表则主要是沙砾石。有些砂砾石最初是山地被风化剥蚀下来的岩石碎屑，后来随着流水流出山地，沉积在山麓地带，就形成了今天的堆积砾漠。和黑色的岩漠不同，堆积砾漠是浅灰色的，所以人们称其为白戈壁。

沙漠

所谓沙漠，就是沙质的荒漠。沙漠气候干旱，地表被大片的沙丘所覆盖，难生草木，栖居在其中的动物也不多。

全世界的沙漠面积约有540万平方千米，约占陆地总面积的10%。横贯非洲大陆北部的撒哈拉沙漠面积约为900万平方千米，是全世界最大的沙漠。位于阿拉伯半岛的鲁卜哈利沙漠约有65万平方千米，是全世界最大的流动沙漠。我国新疆塔里木盆地的塔克拉玛干沙漠，面积约为33.7万平方千米，是我国最大的沙漠、世界第四大的沙漠，也是世界第二大的流动沙漠。

骆驼是最著名的荒漠动物

沙丘

在沙漠中，沙粒被狂风卷起来，再落到地面上，便堆积成不同形态的沙丘。最常见的沙丘是新月形沙丘。它有弧形的沙脊线，向风坡向外突出，坡度较缓，背风坡向内凹进，坡度较陡，从空中俯视时很像一轮弯月。新月形沙丘可以单独存在，也可以彼此相连，形成巨大的新月形沙丘链。还有一种垄状沙丘，它的向风坡与背风坡差别不大，常常彼此相连，形成一条条高垄，绵延数十千米，景象十分壮观。在阿拉伯半岛的沙漠中，常可以见到一种金字塔形的沙丘，它的外形像金字塔，个体高大，有时高达数十米。

雅丹地貌

"雅丹"在维吾尔语里的意思是"险峻的土丘"。在地理学中，雅丹地貌专指干燥地区的一种特殊地貌。有雅丹地貌的地区，地面崎岖起伏、支离破碎，耸立着许多长条形的风蚀土墩，土墩的排列方向与风向平行。与土墩相间分布的是一些下凹的风蚀沟槽。从远处看，有雅丹地貌的地区像是一座林立着奇形怪状城堡的城市，而且风暴袭来时，那里还会发出魔鬼呼啸一般的可怕响声，所以人们也把雅丹地貌称为"魔鬼城"。我国新疆的罗布泊地区，有典型的雅丹地貌。

雅丹地貌

荒漠化

一些非荒漠地区逐渐变为荒漠的过程，就是荒漠化。荒漠化的产生原因有自然因素和人为因素两种。自然因素包括干旱、地表物质松散、大风吹扬等；人为因素则包括滥垦、滥伐、滥牧等。荒漠化不但会影响生态平衡，危及动植物生存，也会减少人类能利用的土地面积，导致农业产量降低，草场质量下降，还会带来沙尘暴等严重的环境问题。遏制荒漠化趋势已迫在眉睫。为了使国际社会共同努力防治荒漠化，1994年，国际社会在巴黎签署了《防治荒漠化公约》。

撒哈拉沙漠风光

撒哈拉沙漠

撒哈拉沙漠是世界上最大的沙漠。阿拉伯语里"撒哈拉"的意思，就是"大荒漠"。

撒哈拉沙漠西起大西洋海岸，东到红海之滨，横贯非洲大陆北部，东西长达5600千米，南北宽约1600千米，面积有900万平方千米左右，约占非洲总面积的32%。那里降雨量稀少，气候炎热干燥，年平均气温一般在25℃以上，7月的绝对最高气温曾超过50℃！

撒哈拉地区地广人稀，居民主要生活在尼罗河谷地和绿洲中。在这片广袤的土地上，人类已经发现了储量丰富的石油、天然气、铁、铀、锰等矿藏。

塔克拉玛干沙漠

塔克拉玛干沙漠

在我国最大的内陆盆地——塔里木盆地的中部，有一片广阔无垠的沙漠，这就是我国最大的沙漠——塔克拉玛干沙漠。

塔克拉玛干沙漠的面积约为33.7万平方千米。由于深处内陆腹地中，那里降雨量极小，蒸发量却很大，因此气候特别干旱，年平均气温也很高，其热量资源在我国沙漠中居第一位。

塔克拉玛干沙漠中布满了一个个高低起伏的巨大沙丘，沙丘的高度有50~100米，100米以上的沙山也不少。塔克拉玛干沙漠有85%的沙丘都是流动着的，因此它是一座不折不扣的流动沙漠。

虽然塔克拉玛干沙漠极度干旱，但它的下面却有一座巨大的地下水库。

穿越 ●●●●●●

会"唱歌"的沙子

我国内蒙古自治区有一个神奇而迷人的地方——响沙湾。在那里，人们抓起一把沙子用力往下一摔，就能听见"哇……哇……"的响声。人们顺着沙坡攀上沙丘顶部，从上向下滑下来时，也会听到从沙山脚下传来的"嗡嗡"声，仿佛有人在拨弄琴弦。如果滑沙时，人用双手不断拨动沙子，让沙子像流水那样往山脚下流去，还会听到"轰轰"的响声，好像有飞机盘旋在天空中一样，有趣极了。

沙丘为什么会"唱歌"呢？许多人进行了研究。有人认为沙丘的砂子是石英晶体，石英晶体对压力很敏感，受到挤压时，会产生电荷。沙丘的"歌声"，就是石英放电的声音。也有人认为沙丘下面有地下水，由于沙漠气候干燥，蒸发旺盛，所以沙丘下面形成了一堵看不见的蒸汽墙或一层冷气流。而在沙丘上向阳的一面因为温度高，形成了一个热气层。沙丘上下的冷气层和热气层一起组成了一个"共鸣箱"。当沙丘上的沙子被人搅动时，就能通过"共鸣箱"发出各种"歌声"了。

河流

地球上有无数条大大小小的河流。有的河流很长，长达五六千千米，奔流在辽阔的大地上；有的河流很短，只是几千米长的小溪，流淌在苍翠的山间。有的河流一年四季都有水，是常流河；有的河流只在某个季节有水，是季节河。河流对地球表面形态的影响十分巨大，它可以把高原夷为平地，也可以把高山切割成深谷。人类历史上，文明发展较早的地区一般都与江河密切相关。黄河和长江孕育了中华民族灿烂的文化；非洲北部的尼罗河孕育了古埃及文明；西亚的底格里斯河和幼发拉底河孕育了两河流域的古巴比伦文明；印度河和恒河是古印度文明的发祥地……人类文明从河流两岸孕育，又沿河流走向了辉煌。

北京十三陵水库

水坝与水库

在河道上的适当地点堆砌石头、混凝土等材料，拦截水流，这样就建起了一座水坝。水坝有调节河水流量的作用，还可以用来发电。人们在水坝下装上发电机，当打开闸门放水时，水库中积蓄的水流就会奔涌而出，冲击发电机的叶片，使叶片转动，水能从而就能变成电能了。我国长江上的三峡水利枢纽，尼罗河上的阿斯旺水坝，就是这样发电的。

把河水堵起来，会形成一个水库。水库有积蓄水资源、调节河水水量的作用。在发大水时，水库把河水储存起来，这样既可以减少下游的洪涝灾害，又可以在旱季把水放出来，用于农田灌溉。

水库的水坝

河源与河口

每条河流都有河源和河口。河源是河流的发源地，它可以是湖泊、沼泽，也可以是地下泉或雪山、冰川。世界上的大河流都有固定的发源地，这些发源地往往都在高山或高原区。长江、黄河、恒河、湄公河等许多大河，都发源于青藏高原。高原上的雨水、融雪水、地下水形成了小溪，小溪汇成江河，江河在沿途又接纳了雨水和支流，于是变得更加浩荡。

河口是河流的终点，也就是江河流入海洋、湖泊、沼泽，或是小河流入大河的地方。许多泥沙都沉积在河口地区，泥沙不断累加，就会逐渐形成新的陆地。

内流河

内流河又叫内陆河，指的是不能流入海洋，只能流入内陆湖或者会在沙漠中消失的河流。这种河流的年平均流量一般都比较小，但因暴雨、融雪引发的洪峰却很大。

内流河大多分布在降水稀少的干旱、半干旱地区。因为这些区域高温干旱，河流两岸不但很少有支流汇入，而且河水本身的蒸发量和渗透量也很大，所以很容易消失在内陆，或是只流入内陆湖。

注入里海的伏尔加河是世界上最著名的内流河之一，它位于俄罗斯境内，长约3690千米，是欧洲第一大河。位于哈萨克斯坦境内、注入咸海的锡尔-纳伦河，以及我国境内注入塔里木盆地的塔里木河，也都是有名的内流河。

黄果树瀑布

瀑布

　　在河流的行进途中，常会出现一些悬崖、陡壁，水流从陡峭的崖壁上飞泻而下时，就像在峭壁外悬挂上了一层"白纱帘"，人们形象地称之为瀑布，有时也叫它跌水。瀑布不仅景色壮美，而且它那排山倒海般的水流，也蕴含着丰富的水力资源。世界上落差最大的瀑布是南美洲的安赫尔瀑布，落差足有900多米。美国和加拿大之间的尼亚加拉瀑布、非洲的莫西奥图尼亚瀑布、我国贵州的黄果树瀑布等，也都是有名的大瀑布。

我国四川省的九寨沟内有很多小瀑布

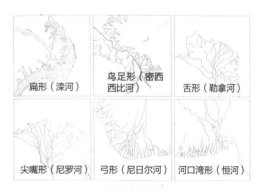

扁形（滦河）	鸟足形（密西西比河）	舌形（勒拿河）
尖嘴形（尼罗河）	弓形（尼日尔河）	河口湾形（恒河）

三角洲的形态类型

三角洲

　　在河口区，河水流速减缓，水流所携带的泥沙堆积形成的冲积平原，就是三角洲。

　　由于河流沉积的泥沙中含有大量营养成分，加之水资源丰富，所以三角洲地区往往都是绿野沃土，水土资源和生物资源十分丰富，交通也非常便利。受到入海河流含沙量和海洋波浪的影响，三角洲有扇形、舌形、弓形等不同的形态。世界上著名的三角洲有尼罗河三角洲、湄公河三角洲等，我国著名的三角洲有长江三角洲、黄河三角洲和珠江三角洲等。

长江三峡的壮阔景色

长江

长江是我国最长的河流，也是世界第三大河。它发源于青藏高原上的唐古拉山，经青海、西藏、四川、云南、重庆、湖北、湖南、江西、安徽、江苏、上海11个省、市、自治区，最后流入东海，全长6300千米，仅次于尼罗河和亚马孙河。

从源头到湖北宜昌的河段，是长江的上游；从宜昌到江西湖口的河段是长江的中游；从湖口到上海长江入海口的河段，是长江的下游。其中，位于重庆奉节与湖北宜昌之间的长江三峡，是长江最险要的地方。世界上最大的水利枢纽——三峡水利枢纽就建在这里。长江是我国最重要的内河航运大动脉，沿岸人口稠密，物产丰富。重庆、武汉、南京、上海等许多经济发达的大城市，都位于长城沿岸。

黄河

黄河是中华民族的母亲河。它发源于青藏高原的巴颜喀拉山，经青海、四川、甘肃、宁夏、内蒙古、陕西、山西、河南、山东9个省区，注入渤海，全长5464千米，是我国第二长河。从河源到内蒙古自治区河口镇的河段为黄河的上游；从河口镇到河南省桃花峪的河段为黄河的中游；桃花峪以下的河段为黄河的下游。黄河上游峡谷众多，这些峡谷山高谷深，水流湍急，蕴藏着丰富的水力资源，被称为"中国水力资源的富矿"。到了中游，由于流经土质疏松的黄土高原，黄河河水的含沙量增加了许多，河水变得非常黄浊，所以才得名"黄河"。黄河携带大量泥沙流到下游的平原地区时，泥沙会在河床上淤积下来，使河床变得越高，黄河因此成了世界上有名的"地上悬河"。

珠江

珠江位于我国南部，因为河中有一座海珠岛而得名。它跨越云南、贵州、广东、广西、江西、湖南等省区，全长2214千米，是我国第三长河。

由于流域处于降水量较大的热带、亚热带地区，所以珠江水量丰沛，年径流量仅次于长江，居全国第二位。珠江流域绝大部分都是山地丘陵，平原很少，所以河道落差大，加上水量本身就很丰沛，所以珠江的水力资源非常丰富，沿江有许多水电站。

珠江流域是我国重要的商品粮基地，蔗糖的产量约占全国的一半，还出产橡胶、油棕、咖啡、可可等经济作物。珠江流域的矿产资源也很丰富，有许多煤矿、锰矿、铁矿。

• 超级视听 •

亚马孙奇观

珠江江畔的美景

尼罗河

尼罗河是世界上最长的河流，它自南向北穿越撒哈拉沙漠，流贯非洲东北部，注入地中海，全长6671千米，途经卢旺达、布隆迪、肯尼亚、乌干达、苏丹、埃塞俄比亚、埃及等国，是世界上流经国家最多的河流之一。

尼罗河由青尼罗河和白尼罗河汇流而成，人们习惯上把白尼罗河看成是尼罗河的主流。在洪水期，青尼罗河的青色水流和白尼罗河的白色水流会在苏丹首都喀土穆附近汇合，形成一道青白分明的景观，壮观而独特。

尼罗河给气候干旱的非洲东北部带来了宝贵的水源，它的流域因此也成为非洲人口最稠密、经济最发达的地区之一。埃及90%以上的国土都是沙漠，只有尼罗河流经的河谷和三角洲地区才形成了一条绿色长廊。尼罗河水灌溉了大片的农田，孕育了世界四大古文明之一的古埃及文明，使埃及成为"地中海沿岸的粮仓"。古希腊历史学家希罗多德在游历埃及后，曾不由感叹："埃及是尼罗河的赠礼"。

尼罗河上的美景

亚马孙河流域的动物和植物资源十分丰富

亚马孙河

亚马孙河位于南美洲，它发源于安第斯山脉，流经巴西、委内瑞拉、哥伦比亚、秘鲁等国家，最后注入大西洋，全长6400多千米，流域面积达705万平方千米，约占南美大陆总面积的40%，是南美洲第一大河、世界第二长河，也是世界上流域面积最广的河流。

由于位于赤道附近的多雨地区，加上有安第斯山脉的大量冰雪融水补给，所以亚马孙河水量充沛，是世界流量最大的河流。它携带的泥沙冲积而成的亚马孙平原，也是世界上最大的冲积平原。不仅如此，亚马孙河还孕育了世界上最大的热带雨林——亚马孙雨林。

亚马孙河的河道较宽，水势缓慢，适宜航运。河中的渔业资源也很丰富，出产的淡水鱼多达2000种。此外，亚马孙河流域内石油、铁、锰等矿产资源的储量也很丰富。

密西西比河

密西西比河位于北美洲，流经加拿大和美国，注入墨西哥湾，全长6262千米，流域面积约达322万平方千米，是世界第四长河，也是北美洲最长、流域面积最广、水量最大的河流。印第安语中，"密西西比"指的就是"大河"。

密西西比河和它的支流为美国中南部的农业灌溉及工业、生活用水提供了丰富的水源。它还是美国内河航运的大动脉，有50条干支流可以通航，通航里程近2.6万千米，构成了一个四通八达的现代水运网，沿岸有圣路易斯、孟菲斯、新奥尔良等主要港口。美国人对密西西比河有很深的感情，著名美国作家马克·吐温的《密西西比河上的生活》《汤姆·索亚历险记》等许多作品都与密西西比河有关。

穿越 ●●●●●●

奇河种种

世界上有很多奇怪的河，充满了趣味。

安哥拉有条米勒尼达河，这条河以香味而闻名。人们老远就可以闻到它散发的扑鼻芳香。这种香味来自米勒尼达河底生长的大量水生植物，这种植物在会在水中开花，花的香味溶解在水中，又蒸发到空气里随风飘散，米勒尼达河于是便有了芬芳的香味。

希腊有条河水带甜味的"甜水河"。地质学家勘查河流的源头、两岸土壤以及河床土壤后，发现河床的土壤里含有大量原糖结晶体，这种物质溶解在河水中，使河水有了甜味。而且这种甜甜的河水对人无害，可供饮用。

阿尔及利亚有条"墨水河"。这条河的上游有两条支流，两条支流中含有不同的化学成分，当它们交汇在一起时，便会发生化学变化，使河水变得跟墨汁差不多黑。更有趣的是，这条河的河水还真能用来写字。

密西西比河

湖泊

如果我们在空中俯视陆地，就会发现一个个湖泊像一面面宝镜镶嵌在大地上。湖泊是陆地上天然洼地中积蓄的水体，也是人类最宝贵的水资源之一。湖泊中盛产鱼虾，又有舟楫之利，湖泊四周往往是人烟稠密、经济发达的地区。

牛轭湖

"牛轭"是耕牛脖子上套的弯木，弯木上面固定着拉犁的绳子。

平原地区的河流一般都是流速缓慢、河道弯曲。当发大水时，河流弯曲的部分常被冲开，裁弯取直，使原来的弯曲部分脱离河道，这样河边就会留下一个牛轭状的小湖，人们因此为这些小湖取名牛轭湖。

内流湖与外流湖

没有出口的湖泊叫内流湖。河水流进湖里不能出去，时间一长，由于蒸发作用，湖水的含盐量就会大大增加，所以内流湖多是咸水湖。我国最大的湖泊——青海湖，就是一个咸水湖。

有出口的湖泊叫外流湖，这种湖既有流入湖里的河流，又有从湖中向外流的河流。外流湖多是淡水湖，比如我国长江之畔的鄱阳湖。

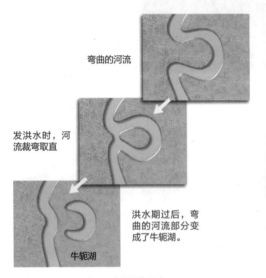

弯曲的河流

发洪水时，河流裁弯取直

洪水期过后，弯曲的河流部分变成了牛轭湖。

牛轭湖

牛轭湖的形成

我国最大的内流湖——青海湖

河水流进湖中

外流湖

湖水出口

湖水出口

河水流进

内流湖

河水流进

河水流进

外流湖的湖水有进有出，不断以旧换新，水中的含盐量不怎么会升高，因此外流湖大多是淡水湖。

内流湖的湖水不断蒸发，盐分却一直留在湖中，湖水于是越来越咸，整座湖最后变成了咸水湖。

穿越 ●●●●●●

造纸湖

非洲罗得西亚的中南部有个赛璐利湖，湖边堆满了灰白色的厚纸。不可思议的是，这些纸竟是湖里产出的！赛璐利湖的湖面上终年漂浮着一层浓厚的、油一般的液体，这种液体经阳光照射，会凝固成一层浆膜，人们用杆子轻轻一挑，就能挑起一大片。浆膜晾干后，就能得到现成的纸。

湖泊是许多鸟类的栖息地。每年有10万多只鸟在位于我国青藏高原上的青海湖繁殖、生活。

青海湖的鸟岛

火口湖

火口湖是湖泊家族中一个特殊的类型，它是因火山活动而形成的。火山喷发后，往往在山顶留下一个漏斗状的深坑，叫火山口。如果火山地区降水较多，就会在火山口里积水，形成火口湖。火口湖多为圆形，一般不大，却很深。我国长白山上的天池就是一个火口湖，它的水深超过了300米。

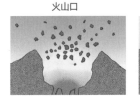

火山口

火山口积水成湖

火口湖的形成

典型的火口湖——长白山天池

堰塞湖

堰塞湖是在河道上形成的湖泊。火山喷发流出的熔岩，或是地震导致的山体崩岩，都可能会堵塞河道，使河水不能自由流淌，于是就壅水成湖，形成了堰塞湖。我国黑龙江省的镜泊湖和五大连池都是熔岩堰塞湖。镜泊湖原来是牡丹江上游的河道，后来河道附近发生了一次大规模的火山喷发，火山喷出的岩浆把牡丹江堵起来，就形成了一座方圆几十千米的大湖。2008年5月12日四川汶川地震后，从山上崩塌下来的碎岩石堵塞了河道，使当地也出现了许多堰塞湖。

堰塞湖

山地河流

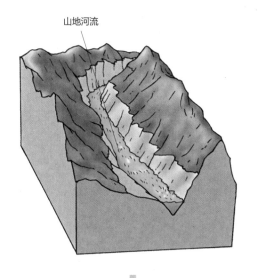

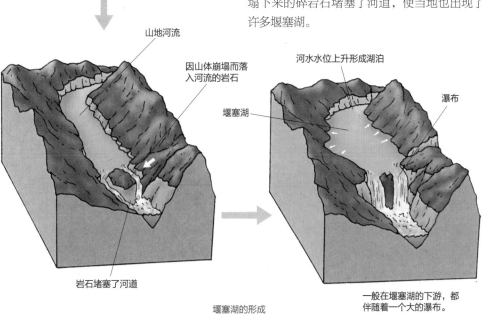

山地河流

因山体崩塌而落入河流的岩石

河水水位上升形成湖泊

瀑布

堰塞湖

岩石堵塞了河道

堰塞湖的形成

一般在堰塞湖的下游，都伴随着一个大的瀑布。

纳木错湖是我国第二大咸水湖，"纳木错"在藏语中的意思是"天湖"。

淡水湖

　　根据湖水含盐量的不同，湖泊可以分为淡水湖、咸水湖、盐湖三种。其中，湖水含盐量不超过1%的湖泊属于淡水湖。

　　地球上湖泊的总水量约为176400立方千米，其中淡水湖的水量约占52%。淡水湖主要分布在湿润和半湿润地区，比如我国的鄱阳湖、洞庭湖、太湖，北美洲的五大湖等。我国的淡水湖主要集中在长江中下游平原。

咸水湖

　　咸水湖是湖水含盐量较高的湖泊。咸水湖都是内陆湖，而且大多分布在气候干燥的内陆区域。由于这些地区湖水的蒸发量大于湖水的注水量，致使湖水逐渐浓缩，湖水的含盐量越来越高，于是就逐渐形成了咸水湖。咸水湖的温度要比淡水湖的温度高，这是因为湖泊深处的温度高低与湖水的含盐量有关。

　　世界上著名的咸水湖有里海、死海、咸海等。我国著名的咸水湖有青海湖、纳木错湖等。

鄱阳湖

　　鄱阳湖古称彭蠡、彭泽，位于江西省北部、长江以南，湖水面积约为3960平方千米，是我国最大的淡水湖。

　　鄱阳湖南边宽，北边窄，就像一只葫芦系在长江上。它的湖面以松门山为界，分为南、北两湖：南湖又叫官亭湖、族亭湖，湖面宽阔，为主湖道；北湖又称落星湖、左蠡湖，湖面狭长，为入江水道。在汛期，鄱阳湖水位上升，湖面陡增，水面辽阔；在枯水期，鄱阳湖水位下降，湖面只剩几条蜿蜒曲折的水道，形成"洪水一片，枯水一线"的特殊景观。鄱阳湖景色宜人，名山秀屿比比皆是。位于鄱阳湖与长江交汇处的石钟山，在激浪的冲击之下，能发出"咚咚"的声响，就像敲响了一座大钟似的，"石钟山"这个名字正是由此而来。

　　丹顶鹤、黑鹳、鹈鹕等珍稀禽类都是鄱阳湖的常客。为保护候鸟，1983年鄱阳湖自然保护区成立，1988年那里被划为国家级自然保护区。

洞庭湖

　　洞庭湖跨湖南、湖北两省，北连长江，南接湘、资、沅、澧四水，天然湖面约有2740平方千米，是我国第二大淡水湖，号称"八百里洞庭"。它是长江流域最主要的集水、蓄洪湖泊，对洪水和周边地区的气候有很重要的调节作用。"洞庭"二字指的是神仙洞府，可见洞庭湖风光的秀丽迷人。宋代著名文学家范仲淹曾留下吟咏洞庭湖的千古名句："衔远山，吞长江，浩浩汤汤，横无际涯，朝晖夕阴，气象万千。"

　　洞庭湖风光秀丽，气势壮阔。屹立在湖畔的岳阳楼，与武汉的黄鹤楼、南昌的滕王阁并称为"江南三大名楼"；湖中的君山小岛，有大小72座山峰，景色秀美，流传着湘妃竹的动人传说。洞庭湖还是著名的鱼米之乡，有银鱼、河蚌、黄鳝、洞庭蟹、苎麻、湘莲等特产。我国十大名茶之一的君山银针，也是这里出产的。

青海湖

太湖

太湖古称震泽、笠泽，跨江苏、浙江两省，湖水面积约为2425平方千米，是我国第三大淡水湖。相传春秋末年，范蠡帮助越王勾践卧薪尝胆、励精图治，打败了吴国，此后他功成身退，与西施一起归隐民间时，就曾泛舟太湖。

太湖略呈半圆形，西南部的湖岸平滑、呈弧形；东北部的湖岸曲折，多湖湾和岬角。湖中原有岛屿72座，俗称太湖七十二峰。但由于湖泥淤积和人工围垦，如今太湖上的岛屿只剩40多座，西洞庭山是其中最大的一座。

太湖是旅游胜地，湖区水面烟波浩渺，湖光山色相映生辉，有"太湖天下秀"的美誉。太湖出产一种特殊的石头——太湖石。太湖石形状各异，姿态万千，有很高的观赏价值，特别适合布置在园林之中，与灵璧石、昆石、英石并称为我国四大名石。

太湖地区气候温和，物产丰饶，自古以来就是闻名遐迩的鱼米之乡，如今也是全国重要的商品粮基地和桑蚕基地。湖中的水产资源也很丰富，盛产鱼虾。莼菜是著名的太湖特产。

青海湖

青海湖位于青海省东部，面积约为4340平方千米，是我国最大的咸水湖。它因为水色青青而得名，蒙古语中青海湖叫"库库诺尔"，意思就是"青色之湖"。如今青海省的名称，也是因青海湖而来的。

青海湖原来是一座淡水湖，后来由于地壳运动，湖东部的日月山、野牛山上升，堵塞了湖水外流的通道，加上湖盆地区陷落，青海湖于是演变成了内陆湖。因为湖水不能外流，时间一长，蒸发作用使湖水含盐量大大增加，青海湖就逐渐变成了咸水湖。如今，有40多条内陆河注入青海湖。

青海湖中的鱼类单一，盛产鲤科的青海湖裸鲤（俗称湟鱼）。湖中的新沙岛、老沙岛、海心山、海西山、鸟岛等岛屿上，栖息着众多的候鸟，青海湖因此也成为鸟类自然保护区。每年去那里栖息、繁殖的鸟多达10万只。

鸟岛是青海湖最著名的景点之一，每到夏天，在这个仅有0.1平方千米的小岛上，黑压压挤满了斑头雁、鱼鸥等各种水鸟。

夕阳下的太湖一隅

青海湖畔有很多油菜花田，开花时节的景色非常美。

高山上白茫茫的积雪

冰川

　　地球的南极、北极以及高山雪线以上的地区，月平均气温都在0℃以下。那里的冰雪终年不化，于是便越堆越厚。当冰雪堆到一定厚度时，就会像河流一样，沿着地表的斜坡或山谷向下移动，形成冰川。世界上许多大江、大河，都发源于冰川，因此冰川是地球上重要的淡水资源。

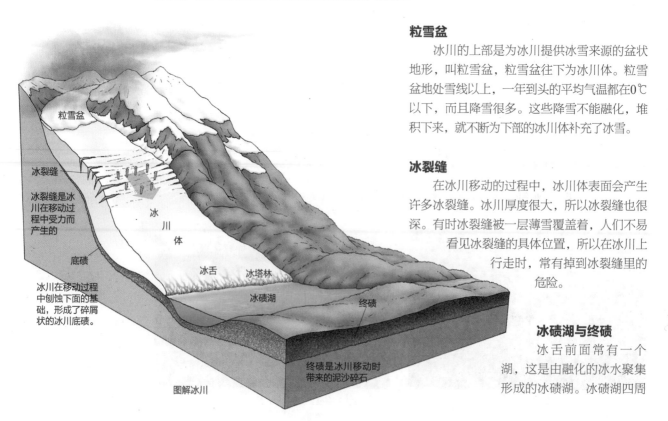

图解冰川

粒雪盆

冰裂缝

冰裂缝是冰川在移动过程中受力而产生的

底碛

冰川在移动过程中刨蚀下面的基础，形成了碎屑状的冰川底碛。

冰川体

冰舌　冰塔林

冰碛湖

终碛

终碛是冰川移动时带来的泥沙碎石

粒雪盆

　　冰川的上部是为冰川提供冰雪来源的盆状地形，叫粒雪盆，粒雪盆往下为冰川体。粒雪盆地处雪线以上，一年到头的平均气温都在0℃以下，而且降雪很多。这些降雪不能融化，堆积下来，就不断为下部的冰川体补充了冰雪。

冰裂缝

　　在冰川移动的过程中，冰川体表面会产生许多冰裂缝。冰川厚度很大，所以冰裂缝也很深。有时冰裂缝被一层薄雪覆盖着，人们不易看见冰裂缝的具体位置，所以在冰川上行走时，常有掉到冰裂缝里的危险。

冰碛湖与终碛

　　冰舌前面常有一个湖，这是由融化的冰水聚集形成的冰碛湖。冰碛湖四周

地形较高，背后是冰舌，前面有一道较高的冰川堆积物，叫终碛。终碛是冰川在融化后，由冰体内携带的泥沙碎石沉积下来形成的。

冰川的移动

冰川是冰的河流，冰的移动速度很慢，一天只移动几厘米到几十厘米，肉眼难以观察到，所以我们只能靠特殊的方法进行观察，比如在冰川的前沿横着插上一排木桩，然后逐日观察冰川上木桩的位移状况。由于冰川中间部分的移动速度比两侧要快一些，所以中部的木桩会向前突出。

冰川上巨大的冰裂缝

冰舌

冰川体的前端叫冰舌。冰舌前面是没有积雪的山谷，背后是长长的冰川。冰舌的位置在雪线以下，气温较高，所以冰舌的冰雪会不断消融，但由于后面的冰川仍会不断向前移动，消融的冰雪与补充的冰雪相互抵消。因此，尽管冰舌一直在融化，但它看起来总是固定不动的。

冰舌前缘的冰水世界

冰舌区气温较高，冰川会不停地融化。在融化的过程中，有的冰体溶化较快，有的冰体溶化较慢，冰舌的前部边缘由此形成了多姿多彩、晶莹剔透的冰水世界。

在这个冰水世界里，有各种形状的冰洞、冰塔、冰蘑菇等。潺潺的冰雪融水从冰洞里流出来，汇成清清小溪，景色极美。

南极冰盖

南极洲的地面几乎全被厚厚的冰雪覆盖着，由此形成了世界上最大的冰川——南极冰盖。南极冰盖的面积约为1340万平方千米，最大厚度达4776米。它也和山岳冰川一样，会缓缓地向四周的海洋方向移动，进入海洋中的部分，就成了大洋上的冰山。

南极冰盖

南极大陆边缘

南极冰山

南极冰盖是世界上最宝贵的淡水资源之一

海洋包围着南极洲

穿越 ●●●●●●

冰川上的温水湖

在南极洲寒冷的冰川上，有一座温水湖，在厚厚的冰层下，湖泊里的水温竟达30℃！若说这是温泉，它为何没能融化湖面上的冰层？若说是太阳能的作用，阳光又怎能穿过冰层把水晒热？科学家们研究后认为，这个四周被冰山包围的湖，实际上是一潭死水，容易聚热，而覆盖在湖面的冰层则起到了透镜的作用，使太阳的光线聚焦，成为湖水变热的热源。

环境与生命 Environment and Life

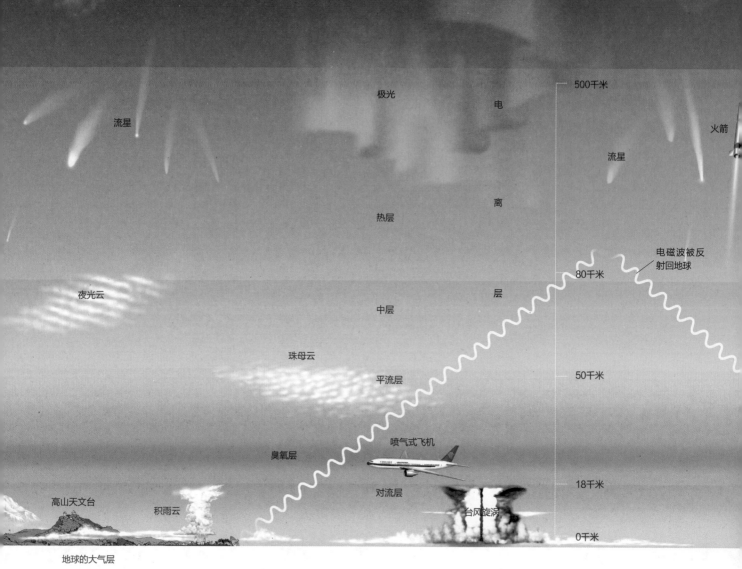

外层

极光

极光 电

流星 离 火箭

流星

热层

电磁波被反射回地球

夜光云 层 80千米

中层

珠母云 50千米

平流层

喷气式飞机

臭氧层 18千米

高山天文台 积雨云 对流层

台风旋涡 0千米

500千米

地球的大气层

大气

　　我们居住的地球，由一个大气圈包裹着。如果我们从航天飞机或人造卫星上看地球，地球淡蓝色的美丽外衣就是大气层，我们人类世世代代就生活在这个大气层的底部。没有了地球大气，地球上便不可能有包括人类在内的任何生命。

对流层

　　对流层是地球大气最底下的一层。对流层虽然只有7～18千米厚，但却集中了90%以上的水汽。由于对流层里的气温自下往上逐渐降低，因此空气的上下对流比较强烈（对流层的名称便由此而来），从而形成风、云、雷电、雨、雪等丰富多彩的大气现象。而正是有了阳光雨露的滋润，地球上的植物才得以茁壮成长，并给人类提供了衣食的原料。

平流层

　　对流层以上是平流层。平流层里的气温是随着高度的上升而升高的，因此这层内的空气呈水平流动，没有垂直对流，平流层的名称便由此而来。平流层里空气稀薄，总是风平浪静，晴空万里，所以民用航空领域的大型客机大多飞行于此层。平流层也是臭氧集中的地方，20～25千米高的平流层空气中，臭氧浓度最大。这层臭氧层吸收掉了太阳紫外线中波长最短的部分，保护了地面上的生命。

即由此而来。热层里经常可以出现极光，也就是来自太阳的高速带电粒子，在100千米以上的高空大气中与带电粒子碰撞而出现的一种特殊光学现象。

外层

距地球表面500千米以上的大气层叫外层。这层中已经没有多少空气分子了，仅有的少量空气分子，运动速度都很快。向上运动的分子中，有些因为很少有其他分子和它碰撞，所以常飘出外层，飘向宇宙，一去不复返了。因此，外层又叫逃逸层。

臭氧层

臭氧是一种有刺鼻性气味的气体。距离地球表面20～25千米高的大气层，是臭氧分子相对富集的地方，被称为臭氧层。臭氧层能吸收太阳光中绝大多数的紫外线，可以保护地球上的生命免遭紫外线的伤害，因此被誉为地球上生物生存繁衍的"保护伞"。但是，近年来用于制造空调、电冰箱、灭虫剂、灭火器等产品的原料——氟氯碳化合物，大量地散布到空中。它们在空气中受热分解后，其中的氯原子会与臭氧分子发生反应，破坏臭氧层。这种情况愈演愈烈，已经导致南极上空出现了一个巨大的臭氧空洞。臭氧层耗减的直接结果是可怕的，因为大气层中的臭氧含量减少，射到地面上的太阳紫外线辐射就会增加，患皮肤癌的人也会随之增加；过量的紫外线辐射还会使农作物叶片受损，抑制其光合作用，使农产品质量劣化；过量的紫外线辐射甚至会杀死水中的微生物，造成某些物种灭绝。因此，为了保护臭氧层，1995年开始，联合国决定将每年的9月16日定为"国际保护臭氧层日"。

穿越 ••••••

空气质量指数

空气质量指数是定量描述空气质量状况的指数，简称AQI。影响空气质量指数的主要污染物包括细颗粒物、可吸入颗粒物、二氧化硫、二氧化氮、臭氧、一氧化碳等。我国目前将空气质量指数划分为六档：AQI为0～50，空气质量级别为一级，空气质量属于优；AQI为51～100，空气质量级别为二级，空气质量属于良；AQI为101～150，空气质量级别为三级，空气质量属于轻度污染；AQI为151～200，空气质量级别为四级，空气质量属于中度污染；AQI为201～300，空气质量级别为五级，空气质量属于重度污染；AQI大于300，空气质量级别为六级，空气质量属于严重污染。

珠母云

探空气球

电磁波

卷云

中层

从平流层的层顶到离地面约85千米高的大气层叫中（间）层，它处于大气五个层中的最中间。中层的气温随着高度增加而下降，因此也有对流发生，但因为空气太稀薄，水汽含量极少，因此不会发生天气变化。中层顶部的温度为-100℃左右。中层和中层以上的气体分子在强烈的太阳紫外线辐射下，大都已成为带电离子，形成电离层。电离层能反射地面发出的无线电波，越洋无线电通信就是借助它实现的。

热层

大气外层之下、中层之上的部分叫热层。热层内的气温随高度上升而迅速上升，约500千米高的热层顶部气温可达1200℃左右，"热层"的名字

臭氧层能有效减少到达地球表面的紫外线辐射

水

地球上的水是很多的，总水量约有13.6亿立方千米。这么多的水在地球上的分布极不均匀，其中97.3%分布在海洋中，冰川、冰帽的水量仅占地球总水量的2.14%，其余0.56%的水则分布于土壤、地下、湖泊、江河、大气和生物体内。如果只看江河里的水量，那就更少得可怜了，仅占到地球总水量的0.01%。

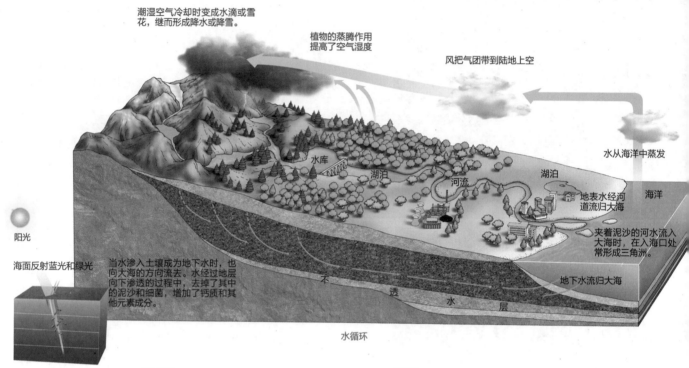

潮湿空气冷却时变成水滴或雪花，继而形成降水或降雪。

植物的蒸腾作用提高了空气湿度

风把气团带到陆地上空

水从海洋中蒸发

水库

湖泊

河流

湖泊

地表水经河道流归大海

海洋

夹着泥沙的河水流入大海时，在入海口处常形成三角洲。

阳光

海面反射蓝光和绿光

当水渗入土壤成为地下水时，也向大海的方向流去。水经过地层向下渗透的过程中，去掉了其中的泥沙和细菌，增加了钙质和其他元素成分。

不　　透　　水　　层

地下水流归大海

水循环

水循环

在自然界，水是以气态（水蒸气）、液态、固态（冰）三种形态存在的。水在大自然中以这三种形态进行了大规模的循环，并通过这种循环把大气圈、水圈和地壳紧密地联系在了一起。水循环的特点是闭合性：无论是地表水还是地下水，都要流归大海，只是流归的方式、时间不同而已。水循环之所以能形成，一方面是因为水在气态、液态、固态之间易于转化，另一方面是因为太阳辐射和重力为水提供了运动的能量。

干旱

干旱是指长期无雨或少雨，使土壤水分不足、作物因水分平衡遭到破坏而减产的气象灾害。干旱从古至今都是人类面临的主要自然灾害之一。即使在科学技术如此发达的今天，它所造成的粮食减产，工业生产用水、人畜饮水严重缺乏等后果仍然令我们充满危机感。尤其是随着经济发展和人口膨胀，水资源短缺的现象日趋严重，这也直接导致了干旱地区的扩大与干旱化程度的加重，亟待引起我们的重视。

洪涝

洪涝也被称为水灾、泛滥，是由洪水所引发的一种自然灾害。它是持续降雨使河流、湖泊、海洋所含的水体上涨，超过常规水位时出现的一种现象。洪涝会危害农作物的生长，造成农作物减产或绝收，破坏农业生产以及其他产业的正常发展，还会危及人的生命财产安全。不过，洪涝有时也会给人类带来益处，比如尼罗河定期泛滥，会给下游的三角洲平原带来大量肥沃的泥沙，有利于农业生产。

·超级视听·

水的故乡

干涸的河流

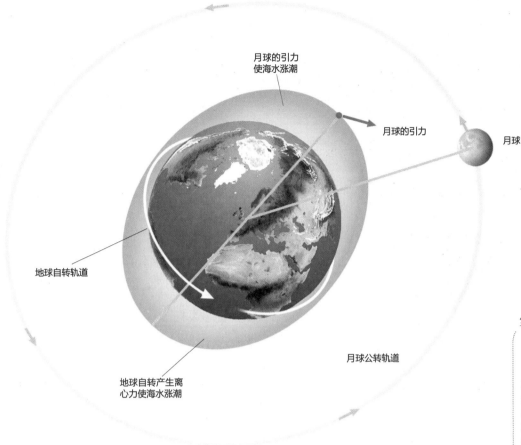

月球的引力
使海水涨潮

月球的引力

月球

地球自转轨道

月球公转轨道

地球自转产生离
心力使海水涨潮

潮汐的形成

穿越 ●●●●●

钱塘江大潮

　　钱塘江大潮是世
界三大涌潮之一，另外
两大涌潮分别是恒河大
潮和亚马孙大潮。钱塘
江大潮出现在浙江省的
钱塘江流域。每年农历
的八月十八日是钱塘江
大潮最壮观的时候，这
一天最高的潮头可达9
米，气势恢宏。南宋朝
廷曾经规定这一天在钱
塘江校阅水师，以后相
沿成习，农历八月十八
日逐渐成为观潮节，一
直沿袭到了今天。

地下水

　　地下水是贮存于地面以下的岩石裂缝和土壤空隙中的水，按形态的不同可分为气态水、液态水、固态水。地下水是水资源的重要组成部分。由于水量稳定，水质好，地下水成为农业灌溉、工矿和城市的重要水源之一。我国已有310多个城市开采利用了地下水，北方有约70%、南方有约20%的重点城市以地下水为主要供水水源。不过有时，地下水的变化也会带来沼泽化、盐渍化、地面沉降等不利的影响。

潮汐

　　海水的涨落很有规律：一般每天两次，白天一次、晚上一次。为了方便区分，人们把白天海水的涨落称为潮，把晚上海水的涨落称为汐，合起来就是潮汐。由月球引力引起的潮汐叫太阴潮，由太阳引力引起的潮汐叫太阳潮。如果太阴潮和太阳潮同时发生，两者叠加就形成大潮；两者互相抵消就形成小潮。太阴潮的周期是24小时50分钟，而一天是24小时，所以太阴潮的作息时间，每天都比前一天晚50分钟。

海水淡化

　　海水淡化又叫海水脱盐，是指将海水中的多余盐分和矿物质去除，以得到淡水的工序。海水淡化可以增加淡水的总量，且不受时空和气候的影响，淡化后的水质也很好，可以用作沿海地区的居民饮用水和工业用水。现在人们使用的海水淡化方法有海水冻结法、电渗析法、蒸馏法等，进行淡化的主要目的是为人类提供饮用水和农业用水，有时食用盐也会作为副产品被生产出来。海水淡化在中东地区很流行，在某些岛屿和船只上也有使用。

美丽的潮汐

茂密的森林

森林

　　森林是以乔木为主体的生物群落，是集中的乔木与其他植物、动物、微生物以及土壤之间相互依存、相互制约而形成的一个生态系统。森林不仅能提供大量的林业副产品，也可以保持水土，调节气候，防止水、旱、风、沙等灾害。

在针叶林中常能见到松树

针叶林

针叶林

　　针叶林是以针叶树为主要树种的各类森林的总称，包括耐寒、耐旱和喜温、喜湿等类型的针叶纯林和混交林等。针叶林主要由云杉、冷杉、落叶松等一些耐寒的树种组成，有时也被称为北方针叶林或泰加林。

　　横跨欧、亚、北美大陆北部的针叶林，是世界最大的原始针叶林。这些针叶林所在的林区，也是世界最主要的木材生产基地。

阔叶林

　　由阔叶树种组成的森林被称为阔叶林。阔叶林有冬季落叶的落叶阔叶林（又称夏绿林）和四季常绿的常绿阔叶林（又称照叶林）两种类型。阔叶林内树种繁多，杨树、榆树、朴树等都是阔叶树种，我国的经济林树种大多也都是阔叶树种。除生产木材外，很多阔叶林树种还能生产木本粮油、干鲜果品、橡胶、生漆、白蜡、软木、药材等产品。

热带雨林里的乔木

热带雨林里的小瀑布

灌木林

  灌木林是以灌木为主体的植被类型，林层高度一般不超过5米，林中植物多呈簇生状。

  灌木林的生态幅度比乔木林广，分布范围也常比乔木林大。在气候寒冷、干燥，不适宜乔木生长的地方，常有灌木林分布。法国的马基群落、加里哥群落，美国加利福尼亚的沙帕拉群落，都是有名的天然灌木林；我国从平地到海拔3000～5000米的高山，也常有天然灌木林。灌木林对保持水土、防风固沙等有很重要的作用，还可为人类提供燃料和饲料。

热带雨林

  热带雨林是热带潮湿地区的一种茂密而常绿的森林类型，主要分布在南美洲的亚马孙河谷盆地、非洲的刚果盆地、亚洲的马来半岛及其附近地区、澳大利亚的东北部及太平洋群岛，我国的台湾岛、海南岛上也有分布。热带雨林的平均温度通常在25℃～26℃之间，年降雨量为2000～3000毫米，最高可达5000～6000毫米，而且由于没有明显的旱季，所以相对湿度常在90%以上。热带雨林的气候炎热潮湿，雨水充沛，为植物的生长提供了非常好的条件，所以茂密的森林终年常绿。雨林之中，抬头不见蓝天，低头满眼苔藓，密不透风的林中潮湿闷热，脚下到处湿滑。由于光线暗淡，常有虫、蛇出没，人们在其间行走，不仅困难重重，而且也很危险，所以很少有人光顾，雨林深处因此大都保持着原始的状态。这里是生物的乐园，有数量庞大的动植物种群。热带雨林会源源不断地向大气排放氧气，因此被称为"地球之肺"。但近年来，由于人类的破坏性砍伐，热带雨林的面积正在锐减。现在，人们已经意识到保护热带雨林的重要性，并正在为此做着不懈的努力。

灌木林里的植物

穿越 ●●●●●●

竹子为何长得快？

  所有植物都会长高，但有的长得很快，有的长得很慢。竹子可以说是植物界的生长冠军，一般每天能生长十几厘米，最快时每天能长1米，这是为什么呢？原来，这是因为竹子的茎干上有很多节，生长时，每一节都会同时拉长，所以竹子比其他植物长得快。但竹子不会连续生长。当它长到足够的高度时，就不会再长高了。

美丽的温带草原

草原

草原是生长着草本植物，或是兼有灌丛和稀疏树木，能为家畜和野生动物提供生存场所的地区。草原具有特有的生态系统，对保持地球的生态平衡有重要作用。它也十分适宜发展畜牧业，是畜牧业最基本的生产基地。

热带草原一年有干季和雨季之分，干季时草原会一片枯黄。

热带草原

热带草原基本分布于赤道两侧南北纬30°以内的地带，常位于热带雨林和热带荒漠之间。热带草原上的植物主要是多年生耐旱禾草，兼有一些耐寒灌木和乔木。拉丁美洲、中部非洲、东南亚、墨西哥、地中海沿岸等地，都有热带草原分布。

温带草原

温带草原处于热带草原与冻原之间，是世界草原中面积最大的一种，也是地球上主要的农业生态系统之一。南美洲南部内陆、北美洲中部，以及我国的内蒙古及东北地区西部的草原，都属于温带草原。

非洲热带草原面积辽阔，哺育了羚羊、斑马等许多食草动物。

湿地

湿地指天然或人工形成的沼泽地等带有静止或流动水体的成片浅水区，广义的湿地还包括陆地上的所有水体和低潮时水深不超过6米的近海海域。湿地是陆生生态系统和水生生态系统之间的过渡带，与森林、海洋并称全球三大生态系统。

沼泽

沼泽是湿地的主要类型之一，它指的是土壤常有饱和的水分，土壤表层生长着沼生和湿生植物、下层有泥浆等潮湿土壤的地区。其中，泥炭沼泽的泥炭能保持大量的水分，因此是巨大的生物蓄水库。沼泽地区的植被很丰富，生长着不少水生植物和陆生植物间的过渡植物。世界上的沼泽主要分布在北半球。

滩涂

滩涂是湿地的主要类型之一。海滩、河滩和湖滩都属于滩涂。作为处于动态变化中的水陆过渡地带，滩涂很适合用于贝类、虾蟹类等水产动物以及藻类植物的养殖生产。

中国的重要湿地

我国是湿地数量最多、面积最大、类型最齐全的亚洲国家。我国的重要湿地有丹顶鹤的天堂——黑龙江扎龙国家级自然保护区、著名的红树林保护地——广东湛江红树林国家级自然保护区、麋鹿的故乡——江苏大丰麋鹿国家级自然保护区等。

穿越 ●●●●●●

湿地公约

加拿大、英国等国于1971年签署的《关于湿地，特别是作为水禽栖息地的湿地的国际重要公约》（简称《湿地公约》）是关于湿地最有名的国际保护公约。1996年，《湿地公约》常务委员会决定，将每年的2月2日定为"世界湿地日"。

湿地有"地球之肾"的美誉

海洋资源

海洋资源指的是在海洋中生成并可供人类利用的物质、能量和环境能力，包括海水中生存的生物，海水中的化学元素，波浪、潮汐及海流产生的能量、贮存的热量，滨海、大陆架及深海海底所蕴藏的矿产资源，以及海水所形成的压力差、浓度差等。广义的海洋资源还包括海洋供人们生产、生活的一切空间和设施。

海洋生物资源

海洋是生命的摇篮，众多的海洋生物是可贵的食物和药物资源。海洋生物富含易于被人体吸收的蛋白质和氨基酸，其中，鱼、虾、贝、蟹等生物体内的蛋白质含量尤为丰富，人体所必需的各种氨基酸的含量也很充足，因此海洋有"天然的蛋白质仓库"的美誉。许多国家所研制的浓缩蛋白、功能蛋白，往往都以海洋生物为主要原料。

许多海洋生物制成的食物里，都含有独特的脂肪酸，这种脂肪酸对防止动脉硬化等疾病很有帮助。以鱼油为原料制成的药品和保健食品，对心血管疾病也有特殊疗效。海洋生物还是无机盐和微量元素的宝库。海虾、海鱼中钙的含量是禽畜肉的几倍至几十倍；海带、紫菜中富含碘元素；鱼肉中的铁极易被人体吸收；用鱼骨等加工制成的"海洋钙素""生物活性钙"等，对防治缺钙有显著的效果。由于海洋生物具有独特的营养价值和药用价值，对海洋生物的食品和药品开发已日益引起关注。

海底油气

海底油气是埋藏于海洋底层以下的沉积岩及基岩中的宝贵资源。海底油气来源于亿万年前海洋生物的转化。这些生物的遗体被泥沙埋住，与空气隔绝，加之岩层压力、温度升高和细菌作用，便分解成为石油和天然气。19世纪末，美国最早开始尝试海上石油开采。如今全世界已有上百个国家在开采海底油气资源。

水母

色彩缤纷的海底世界

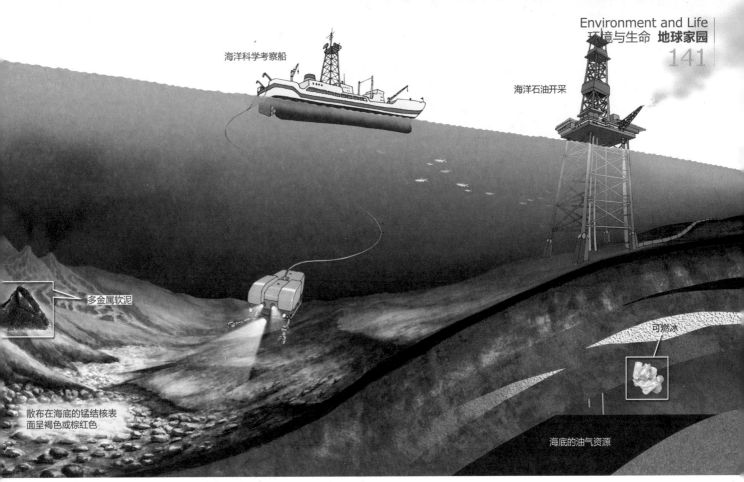

海洋科学考察船

海洋石油开采

多金属软泥

可燃冰

散布在海底的锰结核表
面呈褐色或棕红色

海底的油气资源

海底的油气、多金属软泥及可燃冰

分布有锰结核矿的海域

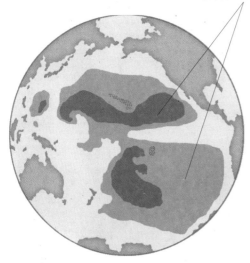

海底锰结核的分布

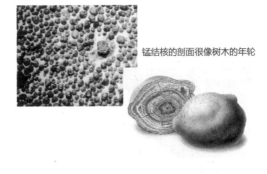

锰结核的剖面很像树木的年轮

锰结核矿

1873～1876年，英国科学考察船"挑战者"号在进行考察时，首先发现了大洋深处的锰结核。当时，人们对这种马铃薯形状的深褐色团块并不了解，仅知道它是由锰和铁的氧化物组成的，便为它起了锰结核这个名字。锰结核在太平洋洋底的许多地方都存在，它其实是一种多金属矿床，含有锰、铜、铁、镍等几十种金属。锰结核储量巨大，并在继续增长，已成为一种巨大的潜在金属资源。

多金属软泥

在大洋中，有一种财富是从洋底裂隙中流淌出来的，这就是热液矿床。热液矿床被科学家们称为多金属软泥。多金属软泥富含铁、锰、铅、锌、金、银等元素。约有1亿平方千米的海底都分布着这种多金属软泥。

可燃冰

在大洋的底部，有一种矿物，科学家给它起名叫可燃冰。可燃冰是一种白色透明的结晶体，是在大洋底部低温、高压的环境下，由甲烷和水结合形成的。从海底被捞出，暴露在空气中时，它会不断蒸发成气体，能像蜡烛一样被点燃。可燃冰于20世纪60年代在西伯利亚的冻土层中最早被发现，是未来最有价值的重要新能源之一。

穿越 ●●●●●●

海底村庄

海南省海口市琼山区东北海岸的波涛之下，隐藏着72个海底村庄的遗址，它们是明朝时的一次罕见的大地震所造成的，也是我国目前发现的唯一一个陆陷成海的地震遗址。当时，大地震导致村庄所在的地层垂直下降。几百年后的今天，震后遗址已成为奇特的水下景观。其中，有一座叫"仁村"的古村就位于海边约10米深的水下。透过海水，当年村子里的庭院、参差的房屋遗迹依稀可辨。潜入海底后，人们还可以清楚地看到一座雕工精细的贞节牌坊屹立于水下，成群的鱼虾在牌坊旁穿梭，让人仿佛看到了传说中的"海底龙宫"。

地球保护

PROTECTING THE EARTH

环境与生命

Environment and Life

大气污染

　　人类社会在工业化和城市化发展的过程中，向周围的大气排放了大量的有害气体和烟尘等污染物，使空气的成分和浓度发生了不少不利于人类健康和其他生物生存的变化。二氧化硫、氮氧化物、一氧化碳、二氧化碳、可吸入颗粒物等，都是会造成严重危害的大气污染物。近年来，我国部分大城市大气污染愈发严重，雾霾天气频繁发生，治理大气污染已经成为保护地球的一项重要任务。

大气污染物

　　大量大气污染物是造成大气污染的"元凶"。在诸多的大气污染物中，数量最多而且分布最广的是二氧化硫、氮氧化物。此外，可吸入颗粒物也是主要的大气污染物之一。

　　二氧化硫是一种有刺鼻臭味的气体。人体大量吸入二氧化硫，会引起呼吸系统发炎，导致呼吸困难甚至死亡。过量的二氧化硫，也是形成酸雨的主要原因。

　　氮氧化物主要指一氧化氮和二氧化氮，其最主要的来源是工业窑炉和汽车尾气。大城市中，汽车尾气中所含的氮氧化物对大气的污染非常严重。氮氧化物在高温和阳光的照射下会发生化学反应，生成臭氧。臭氧与光化学烟雾污染的产生有着密切的联系。

　　可吸入颗粒物是指直径小于10微米的固体颗粒。它们容易导致肺部病变，能加重哮喘病，引起慢性鼻炎、咽炎等疾病。如今，对可吸入颗粒物的控制已成为我国城市治理大气污染的关键。

烟尘

　　烟尘属于颗粒状污染物，常见的烟尘主要是黑烟和白烟。一般来说，发电厂烧煤排放的是含氮氧化物和二氧化硫的白烟和黑烟；钢铁厂排放的烟因含氧化铁而呈红色；化工厂冒出的烟，则因含氮氧化物和硫化物而呈黄色。

汽车尾气

　　汽车尾气中的主要污染物是一氧化碳、氮氧化物和碳氢化合物等。长时间接触低浓度的一氧化碳，人体的心血管系统和神经系统容易受到影响。而碳氢化合物和氮氧化物不仅容易使人产生疲乏无力、头晕头痛、心慌气喘等症状，还很容易使大气产生光化学反应，产生二次污染物，造成更严重的影响。为了治理尾气，人们发明了三元催化器等安装在汽车排气系统中的净化装置，将有害气体转变为无害的二氧化碳、水等。此外，使用清洁能源的汽车也日益得到提倡。

穿越 ●●●●●●

伦敦烟雾事件

　　1952年12月，一场灾难降临在了英国伦敦。时值冬季，人们大量燃煤取暖。燃煤排放的大量煤烟粉尘在无风状态下蓄积不散，使烟雾不断积累。空气中的锰、铁、铬、镍、钒和多环芳烃等不断被吸入人体，肺炎、肺癌、流感及其他呼吸道病患者的死亡率在此期间均成倍增长，死亡人数较往年同期多了约4000人！这场骇人听闻的惨剧，便是世界上有名的环境污染公害事件——伦敦烟雾事件。

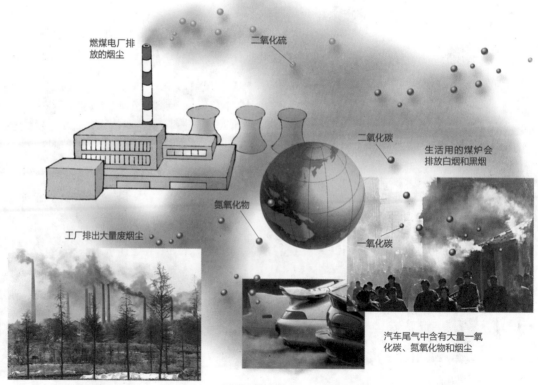

燃煤电厂排放的烟尘
二氧化硫
二氧化碳
生活用的煤炉会排放白烟和黑烟
氮氧化物
一氧化碳
工厂排出大量废烟尘
汽车尾气中含有大量一氧化碳、氮氧化物和烟尘
大气污染物的来源

光化学烟雾

汽车尾气造成的严重污染之一就是光化学烟雾。汽车尾气中的氮氧化物和碳氢化物，在强烈的阳光照射下，会发生一系列化学反应，生成有害的光化学烟雾。光化学烟雾中的代表污染物是臭氧、亚硝酸、醛类等。光化学烟雾产生后，大气会呈浅蓝色的雾状，并具有特殊的刺激性气味，此时的雾状空气不仅会强烈刺激人的眼睛和呼吸道，也能使植物的叶片受损，严重时还会导致植物枯死。自1943年在美国洛杉矶被发现以来，光化学烟雾已经成为美国、日本、澳大利亚、英国等国大城市的主要空气污染问题。我国的北京、上海和广州也都曾出现过光化学烟雾。

清洁能源

清洁能源包括天然气、核能、太阳能、风能、地热能、潮汐能和海洋能、生物能（沼气）等。为了保护大气环境，防止大气污染，人类如今正在大力发展和推广清洁能源。

使用天然气烧饭

风能是一种典型的清洁能源

使用无铅汽油

细颗粒物（PM2.5）

细颗粒物是指空气中直径小于等于 2.5 微米的固体颗粒物，俗称PM2.5。PM2.5指数越高，就说明空气中的细颗粒物越多，也就意味着空气污染程度越严重。细颗粒物主要来自土壤扬尘，以及发电、冶金、石油炼制、冬季供暖过程中燃煤、燃气、燃油排放的烟尘。此外，各类交通工具排放的尾气也是细颗粒物的主要来源。细颗粒物直径小，在空气中覆盖范围大，极易被人体吸入，常附带细菌、重金属等有毒、有害的物质，而且由于风的作用，它在大气中的停留时间长，输送距离远，对人体健康和大气环境有很大危害。

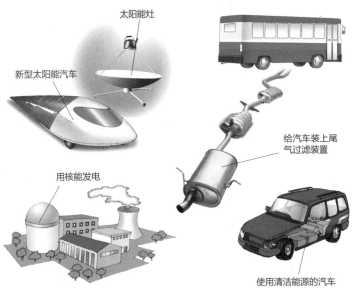
太阳能灶

新型太阳能汽车

用核能发电

给汽车装上尾气过滤装置

使用清洁能源的汽车

各种使用清洁能源、减少大气污染的产品

酸雨

呈酸性的雨、雪或其他形式的降水都称为酸雨。酸雨破坏力很大，可使土壤酸化，影响植物的生长；也会使江河湖泊的水变酸，污染饮用水源，导致鱼类减少甚至绝迹。受酸雨侵害的农作物，产量会下降，甚至会颗粒无收。被酸雨淋过的树木容易枯死。酸雨对建筑物、金属物品、皮革等也有很强的腐蚀作用。欧洲、北美和东亚一度是世界三大酸雨区。

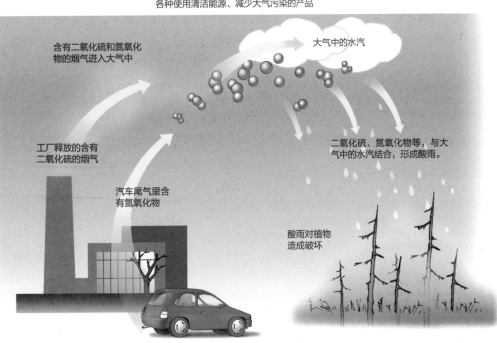
含有二氧化硫和氮氧化物的烟气进入大气中

大气中的水汽

工厂释放的含有二氧化硫的烟气

汽车尾气里含有氮氧化物

二氧化硫、氮氧化物等，与大气中的水汽结合，形成酸雨。

酸雨对植物造成破坏

酸雨的形成和影响

水源污染

　　水是大自然赐予人类的宝贵财富，也是人类生存的命脉。可是人类在生活和生产活动中，不仅消耗了大量的水资源，同时又将污水和污染物质排入清洁的水体，使海洋、湖泊、河流失去了往日的清波碧浪。水源污染带来的后果，已经向人类敲响了警钟。

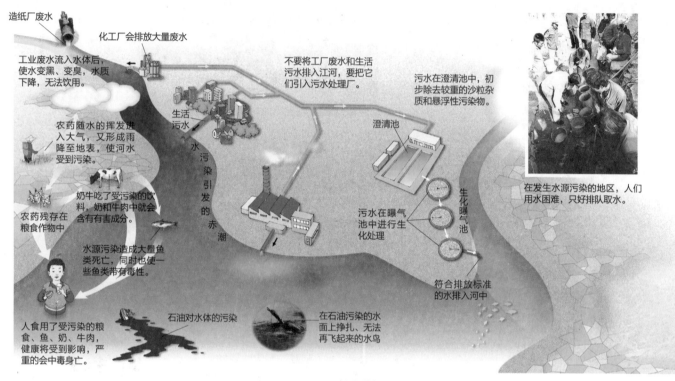

造纸厂废水

化工厂会排放大量废水

工业废水流入水体后，使水变黑、变臭，水质下降，无法饮用。

不要将工厂废水和生活污水排入江河，要把它们引入污水处理厂。

污水在澄清池中，初步除去较重的沙粒杂质和悬浮性污染物。

农药随水的挥发进入大气，又形成雨降至地表，使河水受到污染。

生活污水

水污染引发的赤潮

澄清池

污水在曝气池中进行生化处理

生化曝气池

农药残存在粮食作物中

奶牛吃了受污染的饮料，奶和牛肉中就会含有害成分。

符合排放标准的水排入河中

在发生水源污染的地区，人们用水困难，只好排队取水。

水源污染造成大量鱼类死亡，同时也使一些鱼类带有毒性。

人食用了受污染的粮食、鱼、奶、牛肉，健康将受到影响，严重的会中毒身亡。

石油对水体的污染

在石油污染的水面上挣扎、无法再飞起来的水鸟

水源污染与治理

穿越 ●●●●●

可怕的石油泄漏

　　由于设备故障、自然灾害、轮船事故等原因，海上有时会发生石油泄漏。泄漏发生后，石油覆盖海面，会使得氧气无法进入水体，导致水生动植物缺氧而死；同时，水面上的油膜能反射阳光，减少了太阳给予海水的能量，会影响海洋植物的光合作用；被油膜粘污毛的海兽和海鸟，也将失去身体保温、游泳、飞行的能力。处理泄漏事故的方法通常是用隔离带将被石油污染的区域圈起来，再收缩成一小片，将石油抽走或者用经过基因改造的细菌分解石油。

水危机

　　虽然地球表面大部分都被水所覆盖，但总量仅占全世界总水量2.7%左右的淡水却是可贵的资源。世界上目前有80多个国家、20多亿人口正面临淡水资源危机。其中20多个国家的3亿多人正生活在缺水的状况中。我国也有好几百个城市缺水，其中不少城市还是严重缺水。

赤潮

　　含有大量的氮、磷等物质的污水流进湖泊和海湾，遇到合适的气候和水文条件，会使水中的藻类等浮游生物急剧增殖，一夜之间，湖水和海水的表面就会布满红色的浮游生物，这就是赤潮。赤潮通常发生在湖泊和海湾。它可导致水中缺氧，直接影响渔业生产，甚至还会影响人体健康。由于引发赤潮的生物种类不同，赤潮有时也呈绿、褐等颜色。

工业废水

　　工厂排放的工业废水中含有多种污染物质。其中钢铁厂、焦化厂和炼油厂的废水中，一般含有酚、氰类化合物，化工厂、化纤厂、农药厂、皮革厂的废水中含有砷、汞等有害物质。这些物质都是水体的重要污染源。

生活污水

　　生活污水主要指洗衣、洗菜、洗澡等生活行为排放的废水。这类废水中含有大量的氮、磷等成分，是湖泊和近海海域发生赤潮的主要原因。

农业化学污染

　　喷洒在农田里的农药和化肥，被雨水冲刷后，随地面水流入河流、湖泊或近海海域，引起水体中氮、磷等物质的含量超标，就会造成水体的污染。

噪声污染

　　噪声是不同频率和强度的声音杂乱组合形成的，它是人所不需要的声音。衡量声音强弱的单位是分贝。适合人类生存的最佳声音环境为15～45分贝。60分贝以上的声音就会干扰人的生活和工作。噪声容易使大脑神经细胞老化或受到损害。因此，噪声也是一种环境污染源。

交通噪声

　　交通噪声是指汽车等机动交通工具运行时所产生的噪声，以及飞机、火车等其他交通运输工具在飞行和行驶中产生的噪声。这些现代化的交通工具在带给人们方便的同时，也带来了不小的负面影响。它们不仅会排出尾气，污染大气，也是城市噪声的主要声源。治理交通噪声污染，需要合理规划城市布局，广泛应用隔音窗，在对噪声敏感的地段限制某些高噪声机动车辆穿行，并限制车辆通过时的车速等。

使用有吸音消声作用的材料制作的吊顶或墙面，能减小室内噪声的强度。

工业噪声

　　工厂的机器在工作时，会持续不断地发出高强度的工业噪声。长时间职业性地暴露在85～90分贝以上的噪声中，可使工人产生听力损伤，还可能引起睡眠不良、头痛耳鸣以及心血管功能障碍等症状。工业噪声的声源多而分散，治理起来相当困难。

生活噪声

　　人们接触最多、接触时间最长、治理最困难的噪声，是生活噪声。娱乐场所、商店、运动场所发出的噪声，以及游行、庆祝、宣传等活动发出的噪声等，都属于生活噪声。生活噪声如果过于严重，可交由公安机关处理。

隔音墙和吸音板

　　公路如果离城市居民住宅太近，交通噪声会对居民生活造成很大的影响，这时隔音墙就能派上用场了。有了隔音墙后，道路上产生的噪声会在墙壁上不断反射，随着声波能量的不断消耗，噪声也会随之减小。吸音板和隔音墙类似，它的表面有很多小孔，声音进入小孔后，会在结构有点像海绵的内壁中反射，直至大部分声波的能量都消耗掉，音量便会变小了。吸音板常被用于录音间、摄影棚、博物馆、图书馆、报告厅、会议室等对声音环境要求较高的场所。如今，还有人把隔音墙和吸音板结合在一起，制造了一面为吸音材料，另一面为隔音及反射材料的吸音隔音装置。

穿越 ●●●●●●

反噪声耳罩

　　过去人们通常采用普通耳罩来隔绝部分噪声信号。随着高新技术的不断发展，目前已经出现了可以控噪、降噪的新型耳罩。这种特殊耳罩可以产生一种反噪声信号。这种反噪声信号会与噪声信号相互抵消，从而使进入人耳的噪声明显减弱。

人们常用声级计等噪声监测仪表来测定道路交通噪声、工业噪声和生活噪声的声级大小，从而确定噪声的污染程度。

汽车在行驶中的噪声是80～90分贝，高速公路上的车流产生的噪声可接近100分贝。

公路上的噪声大小，以及与噪声治理相关的工具

垃圾处理

当我们尽情地享受现代化的物质生活时，不要忽视了另一种"现代化物质"正向我们围逼过来，这就是垃圾。全世界每年生产的垃圾约有450亿吨，而且数量还在不断上升。垃圾不仅侵占土地，破坏城市环境卫生，也是大气和水体污染的主要污染源。因此，垃圾治理已成为人类社会发展要攻克的一个重要课题。

白色污染

白色污染已成为全球性的环境公害，各种食品包装袋、一次性餐盒等塑料废物都属于白色污染物。这些塑料废物在自然界中，要经过200～400年才能被彻底分解。将它们掩埋在土壤中，会妨碍农作物生长；牲畜若是误吃了它们，轻者消化系统会遭到破坏，重者可能死亡；若焚烧这些垃圾，还会释放大量有毒气体。近年来，治理白色污染已成为环境保护的一项重要课题。

穿越 ●●●●●●

垃圾监狱

意大利的佛罗伦萨市有座世界上独一无二的监狱——垃圾监狱。这座监狱收监的对象都是未成年的少年犯。法官们认为，要使少年犯们真心痛改前非，首先就要让他们知道"干净的生活"来之不易，从而立志不再沦为"人中垃圾"。这座监狱位于臭气熏天的垃圾填埋区。来服刑的少年犯，刑期一般不会超过半年，他们住在离填埋地点不远的帐篷里，每天都要与令人作呕的垃圾做伴。据说这个办法对少年犯的改造效果相当不错。

白色污染物

生活垃圾

除了工农业生产所产生的固体废物外，我们接触最多的是城市中的生活垃圾。这些垃圾中，纸张占30%，果蔬皮壳占30%，玻璃占15%，废金属占10%，灰土占5%，破布占7%，其他杂物占3%。一些大型耐用消费品，如汽车、电视机、电冰箱等报废后也成了垃圾。

垃圾分类

垃圾的分类投放有利于垃圾的再生和处理，能减少环境污染，是治理环境、利用垃圾的一项有效措施。垃圾一般可以分为可回收的垃圾和不可回收的垃圾两类进行分类投放。可回收的垃圾包括废玻璃、废纸、废金属、废塑料、废电池等；不可回收的垃圾则指在自然条件下容易分解的垃圾，比如果皮、菜叶、剩饭菜、树枝、树叶等，还有一些有害、有污染性、不能进行二次利用的垃圾。

废玻璃　　废纸　　废金属　　废塑料　　废电池

几种典型的可回收垃圾

不可利用的垃圾要进行填埋

垃圾的卫生填埋

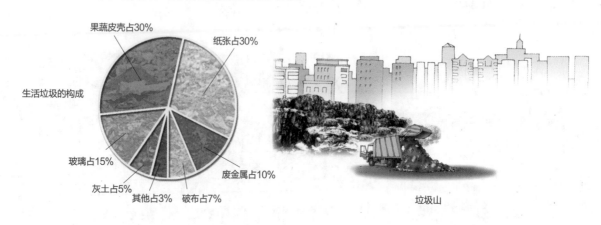

果蔬皮壳占30%
纸张占30%
生活垃圾的构成
玻璃占15%
灰土占5%
其他占3%　破布占7%
废金属占10%

垃圾山

垃圾利用

做好垃圾的回收和再利用，不仅能解决环境污染问题，也能为人类生产和生活获得新的物质来源，比如废纸可用来生产再生纸；废汽车上的废金属、废轮胎、废塑料部件可以回收再次投入生产；废塑料可生产再生汽油；废电池可提取其中的锌等稀有金属；废钢铁可进行熔炼再生。

垃圾的卫生填埋

对不可利用的垃圾进行填埋，是如今广泛被采用的一种处理垃圾的方法。其基本操作步骤是：在填埋坑里铺上一层垃圾并压实，然后铺上一层土，再逐次这样铺垃圾和土，形成夹层结构。有计划地利用废矿坑进行垃圾填埋，然后将其改造成公园、绿地，是一种很好的垃圾处理方式。

•超级视听•

垃圾人

用有机物垃圾制成复合肥料

废钢铁回炉炼出新的钢材

废塑料生产出再生汽油

废铝制品生产出再生铝锭

废玻璃再生出玻璃器皿

利用可燃垃圾发电

废纸第一次回收后，可再造成书籍纸、稿纸、便条纸等。第二次回收后，还可以制成包装纸盒。回收1吨废纸能生产800千克再生纸，可以少砍17棵大树，节省3立方米的垃圾填埋空间，还能减少因造纸而产生的废水。

垃圾利用的各种途径

砍伐森林会破坏环境

森林保护

森林保护是为了预防和消除森林所受到的各种灾害和破坏，保证树木健康生长，避免或减少森林资源损失而采取的各种保护措施。森林保护是营林工作中的重要环节，其主要内容包括预防和消除森林火灾、林木病虫害、林木鸟兽害以及灾害性天气对森林的损害等。森林保护的十六字方针是"预防为主，科学防控，依法治理，促进健康"。

森林覆盖率

森林覆盖率指的是一个国家或地区的森林面积与土地总面积的百分比。森林覆盖率是反映一个国家或地区的森林面积情况、森林资源丰富程度以及绿化程度的重要指标，也是确定森林经营和开发利用方针的重要依据之一。目前全世界森林覆盖率最高的国家是日本。

过度砍伐

过度砍伐是指无节制、无计划和不合理地砍伐树木的行为，这是一种砍伐程度超过生态系统自我调节范围的恶性行为。由于树木的根系长在土壤中，根系有固定周围土壤的作用，因此过度砍伐山上的林木，很容易造成水土流失，遇到下雨还有可能导致山体滑坡。此外，由于林木的光合作用会吸入二氧化碳，放出氧气，有利于净化空气。所以过度砍伐也会减少氧气供给，使全球变暖加剧。林木是很好的防风固沙屏障，过度砍伐林木还容易导致土地沙漠化。

森林防火

森林火灾可能会给森林带来毁灭性的后果，因此对森林来说是最可怕的灾害之一，堪称森林"最危险的敌人"。森林火灾不但会烧毁成片森林，伤害林内的动物，也会降低森林的更新能力，导致土壤贫瘠，破坏森林涵养水源的作用，甚至还会导致生态失衡。尽管当今世界的科学在日新月异地向前发展，但人类在制服森林火灾方面，仍旧亟待取得长足的发展。

森林火灾

穿越 ●●●●●●

长白山的人参

长白山资源丰富，被誉为"百草之王"的人参在这里有上千年的采挖历史。长白山的采参人里一直沿袭着一个做法：每次上山，只把大的野生人参采摘回来，很小的野生人参幼苗则不采摘。但近些年，由于林木大量被砍伐，野生人参也被过度采挖，长白山的野生人参越来越少。如今，长白山建立了保护区，把人参播种在山林中，几年后，再把长出的人参幼苗分堆单栽。几年后，这些人参会长得越来越茂盛，可以供人们采挖。这样野生人参既不会灭绝，人们也能利用人参致富。

土壤保护

土壤保护是为了使土壤免受水力、风力等自然因素和人类不合理的生产活动破坏而采取的措施。它包括土壤盐渍防治、封山育林等许多方面。

土壤的肥力

土壤的肥力是土壤的基本属性和本质特征之一，是土壤为植物生长供应和协调养分、水分、空气和热量的能力，也是土壤作为自然资源和农业生产资料的物质基础。有四大因素可以影响土壤的肥力，它们分别是养分、水分、空气、热量。按成因，我们可以把土壤的肥力分为自然肥力和人为肥力。前者指的是在气候、生物、母质、地形和年龄五大成土因素的影响下形成的肥力，主要存在于未开垦的自然土壤中；后者指长期在人为的耕作、施肥、灌溉等农事活动影响下表现出的肥力，主要存在于农田土壤里。

肥力使幼苗茁壮成长

无机物污染

无机物污染是由无机污染物造成的污染。无机污染物包括各种有毒金属及其氧化物，以及硫化物、卤化物等。采矿、冶炼、机械制造、化工产品制造等工业生产排出的污染物中，往往都含有大量的无机污染物。这些无机污染物会在环境中迁移和转化，参与并干扰各种化学反应过程和物质循环过程，从而造成无机物污染。一般来说，无机污染物中，硫、氮、碳的氧化物和金属粉尘主要会引起大气污染；各种酸、碱、盐，会引起水体污染；铅、镉、汞等重金属如果在沉积物或土壤中积累，容易通过食物链在不同的营养级上逐级富集，最终危害人类与其他生物。

有机物污染

有机物污染是有机污染物造成的污染。有机污染物是进入环境并造成环境污染，对生态系统产生有害影响的有机化合物，包括甲醛、苯、氨等。有机污染物可分为天然有机污染物和人工合成有机污染物：前者由生物代谢活动及其生物化学过程产生；后者则大多在塑料、洗涤剂、农药等工业产品的生产过程中产生。有机物污染会影响动植物的正常生长，破坏生态平衡，还可能使人畸形或患上癌症。

植物扎根在泥土中

穿越 ••••••

落红不是无情物

"落红不是无情物，化作春泥更护花"的诗句出自龚自珍的《己亥杂诗》。从科学的角度看，这句诗所陈述的情况是事实。花确实不是无情之物，它落在泥土里成了绿肥，可以丰富土壤中的养分，增强土壤的肥力，进而能让花更茁壮地成长。

封山育林是防止水土流失的措施之一

气象
METEOROLOGY

环境与生命

Environment and Life

绚丽的云彩

云

天穹是个万花筒，有时碧空万里，有时白云朵朵，有时乌云满天，有时又电闪雷鸣、暴雨倾盆……实际上，不管是什么云，都是由无数个小水滴（或小冰晶）集合组成的，而这些小水滴或小冰晶又是由水汽凝结成的。水汽聚则成云，云散又变成水汽。水汽聚散的方式和规律的不同，便形成了天空中各种各样的云。

卷积云

高云

气象学家把天上形形色色的云，按照云底的高度分为高云、中云和低云。云底的高度在5000～13000米之间的云叫高云。高云是由细小的冰晶组成的，它的云层很薄，不会发生降水。从地面上看，高云丝丝缕缕，有蚕丝一样的光泽。高云的形状有层状的，也有块状的，层状的叫卷层云，块状的叫卷积云。卷层云的云体均匀成层，透过云层能看到太阳和月亮的轮廓，有时在太阳或月亮周围会形成一个非常清晰的彩色光环，这就是人们通常所说的"晕"。卷积云的云块较小，呈白色细波状或鱼鳞状。布满卷积云的天空，被称为"鱼鳞天"。

傍晚时分的火烧云

云在气流上升区出现

气流的波动　　　　云在气流下降区消失

波状云系成因示意图

中云

中云的云底高度一般在2000～7000米之间，它的上部多是由冰晶或温度达到零下而未结冰的水滴组成的，下部则多是由水滴组成的。厚的中云可以产生降水。中云分为高层云（层状）和高积云（块状）两种，呈白色或浅灰白色，有的可以透过云缝看见蓝天。太阳光或月光穿过较薄的透光中云时，有时会出现彩色光环，这种现象被称为"华"。

低云

低云的云底高度一般在2000米以下。这种云分为层状和积状。因为云底低，云层厚，太阳光难以穿透，因此低云多呈灰色或灰黑色。低云中的层积云和其他低云一般不会下雨，但雨层云和积雨云都会下雨。雨层云下的雨持续时间长，但雨不大；积雨云下的雨持续时间短，但雨很大。

积状云

云的形成主要是因为气流有上升运动。在气流的上升过程中，周围的气压逐渐降低，空气密度变小，上升气流不断膨胀冷却，气流中的水汽就发生凝结，形成了云。其中，空气对流形成的云是一朵一朵的，叫积状云。

波状云

有时天空中的云是一条一条平行排列的，云条之间还有蓝天。这种云是因为天空中气流的上下波动而形成的，所以叫波状云。当气流上升到波顶部位时，便凝结产生云条；气流下降到波谷时，波状云便消失，出现蓝天。因为气流的波动范围可以很大，形成的波状云的云条也可能很长，所以波状云看起来非常壮观。

层状云

大范围的气流在冷暖气流锋面上或山坡上被迫抬升时，会形成一种大面积、连绵成片、均匀成层的云，这就是层状云。

人造云

如果人为地在空气中排放大量水汽，使空气中的水汽超出空气所能容纳的限度，这时，空气中多余的水汽就会凝结成云。我们常常看到天上的飞机后面拖着一条白烟，这就是飞机尾气中的水汽凝结形成的云条。发电厂冷却塔排出的水蒸气也会在天空中形成白云。

穿越 ••••••

云计算

除了自然界，网络世界中也有"云"。当然，此"云"非彼"云"，网络世界中的"云"，指的是云计算。

云计算是一种基于互联网的计算方式，通过这种方式，软硬件资源和信息被存储在"云端"中，用户可以按自己的需求从"云端"获取各种信息和资源。打个比方，在电力普及前，用户需自备一台发电机，发电给自己用；而如今，人们只要从电网接一根电线到自己家，就能用上电。云计算就好比这个公共的、共享的电网。有了云计算，用户只要需要，便可以随时随地用任何网络设备访问"云端"，获取所需的资源。在云计算的基础上，云储存、云游戏等服务也被开发了出来。现在很多人常用的网络云盘，就是一种基于云计算的存储工具。

积状云

蒸发雾

雾

　　雾和云都是大气中的无数微小水滴（或冰晶）组成的。只是云在空中，雾贴近地面。所以从地面上看，高山上的人在云中，而云中的人觉得自己是在雾里。大气中出现水汽凝结物时会降低能见度。能见度降到1000米以下时，空气中的水滴（或冰晶）悬浮体才被称为雾；能见度在1000～10000米时，则为轻雾。

从放大的云雾照片上，我们可以看出：云雾是由大小不等的水滴组成的。

黄山著名的云海就是抬升雾

蒸发雾

　　秋冬时节的早上，气温很低，但由于河流水体和湖泊水体热容量大、降温慢，其温暖的水面上便蒸发出缕缕"热气"，使水面上看上去雾蒙蒙的，这就是蒸发雾。我国最典型的蒸发雾出现在吉林市。那里冬季气温常达到-30℃～-20℃，而松花江江水从丰满水电站流出来时为4℃。4℃的水一遇到-30℃～-20℃的严寒空气便立刻蒸发，于是就会大雾弥漫。

抬升雾

　　很多高山上经常云雾蒙蒙，比如峨眉山的金顶上平均每年322.1天都有雾。峨眉山这样的高山之所以多雾，是因为山的相对高度很高，气流在山的坡面上被迫抬升时，便形成云雾。这种雾因此也被称为抬升雾。

著名的气象美景——雾断金门

辐射雾

大陆上的雾大都发生在冬季的夜间。这是由于夜间地面因辐射而冷却，使贴近地面的空气中的水汽凝结而成为雾。这种雾，就叫辐射雾。辐射雾一般发生在晴朗微风的夜间，日出之前最浓，日出后随地面气温升高，会逐渐消散或上升为云。

我国辐射雾最多、最浓的地方，是云南的西双版纳。在那里，一般要到上午9～10时，甚至11时，雾才会散去。

雾凇

每到银装素裹的隆冬季节，在一些雾多的地方，常可以看到这样的景象：原来光秃秃的树枝上，"长"满了绚丽晶莹的冰花，整棵树显得银装素裹，这就是雾凇。

雾凇是在冬季有雾的条件下，空气中的水汽直接凝华，或过冷雾滴直接冻结在物体上而形成的乳白色冰晶沉积物，而且这些冰晶沉积物常呈毛茸茸的针状。吉林省的吉林市，是我国最有名的雾凇观赏地。

穿越 ●●●●●●

《雾都孤儿》

《雾都孤儿》是英国作家狄更斯于1838年出版的小说。这本书以雾都伦敦为背景，讲述了一个孤儿悲惨的身世及遭遇。主人公奥立弗在孤儿院长大，经历学徒生涯，艰难地生存着。后来他误入贼窝，被迫与狠毒的凶徒为伍。饱尝辛酸之后，他终于在好心人的帮助下，查明了自己的身世，过上了幸福的生活。

水滴直接在树枝上冻结

雾中0℃以下未结冰的水滴，在微风的吹动下撞到树枝上。

雾凇的形成

平流雾

当暖空气流到冷海（地）面上时，会因降温而凝结成雾，这种雾被称为平流雾。随着春季暖气流的不断北上，我国沿海地区的雾季就自南向北开始了：南海在2月、3月，台湾海峡在3月、4月，东海在4月、5月，黄海南部在5月、6月，黄海北部和渤海在7月、8月。山东半岛上的成山头有"雾窟"之称，那里7月平均有雾的天数多达23.8天，而且雾常常终日不散。

放大的雾凇局部

银装素裹的美丽雾凇

雨

天空中的云像个大仓库一样，里面聚积着无数的小水滴。但有云不一定有雨，因为云里的水滴常常太小了，掉不下来。即使水滴能掉下来，离开云层不久后，也会蒸发消失。只有遇到持续的上升气流，水滴才有不断"长大"的条件。当水滴长大到上升气流托不住它的时候，就会降到地面上来，形成了雨。

雨

降雨量

从天空降落到地面上的雨水，未经蒸发、渗透、流失而在水面上积聚的水层深度，叫降雨量。它可以直观地表示降雨的多少。气象学中通常以毫米为单位对降雨量进行记录。

测定降雨量常用的仪器是雨量计

锋面雨

当冷暖气团相遇时，密度较小（较轻）的暖气团，会被迫在密度较大的冷气团的背上斜着抬升。从侧面看，冷气团像楔子一样，沿地面楔进了暖气团底部。暖气团由于被迫抬升，温度降低。冷暖气团界面（锋面）以上的暖气团内，就会因水汽凝结而形成锋面云系，产生降雨。

雷阵雨

伴随有闪电、打雷现象的雨叫雷阵雨。能下雷阵雨的云则叫积雨云。雷阵雨产生的原因是：地面空气受热后，因密度变小而上升；空气在上升过程中，因为周围气压低，空气不断膨胀而冷却，这时空气中的水汽便发生凝结，形成无数微小的水滴。随着气流继续上升，水滴会继续变大。当水滴大到上升气流托不住的时候，便从云中落下来，形成了降雨。在积雨云的后部，随雨滴从高空降下的低温气流，会在地面上形成小范围的高气压，高气压气流向四周迅速扩散时，就会产生雷雨大风。在我国，雷阵雨大多发生在5～8月温度高、湿气重的日子里，冬季很少有雷阵雨。

穿越 ●●●●●●

东边日出西边雨

唐代诗人刘禹锡的《竹枝词》中，有一句著名的诗句——"东边日出西边雨，道是无晴却有晴"，意思是东边的天空没下雨，而西边的天空却正在下雨。诗中描绘的这种现象并不是虚构，而是在现实中真实存在的。这种现象的形成和降雨云有关。在夏季，产生降水的云多为雷雨云，这种云在形成过程中很难向水平方向扩散，只会在垂直方向上堆积得越来越厚。由于它们在空中覆盖的面积很小，所以在移动和产生降水时，只能形成一片狭小的雨区，于是同一时间里，有云的地方正在下雨，而不远的地方没有云，还是晴天，便形成了"东边日出西边雨"的晴雨对比。

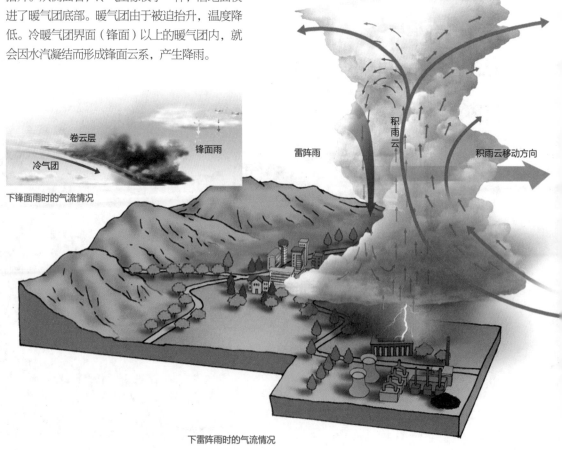

卷云层

锋面雨

冷气团

下锋面雨时的气流情况

雷阵雨

积雨云

积雨云移动方向

下雷阵雨时的气流情况

暖云人工降雨

温度在0℃以上的云叫暖云。要使暖云下雨，主要的办法是用飞机在云的顶部撒播尿素、硝酸铵等吸湿性微粒。这些微粒很快就会因为吸收云中的水汽而"长大"，然后它们在下落的过程中，又会与较小的水滴合并，从而更迅速地变大，成为大雨滴降到地面上来。

冷云人工降雨

温度在0℃以下的云叫冷云。要使原本不会下雨的冷云下雨，关键是要使云内有大量的冰晶。因为冰晶可以把云内的大量过冷却水滴（温度低于0℃而未冻结的水滴）蒸发产生的水蒸气夺过来，壮大自己，最后壮大成雪花降到地面上。如果这时是夏天，雪花就会融化变成雨滴，然后成为降雨。现在人们一般采用飞机撒播干冰的办法进行冷云人工降雨。干冰会迅速升华，成为气体状态的二氧化碳，同时吸收周围的热量，使云内的大量过冷却水滴冻成冰晶。不久之后，冰晶便会形成降雨。

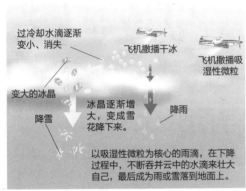

冷云人工降雨（降雪）

梅雨

宋代的贺铸因为在《青玉案》中写下了"试问闲愁都几许？一川烟草，满城风絮。梅子黄时雨"这样的名句而名声大振，获得了"贺梅子"的美誉。而他词句中的"梅子黄时雨"，指的就是梅雨。

梅雨是初夏时，我国长江中下游到日本南部一带出现的雨期较长、雨量较大的持续阴雨天气。由于这个时候正是江南地区梅子黄熟的时节，所以这种天气被称为梅雨。来自南方的暖湿气流与尚未退出该区的冷空气相遇，两者势均力敌，使雨带徘徊不前，便形成了阴雨连绵的梅雨天气。梅雨季节温度高，空气湿度大，衣物容易发霉。梅雨过后，我国长江中下游到日本南部便正式进入炎热的夏季。

2008年年初，大范围的冻雨和大雪突袭了我国南方的多个省区，造成很多公路、铁路、输电线路瘫痪，不少城市大面积停电、断水，直接经济损失达500多亿元人民币。

冻雨使红果树枝变成了"糖葫芦串"

冻雨

天上降下来的过冷却水滴，一落到温度低于0℃的地面或其他物体上，马上就会结起一层透明或半透明的冰层，这就叫冻雨。冻雨是一种灾害性天气，能影响交通，使树木不胜重载而折断，也能压断通信和输电线路，造成经济损失。

泥石流

泥石流是产生于沟谷中或坡地上的一种洪流。泥石流中饱含大量泥、沙、石块等固体物质，具有暴发突然、历时短、流速快、流量大、破坏力强等特点。连续性的大雨常成为泥石流的诱因。泥石流常会冲毁公路、铁路等交通设施，甚至会埋掉房屋和村镇。

发生泥石流后的山体

风

空气水平流动便形成了风。风的产生是因为各地的气压高低不同。风会从气压高的地方吹向气压低的地方。两地之间的气压差越大，风速也就越快。风把大气中的热量和水汽带到全球各地，同时引起了各个地方的天气变化。自然界中的大风虽然常常给我们带来灾害，但我们也可以利用风能来发电。

风级

风级是风力大小的级别。英国人F. 蒲福1805年提出蒲氏风级，把风分为13个等级。1946年后，风级增加为18个等级，0级时几乎无风，17级时则风浪滔天。

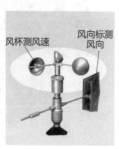

风杯测风速　风向标测风向

风速仪

风的力量

恒定方向的大风不仅能把树吹偏，也能一点点地吹蚀较软的岩石，从而形成千奇百怪的风蚀地形。大风把砂石从地表吹起再落下，使砂石重新分布，又会形成各种各样的风积地形，例如沙纹（沙脊、沙条）、沙丘等。

在新疆的罗布泊，风蚀形成的岩石像列队行驶的庞大舰队。

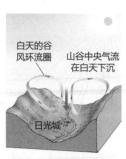

白天的谷风环流圈　山谷中央气流在白天下沉

日光城

谷风

夜晚的山风环流圈　山谷中央气流在夜间上升

山风

山谷风

在晴天里，山坡上常刮从谷中上坡的风，即谷风；夜间则常吹从山上下坡的风，即山风。谷风和山风合称为山谷风。由于夜间谷底上空是上升气流，因此常导致降雨，即夜雨；而白天谷底上空是下沉气流，所以天气晴朗，阳光普照。我国西藏的拉萨所在的区域就是这种地形，因此拉萨以"日光城"和"拉萨夜雨"（主要在雨季）而闻名。

季风

在北半球的东亚、南亚和北非等地区，冬季常刮偏北风，带来北方大陆寒冷干燥的空气；夏季又常刮偏南风，带来南方海洋上的暖湿空气。这种风向随着季节的不同而有明显变化的风，就是季风。季风主要是海陆之间的温差造成的。夏季时，大陆上气温高、空气密度小，形成低压；海洋上则因为凉爽、空气密度大，形成高压。风往往都会从高压的地方吹向低压的地方，于是夏季时，风就从海洋吹向大陆，冬季时则相反。

季风盛行的地区，常是季风气候，这种气候表现为：冬季时，风从大陆吹向海洋，这时的大陆天气比较干燥，处于旱季；夏季时，风从海洋吹向大陆，给大陆带去海洋上湿润的空气，所以这时的大陆天气潮湿，处于雨季。

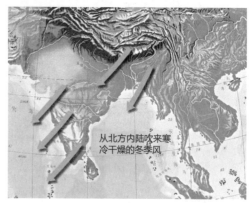

从北方内陆吹来寒冷干燥的冬季风

冬季风

从南方海洋带来温暖潮湿的夏季风

夏季风

贸易风

北美洲新大陆刚被发现时，欧洲商人利用北大西洋上的东北信风，乘帆船把马匹贩运到北美洲，赚了很多钱。东北信风因此又叫贸易风。不过贸易风有时会发生南北摆动，致使船舶进入到无风带（北纬30°～35°的海域），导致帆船无法前行，造成大量马匹死亡。死马被抛入海中，浮在海面上，这一带海域因此就获得了一个奇怪的名称——马纬度。

台风

在热带海洋上的大气中，常会产生像大旋涡一样的环流，叫热带气旋。最大风力在7级以下的热带气旋叫热带低压，8～9级的叫热带风暴，10～11级的叫强热带风暴，达12级或12级以上的最强烈热带气旋，就是台风。产生于大西洋和东太平洋的台风，通常被称为飓风。

从卫星云图上看，台风是个空气大旋涡，旋涡的直径一般为500～1000千米，最大可达2000千米左右，高度可达十几千米，但台风的前进速度并不快，每小时最多几十千米。台风大多发生在春季和夏季。西北太平洋是全世界台风发生最频繁的地方，平均每年有近29次台风，占全球每年台风总次数的36%。登陆我国的台风，主要发源于菲律宾以东的洋面上，平均一年约有7次。台风天气的主要特征是狂风暴雨、海浪滔天。台风袭来时，人们的生命、财产、海上和江湖航行都会受到威胁。但在盛夏，台风也会带来丰沛的降水，能消除酷暑、缓解旱情。

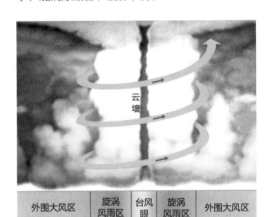

| 外围大风区 | 旋涡风雨区 | 台风眼 | 旋涡风雨区 | 外围大风区 |

台风的结构

台风眼

成熟的台风中心，一般都有一个圆形或椭圆形的台风眼，直径可达几十千米。尽管台风眼以外的旋涡风雨区已经掀起了狂风暴雨，台风眼里却十分平静，常常一点风也没有，白天能够看到太阳，晚上能够看到星星，堪称是台风中心的"桃花源"。

台风的命名

海棠、天兔、悟空……天气预报里常能听到的这些台风名称，其实都来自中国、日本、美国等14个国家和地区共同提出的《西北太平洋和南海热带气旋命名表》。14个国家和地区各提供10个名称，组成了这张有140个台风名字的命名表。每年西北太平洋和南海上新台风的名字，都是按表中顺序，年复一年地循环使用的。不过，如果某场台风造成巨大损失，这个台风的名字将停止使用。比如，中国最早提供的名字是：龙王、悟空、玉兔、海燕、风神、海神、杜鹃、电母、海马和海棠。但2005年"龙王"造成上百人死亡，经济损失严重，"龙王"此后便被除名，"海葵"取而代之。

沙尘暴

沙尘暴是大量尘土、沙粒被强劲的大风吹起，飞扬于空中，使空气变混浊，水平能见度小于1000米的天气现象。沙尘暴多发生于土壤干燥、土质松散而无植被覆盖的地区，是土地沙漠化的一种表现。在我国，沙尘暴常见于北方地区的春季。沙尘暴出现时，飞沙走石、黄沙漫天，常导致交通中断、农田被掩埋等后果，空气中的大量浮尘也会危害人的健康。植树造林、固沙固土等办法，能有效减少沙尘暴。

龙卷风

龙卷风又叫龙卷，它是从强烈的积雨云中发展起来的强烈旋风。龙卷风的中心从积雨云中伸下来，像个长长的象鼻子或是一条在空中飞舞的龙。龙卷风中心的风速可达100～200米/秒以上，因此往往破坏力极强。它的所经之地，树木常被齐刷刷拦腰折断，人、畜甚至房屋都会被卷起。最强的龙卷风可以把村镇变为废墟，甚至能把废墟也清扫干净。龙卷风不仅威力惊人，速度也很快，每小时能前行40～50千米，快的可达上百千米。人们通常把发生在陆地上的龙卷风称为陆龙卷，把发生在海上的龙卷风称为海龙卷。美国是龙卷风出现最多的国家，平均每年出现500次左右。

龙卷风

穿越 ●●●●●●

风声鹤唳

公元383年，前秦皇帝苻坚组织90万大军，南下攻打东晋，陈兵淝水岸边。东晋命谢石为大将，谢玄为先锋，带领8万精兵迎战。谢玄施计，建议前秦军队后退，让东晋军队渡过淝水，速战速决。苻坚求胜心切，决定后退。但他没有料到前秦军队是临时拼凑起来的，难以指挥。一接到后退的命令，前秦士兵便以为前方打了败仗，慌忙向后逃跑。谢玄见故军撤退，当即指挥部下快速渡河杀敌。前秦军队在撤退途中，丢弃了兵器和盔甲，场面一片混乱。那些侥幸逃脱晋军追击的士兵，一路上听到呼呼的风声和鹤的鸣叫声，都以为东晋军队又追来了，吓得直冒冷汗。就这样，东晋最终取得了淝水之战的胜利。后来"风声鹤唳"就被用来形容人十分惊慌疑惧，一有风吹草动便极度紧张。

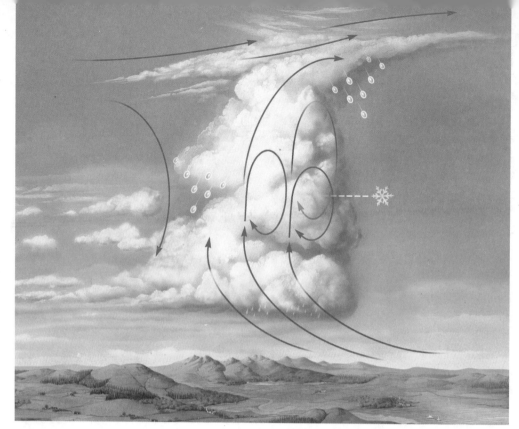

世界冰雹之都

雹块在云中反复上升和下降，越变越大，最后就会落到地上成为冰雹。

冰雹

　　冰雹和雨、雪一样，也是从云中降下来的，因为冰雹是固体，所以又叫固体降水。冰雹的颗粒一般呈圆球状，直径为5～50毫米，大的可达10厘米以上。冰雹常会砸坏庄稼，损坏房屋，威胁人畜的安全，是一种严重的自然灾害。

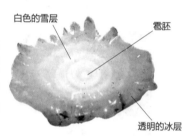

白色的雪层　　　雹胚

透明的冰层

冰雹剖面图

冰雹

冰雹的形成

　　冰雹是由冰雪构成的，却降落在夏天，这是因为冰雹通常都产生于对流特别强烈的积雨云中。积雨云中既有大量的冰雪颗粒作为冰雹的雹胚，又有大量的过冷却水滴和雪花可以供冰雹吸附，让冰雹越变越大。而且积雨云中强大多变的上升气流，也能使冰雹在云内停留较长时间，这样最终就形成了很大的冰雹。

人工消雹

　　要想减轻冰雹带来的负面影响，就必须进行人工消雹。人工消雹的原理，简单地说就是人为地在雹云中撒播大量的碘化银微粒，形成人工雹胚，让它和天然雹胚在云中争夺水汽，结果谁也长不大，最后一起从云中降下来，并融化成雨滴，形成降雨。

苹果上被冰雹砸出的小坑

冰雹从高空落下时速度很快，常会把农作物的叶子打得千疮百孔，严重时能把树叶和农作物的叶子都打光，把植物的茎秆打折，甚至使农作物颗粒无收。大的冰雹还能砸死、砸伤人和其他动物。

人工消雹用的消雹火箭及发射架

雪

雪是从云雾中降落到地面上的固态水。雪的大小以降雪量来衡量。日降雪量（化为水深）在2.5毫米以下的雪称小雪，2.5～5毫米的称中雪，超过5毫米的就是大雪了。小雪有时下得很猛，大雪也不一定都是"鹅毛大雪"。

放大镜下可以看到，雪晶呈对称的六角形

雪晶

高空的温度一般在0℃以下，云中的水汽能直接凝结到冰核上形成雪晶，雪晶继续长大便会形成雪花掉下来。在放大镜下，我们可以看到，构成雪花的雪晶虽然形态各不相同，但它们基本都是六角形的。大自然中几乎找不出两个形状、大小完全相同的雪晶，就像没有两片完全相同的树叶一样。

雪晶的生长

在大气中，水分子结冰时都会形成六角形的晶体。但由于生长环境在温度和湿度方面有一定的差异，雪晶各个侧面的生长速度也不同，因此就形成了各种形态的雪晶。在某种温度下，晶体边缘生长较快，雪晶多呈板状、星状和枝状；在另一种温度下，晶体基面生长较快，雪晶多呈针状和柱状。湿度主要影响晶体边角的生长。湿度大时，边角生长快，易形成星状和枝状的雪晶；湿度小时，边角生长慢，主要生成板状和柱状的雪晶。

雪崩

如果山坡上积雪太厚，或者山的坡度较陡，在一定条件下，例如升温、刮大风或声音引起振动时，积雪就会沿坡飞速直下，这种现象就叫雪崩。雪崩是高寒山区主要的自然灾害之一，具有发生突然、速度快和崩塌面积大等特点，经常会堵塞交通、破坏森林、摧毁建筑物、造成人员伤亡。我国天山西部、阿尔泰山、西藏东南部山区的积雪深厚，是雪崩多发地区。

雪崩一般发生在陡峭的山坡上，常出现于初冬和初春。外界作用如大气压的变化、风的吹袭、动物的爬行、大的声响等，都能促使处在极限状态的山坡积雪崩落。一般来说，坡度在30°～45°之间的山坡容易发生雪崩，大于50°的山坡只有少量雪经常崩落，小于20°的山坡则难以形成雪崩。天降大雪，特别是连续的大雪使雪层迅速加厚时，容易发生雪崩；春季回暖，表面的雪融化，融水下渗，使底层的雪变湿、强度下降时，也容易发生雪崩；隆冬的低温天气里，雪层容易长期处于表冷里暖的状态，其内部的雪粒会在这种状态下渐渐霜化、内聚力下降，这时同样容易发生雪崩。

雪崩常常给当地的居民、登山者和滑雪者带来危险

雪暴

雪暴就是俗称的暴风雪。发生雪暴时，大量的雪会被强风卷着，随风而行，能见度也会下降到1000米以下。南极雪暴的平均速度可达50米/秒，并能持续数小时之久。

雪灾

雪灾是长时间大量降雪，导致积雪成灾，影响人们正常生产、生活的一种自然灾害。雪灾可分为猝发型和持续型两大类。猝发型雪灾发生在暴风雪天气的过程之中或结束之后，由于短期内产生大量积雪，猝发性雪灾很容易影响交通，甚至会压垮房屋和输电线路；持续型雪灾的积雪时间则很长，容易导致牲畜吃草困难，甚至使人无法放牧。

穿越 ●●●●●●

"六月飞雪"

"六月飞雪"是自然界中一种罕见的自然现象。我国有记录的"六月飞雪"最早出现在战国时期，《后汉书·刘瑜传》中就有对这种现象的记录，大意是燕昭王姬平请齐国的邹衍等贤人来帮助自己治理国家，不料却有人在燕王面前进谗言，让邹衍蒙冤入狱。当时虽然正值炎热的六月，却反常地天降大雪。燕王由此意识到自己冤枉了邹衍，就释放了他，使邹衍得以昭雪。此后，人们使用"六月飞雪"比喻蒙冤。元代著名杂剧作家关汉卿也曾在《窦娥冤》中描写了"六月飞雪"。

在现实生活中，确实有"六月飞雪"发生过。如果冷暖气流交锋时，气流活动剧烈，气流突然将含有冰晶或雪花的低空积雨云拉向地面时，便会在夏季出现短时间、小范围内飘落雪花的奇观。

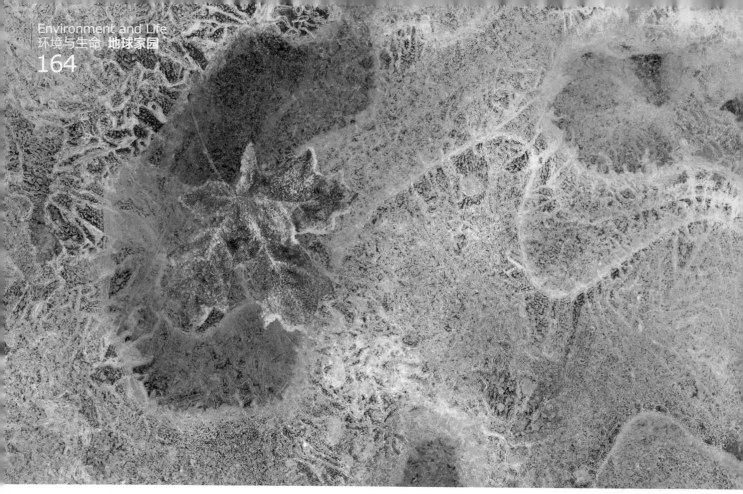

覆满白霜的落叶

霜与露

夏秋的早晨，我们常在草地上、树叶上看到一滴滴亮晶晶的小水珠，这就是露（珠）。如果夜间气温低于0℃，就不会出现露珠了，而是会出现一层不透明的白色冰晶，这就是霜。露和霜都是自然界中常见的现象。

白霜

在深秋和初春时节，当夜间的气温降到0℃以下时，空气中富余的水汽会在不容易导热的叶子、土地、屋顶等物体上直接凝结成白色晶状的小冰晶，这就是白霜。入秋后，最早出现的一次霜叫初霜；入春后，最后出现的一次霜叫终霜。

树叶边缘的白霜

霜冻

有霜时节，农作物如果还没收获，常常会被冻坏，这就是人们常说的遭受霜冻。实际上，农作物不是因为霜而受冻的，0℃以下的低气温，才是真正的"凶手"。在空气十分干燥时，即使气温低达-20℃～-10℃，也不会出现霜，但此时农作物早已被冻坏了，农民们称这种情况为黑霜。

穿越 ●●●●●●

蒹葭苍苍，白露为霜

"蒹葭苍苍，白露为霜，所谓伊人，在水一方。"如此美丽的诗句，出自《诗经》中的《秦风·蒹葭》。

诗句中的"蒹葭苍苍，白露为霜"，描绘的是一幅河边芦苇苍苍，晶莹的露珠凝成霜的景象。而"所谓伊人，在水一方"写的则是心中朝思暮想的爱人，立于河畔的场景。诗句虽很简洁，却生动地描绘了一幅隔水眺望伊人的图景，表现了主人公对美好事物的执着追求和追求不得的惆怅心情。

植物叶片上的白霜

霜花

　　北方冬季的严寒天气里，室内气温高，空气中水汽也很丰富。当室内空气中的水汽接触到冰冷的窗玻璃时，便会凝结成微小的冰晶，形成美丽的霜花。寒冷的冬夜，在薄薄的墙壁上，有时也能出现霜花。

露

　　夜间气温逐渐降低时，空气包含水汽的能力会大大降低，多余的水汽便会在植物的叶子等一些不易吸水的固体表面上，凝结成一滴滴亮晶晶的小水珠，这就是露，也叫露珠。在有露的早晨，如果我们面对草地背对阳光，在我们头部的影子周围，常能发现白色或略带绿色的光亮区，这是草叶上无数小露珠反射阳光形成的一种现象，叫"露面宝光"。

美丽的霜花

白露和寒露

　　通常我国北方地区秋季时露最多。因为夏季夜晚时间短、降温少，冬季和春季空气干燥，都不易形成露。而秋季白天空气中水汽较多，夜间降温较多，白天储存在空气中的水汽凝结，露就容易出现了。二十四节气中的"白露"，正是在9月上旬的入秋时节；10月上旬的"寒露"也在秋天，意味着露水已结，渐有寒意。

秋叶上的露珠

清晨植物上晶莹的露珠

温室效应和城市热岛

　　地球表面的平均温度是15℃。可是根据计算，如果没有大气层，地面的平均温度就会降到-18℃。地球大气层的这种保温作用，与玻璃温室的玻璃所起的作用类似，因此被称为温室效应。科学家们研究发现，人类的生活和生产活动，在加剧大气温室效应的同时，还产生了另一种环境现象——城市热岛。

温室效应让地球变得像个大温室

温室效应的产生

　　太阳每天以光的形式，向地球表面辐射巨大的热量。地面吸收了太阳光后，也要向外辐射热量。这种辐射的波长比较长，因此叫长波辐射。长波辐射在经过地球大气时，会被吸收一部分，地球大气因此而变暖。变暖了的大气同时也不停地辐射波长更长的长波辐射，其中射向地面的辐射叫大气逆辐射。地面因吸收了大气逆辐射而增温，这种增温作用，就是温室效应。

温室气体

　　在地球大气中，能够导致温室效应的气体只是一小部分。这些气体主要包括水汽、二氧化碳、甲烷、臭氧、氯氟烃、氮氧化物等。人们将这些能产生温室效应的气体称为温室气体。在温室气体中，数量最多、对温室效应影响最大的是二氧化碳。

　　近年来，由于人类活动，大气中的温室气体增加了许多，由此导致的全球变暖现象已经越来越多地引起了人们的关注。

如果没有大气层，地球表面得到多少太阳辐射的热量，就会向宇宙空间散失多少热量，地面的平均温度因此会降到-18℃。

大气吸收地面发出来的长波热辐射，同时它又以逆辐射的方式使这种辐射热量的一些部分返回了地面，从而对地面起到了保暖的作用。

大气层对太阳辐射的吸收和反射情况

大气层也不断向宇宙空间辐射热量，使地球能保持一定的温度。

大气的逆辐射

地球的长波辐射

太阳的短波辐射

大气层对太阳光中的短波辐射（可见光）有很大的透过率

太阳的短波辐射到达地面后被吸收，使地面升温。

大气层

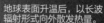

地球表面升温后，以长波辐射形式向外散发热量。

大气层

温室效应的危害

　　如果按照目前二氧化碳的增长量，大约到2050年，全球大气中二氧化碳的浓度就可能会达到百万分之五百六十，届时全球的平均气温将上升1℃～3.5℃。

　　温室效应对高纬度地区的影响格外明显，地球升温将导致高纬度的冰层融化，加上海水升温后体积膨胀，全球的海平面将会上升15～95厘米，一些沿海城市和肥沃农田将会被淹没。此外，全球升温还会使中纬度地区趋于干旱化，使高纬度地区的土壤变得沼泽化。

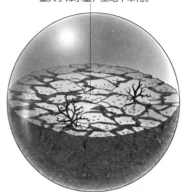

高纬度永冻土地区因为升温，大地变得沼泽化。

中纬度地区因我升温，水分蒸发量大于降水量，土地干旱化。

温室效应的危害一　　　　　　温室效应的危害二

城市热岛

　　世界上的很多城市，无论它们的纬度、地形和自然环境有何不同，城市市区的气温都比四周的郊区要高，特别是在晴朗无风的夜晚，市区和郊区的温度有时能相差4℃～5℃。这种现象被称为城市热岛。产生城市热岛的主要原因是城市排放出大量的热量，以及局部大气的温室效应。城市的工业、交通越发达，居住人口越多，城市热岛现象也越显著。

城市热岛的产生原因和应对措施

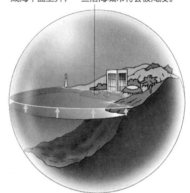

极地地区冰盖融化，加之海水升温膨胀，造成海平面上升，一些沿海城市将会被淹没。

温室效应的危害三

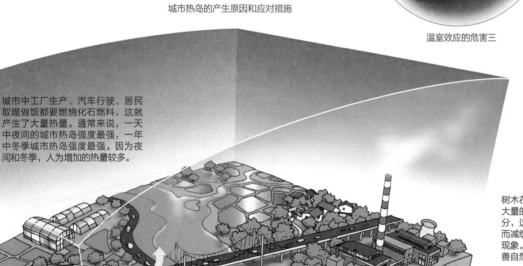

城市中工厂生产、汽车行驶、居民取暖做饭都要燃烧化石燃料，这就产生了大量热量。通常来说，一天中夜间的城市热岛强度最强，一年中冬季城市热岛强度最强。因为夜间和冬季，人为增加的热量较多。

树木在进行光合作用时，会吸收大量的二氧化碳，蒸发大量的水分，这一过程中会吸收热量，从而减缓大气温室效应和城市热岛现象。所以，植树造林是人类改善自然环境的主要对策之一。

城市中有许多建筑物、砖石水泥、沥青路面等，它们白天吸收并储藏了大量的太阳能，晚上便要向外散热，这也是城市热岛的热量来源。

气象观测

预报天气，首先要进行气象观测，因为未来的天气是现在的天气变化的结果。目前，全球已经形成一个由气象卫星、气象雷达、地面气象台站和高空气象站、海上浮标、气象观测船等组成的全球天气监测网。

气象观测记录和依据它编发的气象情报，除了可以为天气预报提供日常资料外，还能通过长期的积累和统计，加工成气候资料，为农业、林业、工业、交通、军事、水文、医疗卫生和环境保护等部门进行规划、设计和研究提供重要的数据。采用大气遥感探测技术和高速通信传输技术建成的灾害性天气监测网，已经能够十分及时地直接向用户发布龙卷风、强风暴和台风等灾害性天气的警报，以减轻或避免这些自然灾害造成的损失。

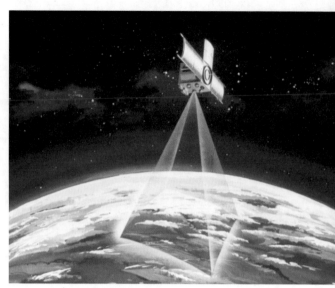

气象卫星

"风云二号"卫星
的地面接收天线

风云二号气象卫星

气象卫星

气象卫星是专门用于搜集地球表面各种气象资料的人造卫星。它居高临下，观测大气时能一览无遗。自从气象卫星上天，全世界任何角落的台风，都没能逃过这只"火眼金睛"。气象卫星分两类，一类叫极轨卫星，另一类叫静止卫星。极轨卫星的轨道和太阳同步，经过地球两极绕地球运行；静止卫星的轨道则与地球同步，相对地球来说，位置几乎是不变的。

遥感探测

气象卫星和气象雷达都是当代先进的大气探测仪器。因为它们的仪器感应元件都不与所探测的大气相接触，所以它们的探测属于遥感探测。

卫星云图

所谓卫星云图，就是气象卫星观测平台上的遥感探测器从宇宙空间对地球大气进行观测后，得到的关于地球云层覆盖情况和地表特征的图像。气象卫星拍摄的卫星云图，对天气预报极为重要，因为造成天气变化的各种天气系统，在发生、发展和消亡时，都伴有相应的云系的变化。从气象卫星发回的云图和其他资料，是气象工作者做出天气预报的重要依据。

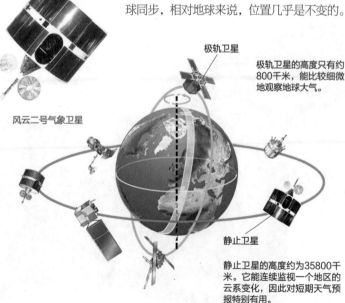

极轨卫星

极轨卫星的高度只有约800千米，能比较细微地观察地球大气。

静止卫星

静止卫星的高度约为35800千米。它能连续监视一个地区的云系变化，因此对短期天气预报特别有用。

极轨卫星与静止卫星

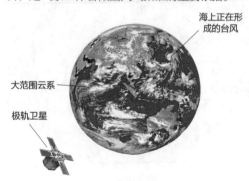

海上正在形成的台风

大范围云系

极轨卫星

我国"风云二号"B星发回的卫星云图

气象雷达

气象雷达是用来探测大气中的云、雨等气象要素的专用雷达。第二次世界大战前，雷达主要用于军事领域。1941年，英国最早将雷达用在对风暴的探测上。1942～1943年，美国设计出专门用于气象探测的雷达。气象雷达能探测直径约400千米范围内大气和云雨的情况。雷达显示屏上回波最强的部位，就是雨量最大和可能发生冰雹的区域。因此，气象雷达对预报突发性雷雨大风、暴雨、冰雹、龙卷风等短时强对流天气是十分有用的。其中，多普勒雷达还能测量云雨区域中的风场分布，大大提高了人类探测龙卷风和强对流天气的能力。

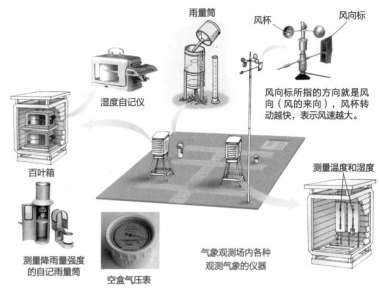

风向标所指的方向就是风向（风的来向），风杯转动越快，表示风速越大。

气象观测场内各种观测气象的仪器

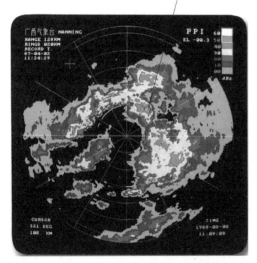

绿色处是回波最强、雨量最大的地方

气象雷达屏幕上显示的云雨回波强度

地面气象观测

天气预报主要是对地面天气的预报，这需要以地面气象观测为前提。地面气象观测的项目有气压、气温、湿度、风向、风速、雨量、日照情况等。我国共有2600多个地面气象站，地面气象观测通常都在气象观测场内进行。

船舶气象观测

广阔的海洋上，有专门的气象观测船对气象进行观测。但依靠观测船搜集到的气象情报总是有限的，因此世界各国很早以前就达成协议，凡是在海洋上航行的民用船舶，都要按规定时间进行气象观测，并把观测结果用无线电报形式发出。观测结果经过集中后会分发，供各国使用。

高空气象探测

进行天气预报，需要30千米以下各层大气的气象资料，以绘制各层的高空天气图。这个任务是由探空气球携带的电子探空仪来完成的。探空气球充有氢气，能带着探空仪飘上高空。地面雷达接收探空仪陆续发来的信号，并输入计算机处理，最后便能打印出各高度上的气压、温度、湿度、风向、风速的数值和曲线图。

高空气象探测装置

气象观测船

穿越

"不听话"的毒气

第一次世界大战期间，德军通过事先的气象观测与分析，利用吹向盟军的微风天气，在对法国的进攻过程中首次施放毒气，成功地在盟军前线上打开了一条约8千米长的缺口。不久之后，尝到毒气战甜头的德军故技重演，又向法国香槟地区的前沿阵地施放了毒气。不料，天有不测风云，毒气施放之后，风向却突然发生了变化，大风吹向德军阵地，结果把德军放出的毒气吹回了德军的阵地。德军"自食毒气"，伤亡惨重，也闹了大笑话。

神奇的气象

在我们生活的地球上，大自然气象万千。除了常见的气象景观之外，有时由于不同的地形和气候条件，也出现了不少神奇的特殊气象景观，为大自然增添了更多的魅力。

虹

虹

虹是大气中最美丽的光学现象之一。阳光射入雨滴、雾滴等水滴后，阳光中不同波长的光会产生不同角度的折射和反射，当它们射出水滴后，便在雨幕或雾幕上形成了虹。通常水滴越大，虹越鲜艳明亮。天空中的水滴全部消失后，虹也就跟着消失了。

霓

有时，虹的上面会伴有一条和虹相似的七彩光带，但它的颜色比虹要暗一些、淡一些，而且七种颜色的排列顺序也和虹正好相反，这就是霓。霓的形成，是因为太阳光线在水滴内多反射了一次的缘故。由于反射时会损失一些能量，所以霓的颜色就比虹暗些。

佛光

在峨眉山、黄山等高山的山顶上，人们有时能在太阳对面的云雾上看见一圈七彩相间的大光环，像佛祖身后的光环一样，这就是佛光。佛光也是阳光在云层水滴中折射的结果，其产生原因和虹基本相同。

极光

当来自地球磁层或太阳的高能带电粒子进入地球南、北两极的高层大气时，会撞击大气中的原子和分子，进而激发出绚丽多彩的灿烂光辉，这就是极光。北半球出现的极光叫北极光，南半球出现的极光叫南极光。极光一般有带状、弧状、幕状、放射状等形状。

极光

穿越 ●●●●●●

闪电战

1905年，德国军事家施利芬在《对法战争备忘录》中阐述了一种后来广为人知的著名战术——闪电战。

闪电战强调集中军事力量，发动突然袭击，迅速摧毁对方，整场作战就像闪电一样迅速而有杀伤力。1933年，希特勒上台后，推崇闪电战。德军在第二次世界大战初期，多次不宣而战，在出其不意的时间和地点发动闪电战，迅速占领了波兰、丹麦、挪威、荷兰、比利时、卢森堡和法国；在对苏联作战的开始阶段，德国的闪击战也取得了成功。第二次世界大战结束后，很多国家都对闪电战这一厉害的战术进行了研究，闪电战在现代战争中仍有自己的一席之地。

霓中光线的路径　太阳光

虹中光线的路径

虹中的水滴只反射一次阳光，射出的光线较亮；霓中的水滴则会反射阳光两次，所以射出的光线较暗。

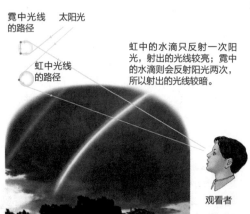

观看者

霓、虹中光的反射

闪电

闪电是带正电和带负电的云层之间，或是云与地面之间发生的放电现象。闪电的形状有线状、带状、片状、球状等。其中，球状闪电呈球形，直径10～20厘米，多为红、黄、橙等颜色。它能通过烟囱、窗缝钻进室内，消失时常伴有爆炸并发出巨响，有时会损坏建筑物，引起火灾。强大的闪电电流瞬间穿破大气时，会产生激震波，激震波随后转化为声波，就成了雷声。打雷和闪电是同时出现的，但光速比声速快，所以人会先看见闪电，再听到雷声。

霞

霞是日出和日落前后，太阳周围的天空出现的一种色彩缤纷的现象。这种现象是阳光通过大气层时，因空气中的尘埃等微粒而发生散射造成的。在这一过程中，阳光中波长较短的蓝、青、紫色光都被削弱，而红、黄、橙色光等波长较长的光则被散射，所以霞的颜色通常为红、黄、橙。

闪电

气象之最

地球是一个适宜生物生存的美丽星球，大部分地区的气候都较为宜人。但也有一些地方，由于其特殊的地理位置和地形地貌条件，当地的气候十分特别，出现了不少令人称奇的"气象之最"。

穿越 ●●●●●●

"吉尼斯世界纪录"的由来

1951年，吉尼斯啤酒厂的总经理比弗爵士在河边猎鸟未中时，忽然想到一个问题："哪种鸟飞得最快？"但他在任何一本书里都没找到答案。这促使比弗爵士萌生了出版一本记载"世界之最"的书的念头。1954年，比弗爵士终于邀请到体育记者诺里斯和罗斯，共同编纂了世界上第一本记录"世界之最"的书。比弗爵士将自己经营的啤酒厂的名字作为了这本书的名字。著名的《吉尼斯世界纪录大全》便由此诞生了。

世界上最热的地方——阿齐济耶

最热的地方

世界上最热的地方并不在赤道，如南美洲厄瓜多尔的首都基多虽然位居赤道，却四季如春。从日绝对最高气温来看，地球最热的地方是非洲利比亚的阿齐济耶，它位于北纬32°32'。1922年9月13日，美国国家地理学会在此测到了接近58℃的气温，这是迄今有据可查的世界上最高的气温纪录，阿齐济耶因而成为世界"热极"。据说，当地人竟能在被阳光暴晒的墙上烙饼吃。

世界上最冷的地方——南极

最冷的地方

地球上最冷的地方是南极，这里终年积雪，冰盖的平均厚度约有1700米，曾经记录到-94.5℃的低温。在这样的低温中，钢板掉下来会摔得粉碎，一杯热水泼在空中，落下来就会变成冰雹。

雨水最多的地方

位于喜马拉雅山南坡的印度小镇乞拉朋齐，1961年曾有年降水量26461毫米的世界纪录，被称为世界"雨极"。

怀厄莱阿莱峰位于夏威夷群岛。这座山峰的迎风坡以高达11684毫米的年平均降水量，成为世界上年平均降水量最大的地方，人们把那里称为世界"湿极"。

世界上雨水最多的地方——乞拉朋齐

最干旱的地方

世界上降水量最小的地方是智利的阿塔卡马沙漠，那里年平均降水量仅9毫米，气候炎热干燥，属热带沙漠气候。那里的海滨城市伊基克，也曾有连续14年未降水的记录。在那里，即使是从安第斯山流下来的河流，水量也很有限，一离开山体，河流很快就会消失在沙漠中，阿塔卡马沙漠因此有世界"干极"之称。

世界上最干旱的地方——阿塔卡马沙漠

中国气象名城

我国幅员辽阔、海疆万里、地形复杂，跨越了从热带到寒温带的多个气象带，地势自西向东逐级降低，像巨大的三级阶梯。在这种复杂而多样的地理环境中，我国各地的气候有着很大的差异，因而也形成了许多独特的气象景观，有不少具备独特气候条件的城镇。这些城镇有不少其他地方没有的特色景观，很多都成为国内外闻名遐迩的气象名城，吸引了众多游客前往。

"风库" 安西

安西位于河西走廊西段。南北两侧高山造成的狭窄地形，使那里风速极大。安西县城每年平均有68.5天都有8级以上的大风，因而获得了"风库"之称。安西县城以东约70千米处的河滩黄土层，被风吹蚀得像"魔鬼城"一样离奇古怪。

火洲吐鲁番的火焰山

"日光城" 拉萨

拉萨纬度低，海拔高，空气洁净而稀薄，阳光强烈，白天云很少，年平均日照在3100小时以上，平均每天有8个半小时都是阳光灿烂，所以有"日光城"的美誉。拉萨白天少云的原因在于其独特的地形。拉萨位于河谷中，白天河谷盛行下沉气流，天气晴好，但夜间河谷又盛行上升气流，容易降雨，因此"拉萨夜雨"也很有名。

"火洲" 吐鲁番

新疆的吐鲁番是我国夏季时气温最高的地方。那里每年平均有37.3天都是气温高于40℃的极热天气，最高气温纪录是49.6℃，所以吐鲁番从元代开始就被称为"火洲"。夏季吐鲁番的天上没有云遮挡灼热的阳光，地面又没有植被、水面蒸发水分降温，加上盆地地形像锅底，不易散热，所以形成了火一样的气候。

拉萨的布达拉宫

漠河的北极人家

"北极村"漠河

　　漠河位于中国的最北端，是中国冬季最冷的地方，初到这里的人们，常误以为自己是到了北极地区，漠河因此也被称为"北极村"。漠河每年平均有25天都是气温低于-40℃的酷寒日子，还曾出现过-52.3℃的低温，创下了我国各地极端最低温度中的最低纪录。

"雾凇城"吉林

　　每年冬天，吉林省吉林市松花江岸的十里长堤便会出现"柳树结银花，松树绽银菊"的雾凇。吉林雾凇也成为闻名中外的一大美景。

　　吉林雾凇的形成有其得天独厚的地理条件。由于从丰满水电站排出的水温度较高，使水电站下游很长一段的河段不结冰，而此时气温已降至0℃以下，温暖的江水蒸发出水汽，水汽一遇到-20℃以下的严寒空气，便形成像白龙一样的白雾。每当夜间和清晨，白雾随着微风飘向堤岸，雾中的水汽在树枝上冻结时，便会形成"玉树银花"的雾凇景观。吉林雾凇平均每年出现20多天。

"无雾港"榆林港

　　海洋上水汽丰富，一般多雾。但热带海洋上极少有雾，海南岛南端的榆林港就是一个有"无雾港"之称的地方。榆林港位于海南省三亚市附近，它地处低纬度地区，冬季时降温幅度很小，不足以让水汽达到饱和状态，从而难以使水汽凝结成雾。

"雨港"基隆

　　我国台湾省北端的基隆多雨阴湿，有"雨港"的别称。基隆不仅年降雨量多达2911毫米，平均每年有214天都会下雨，而且即使是在其他地方干燥少雨的冬季，基隆的降雨也特别多——冬季时，基隆每月都要下20天以上的雨，且月降雨量在300毫米以上。雨量丰沛的基隆，由此和地处北方内陆地区、近十年来年平均降水量为545毫米左右的北京形成了鲜明的对比。基隆之所以多雨，是因为它位于台湾中央山脉的北坡，从海上吹来的潮湿的东北季风在北坡上不断被抬升，季风里的水汽就不断冷凝成水滴，于是就形成了连续的降雨。

三大"火炉城市"

　　武汉、南京、重庆被称为长江沿岸的三大"火炉城市"。每到夏季，这几个城市就会受副热带高压的控制，因此常常是天气晴朗，骄阳似火。再加上这些城市水域面积大，植被覆盖率也很高，所以空气湿度大，又缺乏习习凉风，因此这些"火炉城市"的夏季闷热潮湿，让人觉得酷暑难耐。

穿越 ●●●●●●

重庆为什么叫"重庆"？

　　在隋朝时，因为渝水（嘉陵江古称）绕城，所以重庆当时的名字是渝州，今天重庆的简称"渝"，正是由此而来。而重庆今天的名字，则源于南宋。当时，因为渝州赵谂叛变一事，南宋朝廷认为"渝"有"变"之意，将渝州改名为恭州。到了宋孝宗年间，孝宗的第三个儿子赵惇先是被封为恭州王，后来又继承帝位，"荣升"为宋光宗。交了好运的赵惇由此认为这是"双重喜庆"，便将自己的封地恭州改名为"重庆"。这便是今天"重庆"这个名字的由来。

吉林的雾凇

武汉黄鹤楼

远古生物
古物生远
PREHISTORIC CREATURES

环境与生命

Environment and Life

生命的演化

在我们居住的这个美丽的蓝色星球上，繁衍生息着成千上万种微生物、植物和动物，这些生命是如何产生、如何演化成为现在的模样的？它们又是如何具有了今天的习性的呢？科学家们为此进行了艰苦的探索……

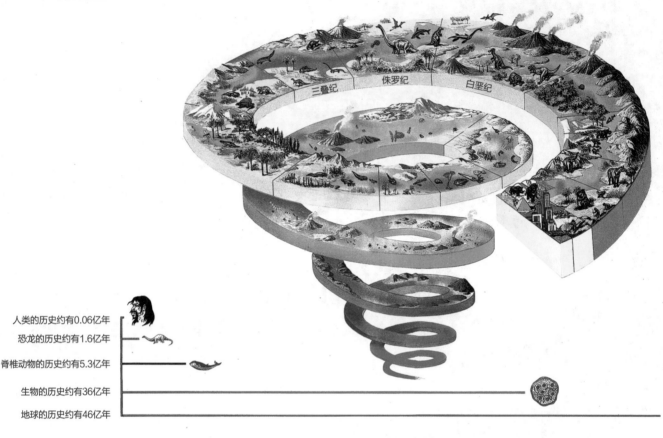

人类的历史约有0.06亿年
恐龙的历史约有1.6亿年
脊椎动物的历史约有5.3亿年
生物的历史约有36亿年
地球的历史约有46亿年

生物进化演示图

生物进化论

19世纪自然科学的三大发现之一，就是达尔文提出的生物进化论。生物进化论是研究生物界进化发展的规律以及如何运用这些规律的科学。著名生物学家杜布赞斯基曾说："如果没有进化论之光，生物学的一切都将变得无法理解。"

简单地说，达尔文的生物进化理论认为：生物是进化而来的，一切生物都经历了由低级向高级、由简单到复杂的发展过程。物种会不断地进行变异，在变异的过程中，新物种会不断产生，旧物种也会不断灭绝，而变异最重要的途径是自然选择；同时，生物的进化是连续的，没有不连续的突变，不会飞跃性地出现某种高级的物种；另外，生物还都有着共同的祖先，彼此间有一定的血缘关系。

达尔文

随着生命科学，特别是分子生物学的发展，进化论的研究逐步由推论走向验证，由定性走向定量，如今已经产生了专门研究生物进化过程和生物进化的原因、机制、速率、方向的进化生物学。

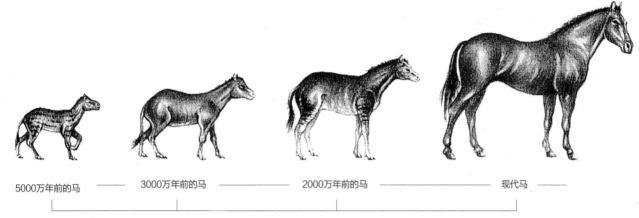

| 5000万年前的马 —— | 3000万年前的马 —— | 2000万年前的马 —— | 现代马 —— |

马的进化过程

进化

从没有根、茎、叶的藻类发展为有根、茎、叶的裸子植物和被子植物；从矮小的始祖马发展到高大的现代马；从不能完全直立行走的类人猿发展到完全以直立方式行走的现代人……生物的这种由简单到复杂、从低级到高级的发展过程，就叫进化。如今地球上的生物，都是由古生物进化而来的。以动物为例，地球上最初只有单细胞的原生动物。后来，原生动物中有一些慢慢进化成多细胞的腔肠动物，腔肠动物继续进化，便有了更复杂的扁形动物、环节动物、软体动物等无脊椎动物。后来，无脊椎动物中终于有一些进化成为鱼类等水生脊椎动物，并继续演化出现了两栖动物、爬行动物、鸟类、哺乳动物。正是经过了如此漫长而复杂的进化过程，地球上才有了今天这样庞大的动物家族。

驯化

我们今天吃的西红柿又红又圆，酸甜可口，肉多籽少。可你知道吗？西红柿的祖先不但肉少籽多、长有棱角，而且气味也很难闻。起初是野生植物的西红柿，是经过人类长年累月地栽培，才成为今天这样的。事实上，不光西红柿是这样，如今人类栽培养殖的动植物，都是通过驯化野生动植物而获得的，比如我们现在饲养的家猪，就是野猪经过人类的长期饲养驯化而变来的。人类把野生动物或植物培养成家养动物或栽培植物的过程，就叫驯化。

驯化的目的是保存人们所希望具有的那些变异物种，抛弃、去除那些不受人们欢迎的变异物种。驯化具有选择性，人类可以选择符合需要的动植物进行驯化，并使得动植物的品种变得更加多样，比如家鸡起源于野生的原鸡，

起初，野生原鸡被人们捕来后，放在不同的地区和不同的条件下饲养。人们进而发现，有的鸡产卵多些，有的鸡肌肉发达些。于是，有人喜欢产卵多的鸡，就选了产卵多的鸡作为种鸡，进行交配，繁殖后代，在后代中再选择产卵更多的鸡作为种鸡，同时淘汰产卵少的鸡。这样一代一代地向产卵多的方向人工选择下去，就形成了卵用鸡的品种。而根据同样的原理，对肌肉发达的鸡进行有选择的饲养，又会培育出肉多的食用鸡品种。

被人类驯化，用来产羊毛的绵羊。

退化

早期人类的牙齿比较发达，但随着火的广泛使用、社会的发展和食物的日益精细，现代人的牙齿已经变小了。这种由复杂到简单的发展过程，就叫退化。退化的思想最早可以追溯到古希腊的柏拉图，但柏拉图认为所有动物中人最先出现退化，其他动物都是人退化的产物，这显然是不合理的。

虽然退化是从发达向不发达演变，但退化往往会使生物更加适应自然环境，因此我们又称之为"倒退性进化"或是"简化式进化"。退化一般表现为器官的消失或部分残留。最明显的退化表现在寄生生物身上，比如寄生在肠道的绦虫，它的运动器官、感觉器官、消化器官就已全部消失，仅依靠体壁吸收营养，这种退化有利于绦虫的种族繁衍。

·超级视听·

会算数的小狗

穿越 ••••••

牛津大论战

1860年6月30日，在英国牛津大学，一些坚信"上帝造人"的宗教学说，难以相信"人是猿猴变来的"这一理论的学者和教会人士准备集中向达尔文的物种起源进化论"开火"。年轻的博物学家赫胥黎与神学主教展开了激烈的论战。主教当众讽刺赫胥黎："请问和猿猴生出孩子的是你的祖父还是祖母？"赫胥黎从容不迫地回击："一个人没有理由因为猿猴是自己的祖父而感到羞耻，真正感到羞耻的应该是那些用花言巧语和宗教情绪掩盖真理的人！"最后，赫胥黎在这场论战中获胜，赢得了"达尔文的斗士"的称号。

史前生物

在地球早期亿万年的漫长历史中，曾经出现了许多形态各异的史前生物，鳞木、三叶虫、菊石、总鳍鱼、恐龙、始祖鸟等，都是其中的代表。随着地球生态环境的变化，大部分史前生物都已灭绝，幸而它们中有少数"沉睡"在了化石中，让今天的人们知道了它们的存在，并对它们的样貌有了一定的了解。

各种史前植物

鳞木

鳞木是石松类中已绝灭的鳞木目植物里最有代表性的树木之一。早在3亿多年前的泥盆纪，鳞木就已出现。除了少数鳞木是草本植物外，大多数鳞木都是高大的乔木。鳞木的树干粗直，高度可接近40米，直径可达2米，树干的顶部有两个大枝杈，形成宽广的树冠。鳞木的叶子呈螺旋状排列，形成线形或锥形，长度可达半米。老叶脱落后，会留下鳞片状的叶基，"鳞木"这个名字也由此而来。鳞木的树皮非常厚，中柱则很细。它的中柱大约只占树干横切面的十分之一，所以不能像大多数乔木植物的中柱那样起到支撑的作用。而且由于鳞木的根入地不深，所以耐旱能力比较弱。因此，在二叠纪、三叠纪之交，地球的气候日趋干旱的时候，鳞木逐渐衰退死亡，最终彻底退出了历史舞台。

鳞木是石炭纪、二叠纪形成煤炭的重要原始物料。它们的化石在我国也很多，而且经常在煤田矿区被发现。

三叶虫化石

三叶虫

明代崇祯年间，有人在山东泰安的大汶口发现了一种包在石头里的怪物，因为它的外形很像展翅的蝙蝠，于是当时的人们叫它"蝙蝠石"。直到20世纪20年代，古生物学家进行研究后，才终于弄清楚，原来"蝙蝠石"就是三叶虫留下的身体局部化石。

三叶虫属于节肢动物门中的三叶虫纲，是约6亿年前的寒武纪就已出现的一种海洋生物。它们在晚寒武纪发展到高峰，一度遍布于世界各地的海洋，以至于有人把寒武纪称为"三叶虫时代"。泥盆纪时，三叶虫数量大减。到了约2.3亿年前的二叠纪末，它们完全灭绝。

三叶虫的身体分节，有带沟将身体纵向地分为中轴和两侧的侧叶共三个部分，"三叶虫"这个名字也由此而来。三叶虫的成虫一般身长3~10厘米，宽为1~3厘米。

三叶虫是最著名的化石动物之一，其化石广泛分布在世界各地，我国出土的三叶虫化石也很多。

三叶虫化石

大小各异的菊石化石

菊石

　　菊石属于软体动物门头足纲的一个亚纲，是一种已绝灭的海生无脊椎动物，生活于中奥陶世至晚白垩世，因表面通常具有类似菊花的线纹而得名。现代人有关菊石的知识，主要来自于形成化石的菊石壳体、口盖，以及对菊石在地层中的分布和保存状态的观察，还有菊石与现代海洋中生活的鹦鹉螺的对比。

　　菊石的壳体是一个以碳酸钙为主要成分的锥形管，这是它为自己建造的小窝。锥形管壳体的始端细小，通常呈球形或桶形，称为胎壳。绝大多数菊石的壳体以胎壳为中心，在一个平面内旋卷。根据旋卷程度的不同，壳体可以分为松卷、触卷、外卷、半外卷、半内卷和内卷等，也有少数壳体不旋卷，而是呈直壳、螺卷或其他不规则的形状。此外，菊石的壳口还覆盖着口盖。口盖有单瓣的单口盖、双瓣的双口盖，也有由双瓣融合而成的合盖。口盖的化石与菊石壳体的化石通常是分离的，带有口盖的菊石化石十分稀少。

　　菊石的化石均产于浅海沉积地层中，并与许多海生生物的化石共存。菊石是推算岩石年代最有用的化石。侏罗纪和白垩纪的大部分时期，就是人们通过分析菊石化石而获知的。

菊石和鹦鹉螺是近亲

甲胄鱼

　　甲胄鱼是最早的水生鱼形脊椎动物之一，出现于近5亿年前的奥陶纪，在志留纪和泥盆纪时发展到最兴盛，约在3.5亿年前灭绝。虽然是脊椎动物，但甲胄鱼却没有骨质性脊柱。它也没有上、下颌，所以嘴巴不能自由开合。甲胄鱼身体前部的体表大多都具有骨板或鳞甲，它们就像古代武士的铠甲一样保护着甲胄鱼的身体。甲胄鱼的体型大小不一，小的只有几厘米长，大的有几十厘米长。多数甲胄鱼生活在淡水中，因为没有成对的鳍，所以它们在水底过着爬行生活，靠吮吸的方式在水底觅食。部分鳍甲类甲胄鱼的游泳能力比较强，能在水层表面取食。

甲胄鱼

总鳍鱼

总鳍鱼

　　总鳍鱼是硬骨鱼纲肉鳍鱼类的化石种类和现生种类的统称。被大多数学者认为是四足动物祖先的骨鳞鱼，就是总鳍鱼的一种。

　　总鳍鱼的化石种类有两个偶鳍、两个背鳍，还有厚的、斜方形的齿鳞。总鳍鱼偶鳍的构造较为特殊，偶鳍的基部有发达的肌肉，而且鳍内骨骼的构造和现代青蛙四肢骨骼的构造十分相似。这种肉质的、强有力的偶鳍不仅能用来游泳，也能用来支撑身体，因而使得总鳍鱼能够在陆地上爬行。在晚泥盆世，总鳍鱼开始登上陆地。这时的总鳍鱼已经具有了类似于原始肺的器官，它们能用鳔（肺）直接呼吸空气。地质史和已发掘的化石证明，总鳍鱼很有可能进化成了古代的两栖类动物。

　　总鳍鱼至少包括扇鳍鱼类和空棘鱼类两种。扇鳍鱼类在早二叠世末期已经绝灭。人们一度以为另一类总鳍鱼——空棘鱼类也绝灭了。但是，1938年，人类惊喜地在南非东海岸的印度洋水域，发现了空棘鱼类残存至今的现生代表——矛尾鱼。矛尾鱼也因此有了"活化石"之称。

穿越 ●●●●●●

史上规模最大的灭绝

　　全球性的集群大灭绝共有五次，分别发生在晚奥陶纪、晚泥盆纪、晚二叠纪、晚三叠纪和晚白垩纪。其中，大约2.5亿年前，二叠纪末期的生物大灭绝，是地球历史上规模最大的一次灭绝。在这次大灭绝中，海洋生物中大约一半的科级单元生物都已不复存在，而种级单元的生物更是有90%以上都灭绝殆尽。陆地上的大量植物和动物也都先后神秘消失。曾经无比繁盛的海洋和陆地，几乎陷入死寂。关于这次大灭绝的原因，有许多研究者都提出了猜想。有人认为陨石是罪魁祸首，也有人认为是海洋缺氧导致了这幕空前的惨剧。

盾皮鱼

蜥螈

蜥螈又叫赛姆螈，因其化石采自美国得克萨斯州赛姆城的二叠纪早期地层而得名。蜥螈最早出现在石炭纪，后来主要生活在二叠纪。

蜥螈是一类结构上介于两栖类和爬行类之间的小型四足动物。它们的头骨结构很像坚头类动物，头骨卜有耳凹，颈特别短，脊柱分区不明显，这些特征都与古两栖类动物相似。但是蜥螈的头骨有单个的枕骨髁，前、后肢不是两栖类动物的四趾，而是五趾，各趾的骨节数也比两栖类动物多。此外，它们腰部与四肢的骨骼均较为粗壮，适于陆地爬行。这些特点又使蜥螈与爬行类动物非常相似。正是由于身体的这些特征，蜥螈被认为是两栖动物向爬行动物过渡的中间类型。

蜥螈的化石

始祖马

马并不是从一开始就像今天这样高大的。在远古时代，马的身高不到30厘米，身长也只有60厘米左右，体型几乎和狐狸差不多。那时候的马叫始祖马，又名始马。这种马的化石主要发现于北美洲和欧洲，它被公认为是现代马的祖先。

始祖马生活在大约5500万年前，它们栖息于温暖、潮湿的草丛和灌木林中，以草和嫩叶为食。它们体型较小，有利于在生存环境中隐藏自己，从而躲避天敌的袭击。始祖马身体灵活，但与现代马的奔跑速度相比，它们的速度只能用"慢吞吞"来形容。

盾皮鱼

盾皮鱼是一种已绝灭的原始有颌鱼类，也是鱼类中种群比较庞杂的一大类群。它们出现在志留纪，在3.8亿年前的泥盆纪曾盛极一时，最后消失在泥盆纪的末期。

盾皮鱼是最早出现的鱼类之一。它们最典型的特征是长有头甲和躯甲，并由颈部的一对关节连接这两部分。盾皮鱼的头甲和躯甲由一定数量的盾形大骨片组成，骨片上有圆粒状、网状或放射状等不同形状的花纹。一般来说，它们头甲上的骨片连接得比较紧密，而躯甲上的骨片则较为松散。盾皮鱼已经有了上、下颌，所以嘴巴能自由开合。另外，它们还长有不同类型的鳃盖和比较发达的偶鳍。盾皮鱼的体长通常不到1米，躯甲之后的部分长得比较像现代鱼，尾巴比较细长，末端上翘，很像鲨鱼的尾巴。大多数盾皮鱼因为身上有沉重的盾甲，所以游泳能力不强，只能在水底觅食。不过盾皮鱼中也有一类生活在中上层水域，是敏捷的掠食者。

· 超级视听 ·

剑齿虎时代

盾皮鱼坚硬的骨甲易于成为化石，其化石对生物研究很有价值。

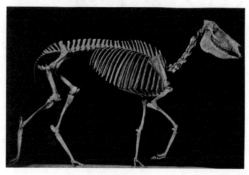

始祖马的化石

剑齿虎

　　剑齿虎长着一对长长的牙齿，最长的牙齿可达20厘米，简直像一把利剑，"剑齿虎"这个名字也由此而来。

　　虽然剑齿虎常被误认为是长着獠牙的狮子，但它其实与狮子大不相同。剑齿虎的体型超过现生最大的狮子和老虎，而且体重也比现在的狮子重不少；剑齿虎的后腿和尾巴都非常短小，比起狮子，更像是一只体格健壮的熊。剑齿虎主要以大型食草动物为食。捕食时，它用那像剑一般锋利的牙齿撕咬猎物的身体，能使猎物因大量出血而死亡。

　　剑齿虎生活的时代，正处于气候寒冷的第四纪冰川时期。它们存活的时间很长，早期主要生活在北美洲、欧洲和非洲，后来亚洲、南美洲也有了它们的身影，在我国也有大量化石出土。但是可能由于气候变化和人类的猎杀等原因，剑齿虎在大约公元前1万年时消失了。

　　美国洛杉矶有一座化石公园，这座公园原先是一片沥青湖。人们在湖上挖铺路的沥青时，偶然发现湖中埋藏有剑齿虎的化石。从1875年发现第一块化石开始，这里至今已挖出了2000多具剑齿虎的化石。有趣的是，2000多具剑齿虎化石中，年幼的剑齿虎只占16.6%，而青壮年的却占82.2%，这表明这些剑齿虎是因为在捕食时陷入沥青湖，从而遭到灭顶之灾的。

云南澄江动植物化石群保护区曾发现过完整的奇虾化石。图为保护区里介绍奇虾的展示牌。

奇虾

　　奇虾又叫奇怪的虾，在中国、美国、加拿大、澳大利亚的寒武纪沉积岩中均有发现。光是奇虾的粪便化石，就长约10厘米，粗约5厘米。人们由此推测：奇虾可能是已知最大的寒武纪动物之一，其体长可能超过了2米。奇虾有一对带柄的巨眼，一对分节的、用于快速捕捉猎物的巨型前肢，还有一个美丽的大尾扇和一对长长的尾叉。它虽不善于行走，但能快速游泳。

　　奇虾是一种攻击能力很强的食肉动物，它那直径约有25厘米的巨口，能有效帮助它掠食。它还有锋利的牙齿，对有外甲的动物也能构成很大威胁，比如三叶虫虽然坚硬无比，但奇虾的粪便化石中却发现了三叶虫的碎片。

奇虾的名字里虽有"虾"字，但它实际上和现代的虾没有任何亲缘关系。

在电影《冰河世纪》里也出现过剑齿虎

不同种类的恐龙体型和性情差异很大

恐龙

　　生物史上最引人注目的已绝灭的动物，大概就是恐龙了。恐龙由晚三叠世或中三叠世的假鳄类动物进化而来，在晚白垩世灭绝，在地球上生活了约1.6亿年。

　　恐龙是中生代的优势陆栖脊椎动物，在侏罗纪与白垩纪发展得最为繁盛，这一时期由此也被称为"恐龙时代"。在电影《侏罗纪公园》中，恐龙肆意狂奔、择人而食的样子令人恐惧。因此，人们一提到恐龙，脑海中往往就会浮现出它们张牙舞爪的残暴形象。其实，恐龙中也有很温驯的种类，比如雷龙虽然是恐龙中最大的种类之一，有的雷龙甚至身长达30米以上，有6层楼那么高，但它们却只吃草或树叶，性情十分温顺。

　　我国是世界上少有的几个恐龙化石十分丰富的国家之一。云南禄丰、四川自贡等不少地方都出土了许多恐龙化石。

棘龙是最大的肉食性恐龙。它们身长16～19米，重16～26.5吨。

原角龙生蛋时往往是几只雌龙共用一个窝，大家轮流着一圈一圈地产蛋。

三角龙是角龙的一种。它的鼻子上有一只角，很像犀牛，眼睛上有两只角，又很像牛。这三只角是三角龙"打架"时的有力武器。

角龙生活在恐龙灭绝前夕的白垩纪晚期，它们因此也被称为"末代骄子"。

霸王龙的牙齿长度可超过30厘米。霸王龙因此也成了牙齿最长的恐龙之一。

始盗龙是最古老的恐龙之一，它们生活于三叠纪的晚期。

异特龙是一种凶猛可怕的食肉恐龙，它的大嘴可以一下子吞下一头小猪。它的牙齿全都向里弯曲，猎物一旦被它咬住，就休想逃出来。

腕龙是最大的蜥脚类恐龙之一，体重达30～50吨，几乎是非洲象的12倍！它长长的脖子令其可以吃到高达15米的树上的叶子，这是长颈鹿能够到的树枝高度的近2倍。

猛犸

　　猛犸又叫猛犸象、长毛象，它们身躯高大，体披长毛，有粗壮的腿，头特别大。一对长而粗壮、向后弯曲并旋卷的大牙齿，堪称是它们身上最醒目的标志。猛犸以群居为主。与现代象不同，它们并非生活在热带或亚热带地区，而是生活在寒冷的高纬度地区，比如生活在北半球的猛犸不仅身上披着浓密的长毛，皮也很厚，皮下还有一层厚厚的脂肪，因此极其耐寒。在更新世，猛犸广泛分布于包括我国东北部在内的北半球寒带地区。

　　猛犸曾是石器时代人类的重要狩猎对象。在欧洲许多洞穴遗址的洞壁上，常可以看到早期人类所绘制的猛犸的画像。一直到几千年前，猛犸才彻底灭绝。在阿拉斯加和西伯利亚的冻土和冰层里，人们曾多次发现猛犸被冷冻的尸体。

冰河时期的猛犸

始祖鸟

　　1860年，一名德国的石矿工人在一块有1.5亿年历史的古老岩石中，发现了一块珍贵的化石，上面有一片羽毛的印痕。这块羽毛化石是当时人类已知最早的、与鸟类有关的化石，它引起了全世界科学界的轰动。人们随后又找到了这种动物骨架的化石，可惜化石中没有头骨。在不懈的努力下，科学家们终于找到了一块有这种史前动物完整骨骼的化石。

　　化石中的这种动物的骨骼与爬行动物十分相似，而且有尖利的牙齿，掌骨和指骨也彼此分离而没有愈合。这些使不少人认为这种动物属于爬行动物。但是，它同时又长有鸟类的羽毛。所以，在它究竟是鸟类还是爬行动物的问题上，不同的人一直持有不同的意见。这种半爬行动物、半鸟类的动物也因此一直被看成是介于爬行动物和鸟类之间的过渡类型，还有很多科学家认为这种动物能证明鸟类起源于爬行动物。后来，科学家们为这种动物取了一个名字——始祖鸟。

　　始祖鸟的大小与乌鸦接近，它虽然具有鸟类的羽毛，但从它那类似爬行动物的骨骼构造来看，它不具备高超的飞翔能力，也许只会低空、短距离滑翔。

始祖鸟化石

始祖鸟有一条多节尾椎组成的长尾

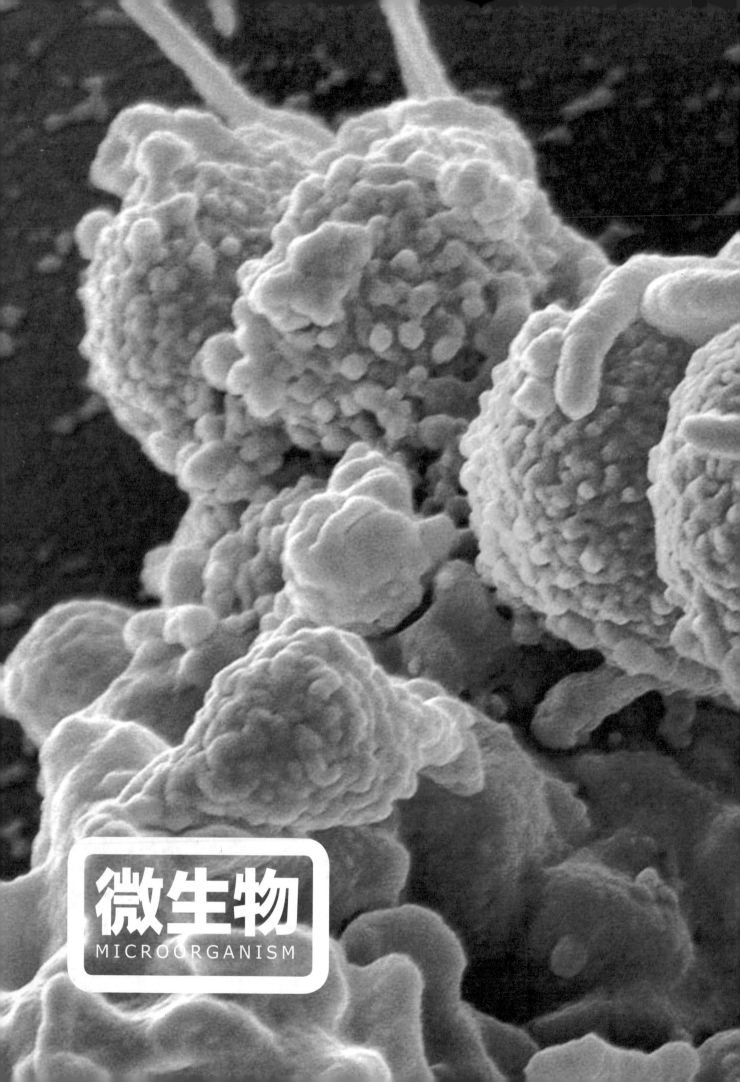

微生物
MICROORGANISM

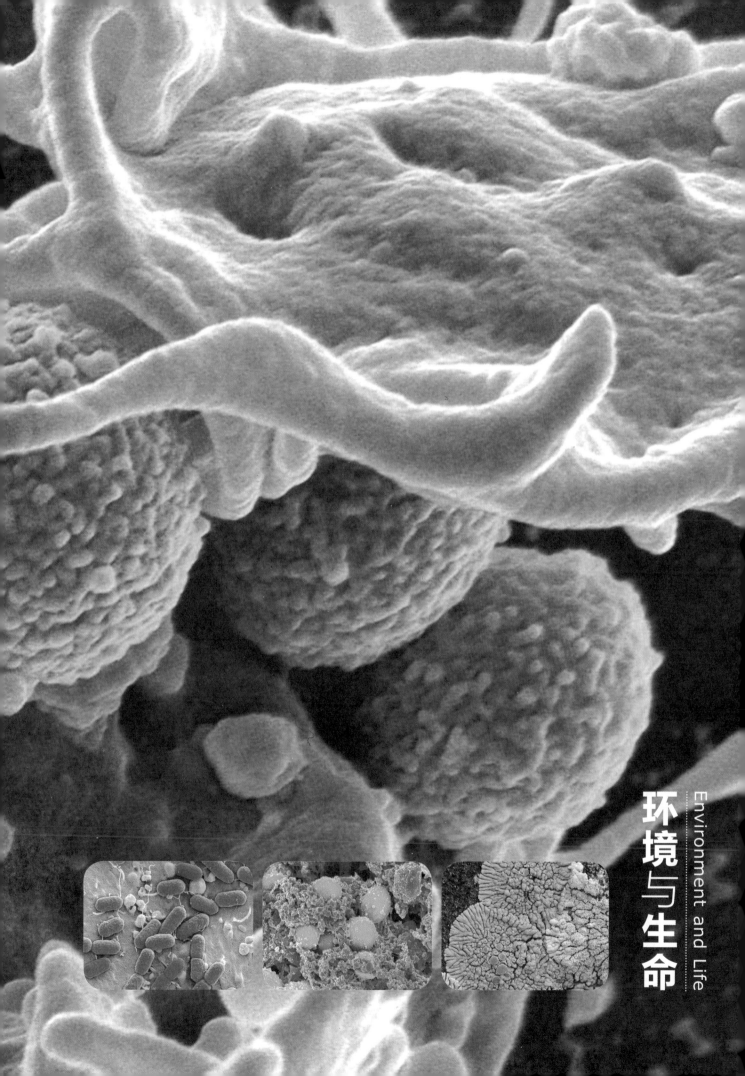

环境与生命

Environment and Life

古菌和细菌

肉眼看不见或看不清的微小生物，就是微生物。微生物非常微小，一般需要借助于显微镜才能看到。它们生长和繁殖的速度非常快，又很容易发生变异，所以在自然界中种类很多，数量庞大。微生物大家庭的成员包括细菌、放线菌、真菌、病毒、立克次氏体、支原体、衣原体等。其中，古菌可能是地球上最古老的生命体；细菌则广泛存在于生物圈中，堪称是人们最熟悉的微生物。如今，随着科学技术的发展，古菌在工业生产和生物科技中的潜在用途引人注目。而对于细菌的生命活动，人类更是很早开始便已有所察觉。酿酒、制酱、腌菜等，都是人类对细菌的应用。

古菌

古菌又叫古细菌、古生菌。它是一种原核生物，呈球形、杆形、螺旋形等形状。虽然从形态上看，古菌和细菌非常相似，但在细胞构成、遗传、系统进化等方面，古菌却与细菌有本质的区别。

很多古菌都生存在温度极高的间歇泉、海底热泉等高温、高压、高盐、严格厌氧的极端环境中。由于古菌生存的极端环境非常接近远古时代地球的环境，所以不少科学家认为古菌很可能就是地球最原始的生命。

有古菌生存的岩石

细菌

细菌是一种单细胞的原核生物，直径只有千分之一毫米左右。细菌的数量和种类非常多。广义的细菌包括放线菌、支原体、衣原体、立克次氏体和螺旋体。它们有球状、杆状和螺旋状等形状，分别叫球菌、杆菌、螺菌等。细菌存在的范围非常广泛，土壤、空气、水中……到处都分布有细菌，各种动植物的体表或体内也都共生、寄生或附生着各种细菌。细菌对维持地球的生态平衡有不可替代的重要作用。自然界中，危害人类的细菌其实只是一小部分，绝大多数细菌对人类是无害的。

根瘤菌

在自然界中，我们经常能见到豆科植物的根上有瘤状的突起，这就是根瘤。土壤内的根瘤菌经由根毛侵入根的皮层，根上便会产生根瘤。根瘤菌是细菌的一种，它最大的特点就是具有固氮作用。通过固氮作用，根瘤菌可以固定大气中的氮素，为植物提供进行光合作用所必需的氮元素；与此同时，根瘤菌也能从植物的根中获取自己生存所需的营养物质，从而与植物互惠互利，共同生存。

根瘤菌不仅能使豆科植物高产，有根瘤的根系或残株遗留在土壤内，也能提高土壤的肥力。利用这个原理，人们还制成了根瘤菌肥。

豆科植物的根瘤

厌氧菌

厌氧菌是一类生长过程中不需氧气或仅需少量氧气的细菌。人体末端回肠和结肠肠道中的多数细菌，都是厌氧菌。现在人们所了解的厌氧菌，大多也都是这些定居在人体内的菌群。

厌氧菌可以引起人体任何部位或器官的感染。人们常提起的破伤风杆菌和肉毒杆菌，都是厌氧菌。其中，破伤风杆菌能够通过伤口侵入人体，引起感染，导致破伤风病；肉毒杆菌则能产生毒素，毒素进入人体后，甚至会致人死亡。

穿越 ●●●●●●

第一个看到细菌的人

说到微生物学，就不得不提荷兰显微镜学家列文虎克。他是世界上第一个用放大透镜看到细菌和原生动物的人，也是微生物学的开拓者。尽管幼年没有受过正规教育，但列文虎克凭借自己的勤奋和天赋，磨制出了远超时代水平的透镜，从而观察到了细菌等微生物，并指出在所有露天积水中都可以找到微生物。此外，他还精确描述了红细胞，证明了毛细血管的存在。由于他划时代的杰出成就，包括英国女王、俄国彼得大帝在内的很多名人都曾访问过他。

大肠杆菌

大肠杆菌是大肠埃希氏菌的一种。它们主要寄生于大肠内，是人和动物肠道中最著名的细菌之一。大肠杆菌的菌群数量常被用来作为判断饮水、食物或药物是否卫生的标准。饮用受污染的水，或是进食未熟透的肉，都可能感染大肠杆菌，引发胃疼、呕吐、急性腹泻等症状，严重时甚至能致命。

乳酸菌

凡是能从葡萄糖或乳糖的发酵过程中产生乳酸的细菌，都统称为乳酸菌。乳酸菌是一种广泛存在于人和其他动物的肠道内的细菌，能够帮助消化，防止致病细菌在肠壁上生存繁殖，有助于肠道的健康，因此被视为有益菌类。乳酸菌常被添加在酸奶等饮品之中，以改善风味，增加营养。此外，奶酪、泡菜、酱油等食品和调味料的制造，也离不开乳酸菌。

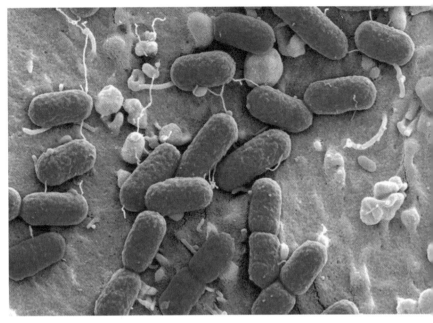

杆状的大肠杆菌

显微镜下的乳酸菌

金黄色葡萄球菌

金黄色葡萄球菌是最常见的葡萄球菌之一。显微镜下的金黄色葡萄球菌呈葡萄串状，没有鞭毛。

这种细菌在自然界中无处不在，很容易通过食品进入人体，引起病变。金黄色葡萄球菌常常会引起化脓性感染，比如皮肤感染、关节炎、肺炎、心内膜炎、败血症等。有时人会食物中毒，也是因为金黄色葡萄球菌在作祟。

肺炎链球菌

肺炎链球菌是链球菌科的一种球状细菌，常成对或成短链状排列。1881年，人们首次从痰液中分离出这种细菌，发现了它的存在。肺炎链球菌在自然界中分布广泛，它常生活在人的鼻腔中，多数不致病或致病力很弱，少数致病力较强，能引发肺炎、支气管炎等疾病。

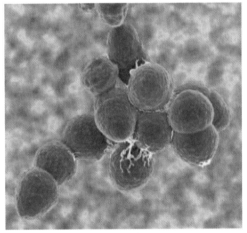

肺炎链球菌

巴氏消毒法

巴氏消毒法是法国人巴斯德于1865年发明的。这种方法要求让食物在62℃~66℃的状态下被加热30分钟，或是在72℃以上的状态下被加热至少15秒。通过这种方法，不耐热的细菌能被全部杀灭，食物的营养和天然风味也不会受影响。巴氏消毒法常用于啤酒、血清蛋白等液体的消毒，并已成为世界通用的牛奶消毒法。

金黄色葡萄球菌

真菌

真菌具有真正的细胞核，能产生孢子，可以进行有性或无性繁殖，但没有叶绿素，是一类不能进行光合作用的古老生物类群。真菌家族的成员广泛分布于全球各地的土壤、水体、空气、动植物及其残骸中。真菌与我们的生活关系非常密切，我们吃的蘑菇、银耳、黑木耳等都是真菌；制造药品、生产食品时，常会让真菌参与发酵；气候潮湿时，衣物、家具会长"白毛"，水果、蔬菜、仓库里的粮食会腐烂变质，这些也都是真菌造成的。

蘑菇是真菌中的一个大类群

酵母

酵母通常生活在含糖量高、酸度较大的水生环境中，在水果、蜜饯的表面和果园的土壤中最为常见。它是典型的真核生物，能进行有性繁殖和无性繁殖，细胞直径比细菌大至少10倍。千百年来，人类的生活几乎已经无法离开酵母菌。最典型的酵母菌是酿酒酵母，它在酒的生产过程中至关重要。另外，酵母菌还能制成干酵母粉，用来发酵面包、蛋糕等。

穿越 ••••••

青霉素与皮试

青霉素类抗生素的毒性很小，但却很容易引起过敏反应。

不少患者被注射青霉素类药物后，会产生皮疹、发热、血管性水肿、休克等过敏反应，如果抢救不及时，甚至会死亡。所以医生在给我们注射含有青霉素的针剂前，都会给我们做皮试，目的就是检验我们是否对青霉素过敏。一旦出现青霉素过敏的症状，就不能用青霉素类药物。在换用不同批号的青霉素时，也需要重新做皮试。

酵母菌

青霉菌

青霉菌呈灰绿色，常见于腐烂的水果、蔬菜、肉食及衣物上。一些青霉菌可提取青霉素，青霉素对某些微生物引起的人体感染，如气管炎、肺炎等有比较显著的疗效。因此人们用某些青霉菌制成青霉素药剂，将其广泛运用到了临床治疗中。第二次世界大战中，青霉素药剂拯救了无数伤病员和败血症患者的生命。

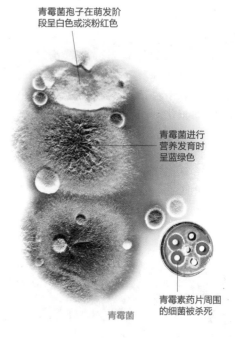

青霉菌孢子在萌发阶段呈白色或淡粉红色

青霉菌进行营养发育时呈蓝绿色

青霉素药片周围的细菌被杀死

青霉菌

食用菌

在潮湿的树林和葱绿的草地上，常可以看到蘑菇。其中不少蘑菇可供人们食用，这些可以吃的蘑菇连同其他种类的一些可食用的大型真菌，被统称为食用菌。全世界的食用菌约有500种。山区森林中食用菌的种类和数量通常较多，有香菇、木耳、银耳、猴头菌、牛肝菌等。在田头、路边、草原和草堆上，也常生长有草菇、口蘑等食用菌。食用菌不仅味道鲜美，而且营养丰富。我国是最早栽培食用菌的国家之一，如今食用菌的产量也是世界第一。

黑木耳　　　侧耳　　　滑菇

灵芝　　　银耳　　　口蘑　　　美味牛肝菌

各种食用真菌

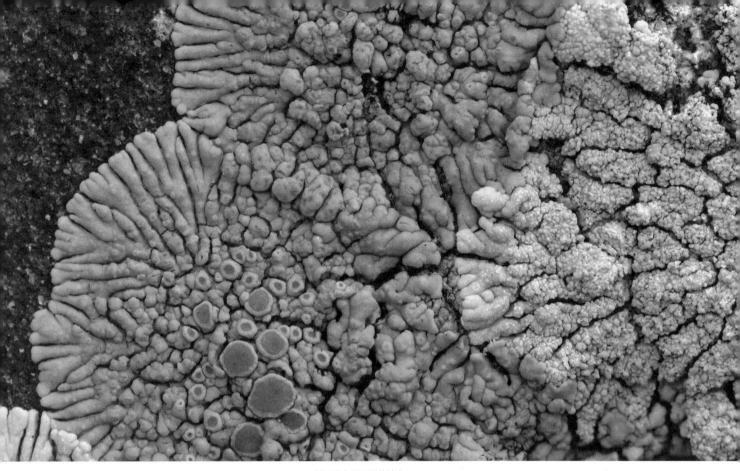
岩石上色彩斑斓的地衣

地衣

　　人们常以为地衣是一种单一的植物，这其实是一种错误的认识。地衣是由真菌和藻类生物共生在一起形成的有机体。在这个复杂的共生体中，菌类吸收水分和养分，藻类则通过光合作用制造营养成分，两者构成了稳定、互惠的完美共生关系。自然界中的地衣有1.35万～1.7万种。从海滨到高原，从沙漠到森林，从潮湿的地面到干燥的岩石，到处都可以看到黄绿色、浅绿色、灰色、砖红色、褐色、黄色等颜色的地衣。

　　地衣一般在干旱时休眠，在雨后复苏。它的耐寒性很强，因此在高山带、冻土带和两极的恶劣环境下也能生存。它体内的地衣酸有腐蚀作用，能将岩石溶解，形成土壤，因此在原始土壤的形成过程中发挥着重要的作用。科学家们常通过地衣对岩石表面的腐蚀程度，来推测和判断冰川活动的时间，以及古文物遗迹的年代。地衣的营养价值也很高，内含多种氨基酸、矿物质。人们食用和药用地衣的历史非常悠久。皮果衣、老龙皮、松石蕊、雀石蕊、石耳、树花、长松萝、风滚地衣等，都是可食用的地衣。其中，石耳是著名的山珍，可以用来炖、炒、烧汤、凉拌，不仅味道鲜美，而且营养丰富。此外，不少地衣还是饲养鹿和麝等动物的良好饲料。

兜状地衣

生长在针叶林下的枝状地衣

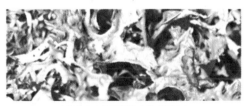
生长在坚硬潮湿地面上的叶状地衣

生长在岩石上的叶状地衣

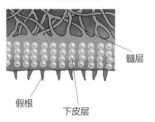
异层地衣的内部结构

髓层

假根　　下皮层

病毒

病毒是微生物世界中的一个"小个子"家族。它们比最小的细菌还要小100多倍，在一般的光学显微镜下根本看不到，只有在能放大几万倍到几十万倍的电子显微镜下才能看到。病毒的结构比细菌简单得多，它们整个身体里仅含有一种核酸，没有细胞结构。它们不能单独生存，必须在其他生物的活细胞中过寄生生活，因此各种动植物的细胞，便成了各种病毒寄生的"家"。

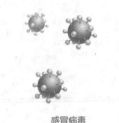

感冒病毒

埃博拉病毒

噬菌体

顾名思义，噬菌体就是能"捕食"细菌的病毒。它以细菌为宿主，能侵入细菌体，使细菌体裂解。噬菌体广泛存在于自然界，凡是有原核生物的地方，几乎就都有它们存在。噬菌体有时有益，因为它会"吃"掉某些人体内的病菌，起到治疗的作用；噬菌体有时也有害，因为它可能会"吃"掉一些有益的细菌。

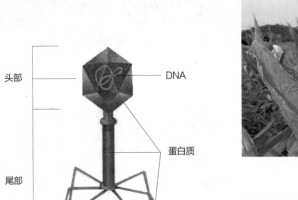

头部 —— DNA

尾部 —— 蛋白质

噬菌体结构图

染很多种植物。植物病毒与其他病毒最大的不同就是：它不能主动侵入植物细胞，只能通过植物受伤产生的创口进入植物细胞。植物被植物病毒感染后，会出现叶子变黄、植株畸形和坏死等症状。不过，有趣的是，荷兰杂色郁金香这一新品种，恰恰是通过郁金香碎色花病毒培植出来的。

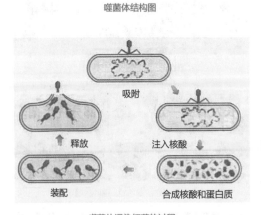

染上了病毒的玉米

烟草花叶病毒

烟草花叶病毒是一种专门感染烟草、番茄等植物的病毒。在显微镜下看，烟草花叶病毒呈杆状。感染这种病毒后，植物会得花叶病，叶片上会出现斑驳的花斑并产生畸形，烟草花叶病毒名字里的"花叶"二字正是由此而来。由于被这种病毒感染后，植株生长会陷入不良状态，所以人们目前会通过选用耐病的植物品种和加强田间管理等方式，来防治烟草花叶病毒的感染。

感染烟草花叶病毒的叶片

穿越 ●●●●●●

木马病毒

木马病毒是最著名的计算机病毒之一，也是杀伤力最强的计算机病毒之一。"木马"这个名字，来自特洛伊木马的故事。相传，古希腊军队想攻下特洛伊城，却因为特洛伊城防守严密，十年都没有攻破。后来，希腊人想到一个办法，他们把一批士兵藏在一匹巨大的木马的腹内，然后把木马放在特洛伊城外，再佯装退兵。特洛伊人以为敌兵已退，就把木马作为战利品搬入城中。到了夜里，埋伏在木马中的士兵跳出来，从内部攻下了特洛伊城。

木马病毒和传说中的特洛伊木马一样，也常将自己伪装成不具危险性的程序，吸引用户下载，然后在用户的计算机中进行破坏。

吸附

释放 —— 注入核酸

装配 —— 合成核酸和蛋白质

噬菌体浸染细菌的过程

植物病毒

植物病毒是能感染植物的病毒，它有棒状、线状和球状等形态。一种植物病毒可以感

动物病毒

同针对植物的植物病毒一样，有一种病毒也是针对动物而存在的，这就是动物病毒。大多数的人类传染病都是由动物病毒引起的，恶性肿瘤中也有不少是由于感染动物病毒而诱发的；对畜、禽等动物来说，病毒病也极其普遍，猪瘟、牛瘟、鸡瘟等，几乎都是动物病毒引起的。

动物病毒导致的人类常见病有流行性感冒、肝炎、疱疹、狂犬病和艾滋病等。值得注意的是，许多动物病毒感染导致的病毒病都是人畜共患病，比如狂犬病、禽流感、疯牛病、口蹄疫等。所以我们应当避免被动物抓伤、咬伤，不吃没有完全煮熟的肉类，防止与动物相互感染。

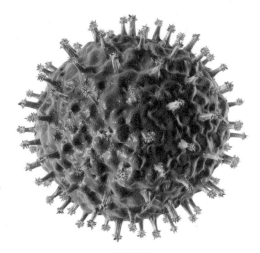

禽流感病毒

H1N1禽流感病毒

H1N1型流感病毒是禽流感病毒的一种亚型，它引起的严重疾病大多发生于家禽和宠物身上，很少直接在人类身上出现。但经鸟类和以犬科动物为主的哺乳动物传播后，这种病毒的结构会改变，从而获得感染人类的能力。人感染这种病毒后，会出现发热、咳嗽等症状，重者可能会呼吸衰竭、器官受损，最终死亡。2009年，墨西哥爆发H1N1疫情，病毒很快就传播到全世界，我国也有不少患者感染。

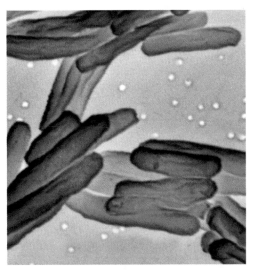

肺结核病毒

天花病毒

天花病毒会使人患上天花。天花是一种烈性传染病，也是到目前为止，在世界范围被人类消灭的第一种传染病。这种病曾是世界上传染性最强的疾病之一，没有患过天花或是没有接种过天花疫苗的人，不分男女老幼，均能感染天花。目前人类仍没有找到治愈天花的有效办法，只能通过接种疫苗来克制天花病毒。

天花病毒主要通过吸入飞沫或直接接触的方式传播。一旦感染这种病毒，病人会很快发病。发病时，病人最初会有头痛、发冷、高热等症状，随后皮肤上会出现大片的斑疹、丘疹、疱疹等，病死率很高。通过接种疫苗来预防天花的方法由来已久，唐代名医孙思邈就曾把取自天花口疮中的脓液敷在皮肤上，以此来预防天花。经过人类的共同努力，联合国世界卫生组织终于在1980年宣布：全世界已经消灭了天花。

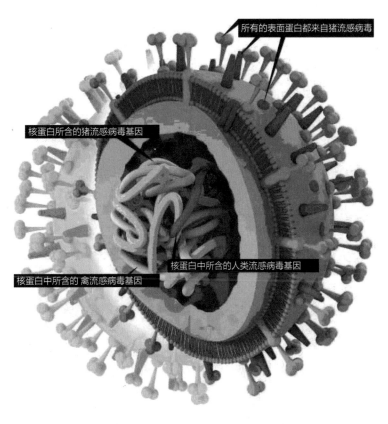

所有的表面蛋白都来自猪流感病毒

核蛋白所含的猪流感病毒基因

核蛋白中所含的人类流感病毒基因

核蛋白中所含的 禽流感病毒基因

甲型H1N1流感病毒模式图

植物
PLANT

环境与生命 Environment and Life

植物的根和茎

植物的根和茎是植物吸收、运输营养物质的主要器官。根通常向下生长，它的最大作用，就是吸收营养物质，并把植物的身躯牢牢地固定在土壤里。茎的生长方向与根相反，一般都是向上生长。除了纵向生长使植物长高外，茎还能横向生长，使植物变粗。此外，茎还有向光生长的特点，它会偏向有阳光的一侧生长，从而使植物的叶子更多地照射到阳光，以完成光合作用。

·超级视听·

植物中的"蟒蛇"

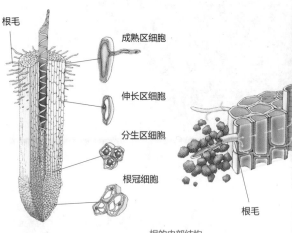

根毛
成熟区细胞
伸长区细胞
分生区细胞
根冠细胞
根毛

根的内部结构

根系

一株植物地下部分的根的总和，称为根系。根系是由植物种子的胚根发育而来的。其中，胚根细胞分裂形成的、向下垂直生长的根叫主根。当主根生长到一定长度后，会在一定部位的侧面长出侧根。另外一些在主根和侧根之外的部位长出来的根，则被统称为不定根。

能明显看出哪个是主根，哪个是侧根的根系叫直根系，松树、大豆的根系都是直根系；主根和侧根看上去没有明显区别，或是根系全部由不定根组成的根系，叫须根系，小麦、水稻和葱的根系都是须根系。

葱的须根

变态根

为了适应不同的生长环境、发挥特殊的生理功能，有些植物的器官会产生形态结构上的变异，这种现象叫变态。根、茎、叶都有可能会变态。其中，根的变态有贮藏根、气生根和寄生根三种主要类型。

植物的贮藏根着生于地下，这种根的根体比较肥大，里面含许多营养物质，有贮藏的作用，贮藏根的名字正是由此而来，比如胡萝卜和红薯的根都是贮藏根。生长在地面上的根统称为气生根，常见的气生根有支柱根、攀缘根和呼吸根三种。生长在沿海地带的红树，其根系中的一部分会向上生长，伸出水面，挺立于空气中进行呼吸，这种根就是典型的呼吸根。寄生根则是有寄生习性的植物的根。这种根着生于其他植物的地上茎干或根部，靠吸收寄主植物的营养而生存。

穿越 ●●●●●●

树干为什么都是圆柱形的？

树干长成圆柱形，是为了适应环境的需要。首先，树木高大的树冠的重量全靠一根主干支撑，特别是硕果累累的果树，必须有强有力的树干支撑，才能维持生存，而圆柱形的树干具有最大的支撑力。其次，在外表面积相同的情况下，截面是圆形时面积最大。圆形树干中维管组织的数量，要比其他形状的树干中维管组织的数量多，这样圆形树干输送水分和养料的能力就更大，更有利于树木的生长。另外，如果树干是有棱角的，容易受到损害，而圆柱形树干就好多了。狂风吹打时，尘沙等杂物很容易沿着圆的切线方向掠过树干，使树干较少受到伤害。

红树的呼吸根

木质茎

茎是植物生长在地面以上部分的主干。茎内部木质化细胞多，木质部分发达的茎，叫木质茎。木质茎质地坚硬、茎干粗大，直径达50厘米的不在少数，最普通的直径往往也在15厘米左右。具有木质茎的植物，叫木本植物。根据植物的高度、分枝部位等方面的不同，木本植物又分为乔木、灌木和半灌木。其中，乔木高大挺拔，是森林的主角；灌木的主干不太明显，分枝多，呈丛生状态；半灌木则介于乔木和灌木之间。

高大挺拔的乔木的茎都是木质茎

草质茎

攀缘茎能沿支柱攀缘生长

与木质茎相反，内部的木质化组织少，木质部分不很发达的茎，叫草质茎。草质茎一般是绿色，质地柔软，没有木质茎粗壮。

具有草质茎的植物，被称为草本植物。根据生长期限的不同，草本植物可分为一年生、二年生和多年生三种。一般来说，裸子植物只有木质茎，单子叶植物大多是草质茎，而双子叶植物既有木质茎，也有草质茎。

有趣的是，植物茎的类型并不是固定不变的。有些植物在某一地区是一年生的草质茎，在另一地区却能成为多年生的木质茎，比如番茄和蓖麻的茎在温带较冷的地区是一年生的草质茎，但在热带地区却是多年生的木质茎。

变态茎

多数植物的茎是圆柱形的，但为了适应环境，植物的茎也会发生变异，从而产生了变态茎。变态茎分为地下变态茎和地上变态茎两类。常见的地上变态茎有卷须茎、刺状茎、肉质茎等，比如葡萄的茎就是卷曲茎，蔷薇的茎就是刺状茎，仙人掌的茎就是肉质茎；常见的地下变态茎有根状茎、球茎、块茎、鳞茎等，比如荸荠的茎就是球茎，马铃薯的茎就是块茎，大蒜的茎就是鳞茎。

我们吃的马铃薯就是它长在地下的块茎

茎繁殖

植物的茎除了具有支撑植株、运输营养和贮藏营养的作用外，还具有繁殖的功能。茎主要是通过形成不定根和不定芽的方式进行无性繁殖的。自然状态下的茎繁殖大多以地下茎的繁殖为主，而人工茎繁殖则以扦插、压条和嫁接等培养地上茎的方式进行。利用地上茎进行繁殖，能缩短植物的生长期，使植物提前开花、结果。仙人掌、柳树、草莓等，都是可以进行茎繁殖的植物。

年轮

大树被砍倒之后，人们能在树干的断面上看到一圈圈疏密不同的纹理，这就是树木的年轮，也叫生长轮。树木的年轮是怎么形成的呢？原来，在树木的茎干中，有一层相当活跃的形成层细胞，它们能够使树干长粗。随着季节的变化，这些细胞的生长规律也会发生变化。春季气温升高，树干营养充足，细胞分裂得快，这时生长的木质细胞个体大、壁薄，就形成了木质松、颜色浅的春材；而入秋时，气温转低，树干中的营养物质减少，细胞分裂慢，就形成了细胞个体小、壁厚，而且木质密、颜色深的秋材。春材加上秋材，便构成了一个年轮。我们因此可以通过年轮，来推算出树木的年龄。

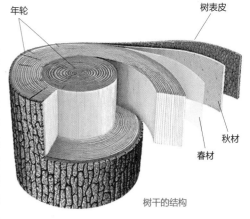

年轮　树表皮　秋材　春材

树干的结构

植物的叶

植物的叶着生于植物的茎上，是植物进行光合作用、制造养料的重要器官。叶内含有叶绿素，叶绿素能吸收太阳光，将植物体内的二氧化碳和水合成为植物生长所需的营养。叶还是植物进行气体交换和水分蒸腾的主要场所。不同植物的叶的构造基本相同，但形状却多种多样，叶的各种不同的形状常常被作为鉴别植物种类的依据。典型的叶由叶片、叶柄和叶托三部分组成。

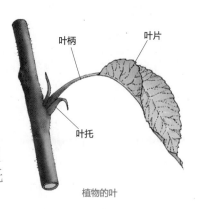

叶柄　叶片　叶托

植物的叶

单叶和复叶

如果植物的一个叶柄上只长了一个叶片，这种叶就叫单叶，比如桃树、李树、柳树的叶；如果一个叶柄上长了多个叶片，这种叶就叫复叶，比如槐树、月季的叶。复叶的叶柄称为总叶柄，复叶上的各个叶片称为小叶，小叶的叶柄称为小叶柄，小叶柄着生于主叶柄上。依据小叶排列的不同状态，复叶可以分为羽状复叶、掌状复叶和三出复叶。

羽状复叶是小叶排列在总叶柄的左右两侧，呈羽毛状的复叶，如紫藤、槐的叶子。羽状复叶根据小叶单双数目的不同，又有奇数羽状复叶和偶数羽状复叶之分。

掌状复叶是小叶都生在叶轴的顶端，排列如掌状的复叶，比如七叶树的复叶。

三出复叶则是每个总叶柄上长有三片小叶的复叶，如果这三个小叶柄一样长，就叫三出掌状复叶；如果只有顶端的小叶柄较长，就叫三出羽状复叶。

另外，也有一个叶轴上只有一个叶片的复叶，叫单身复叶。单身复叶和单叶很像，但它的叶柄与叶片之间有明显的关节。单身复叶是柑橘属植物的典型特征之一。

三叶草就是典型的三出复叶

叶序

叶在茎上按一定规律排列的着生方式，称为叶序。叶序的类型有互生、对生和轮生等几种。互生叶序是指茎的每个节上只生一片叶，上下相邻的叶交互而生，如白杨树的叶；对生叶序是指茎的每个节上生两片叶，而且两片叶相对排列，如丁香的叶；轮生叶序则是指茎的每个节上生三片或三片以上的叶，叶片呈辐射状排列，如夹竹桃的叶。此外，还有一些叶着生的茎或枝的节间部分极短，使叶成簇地长在短枝顶端，这叫簇生叶序，如银杏的叶。

对生叶序

叶形

叶形一般是指植物叶片的全形或基本轮廓，它是由叶片的长度和宽度决定的。植物的叶形非常丰富，有鳞形、披针形、楔形、卵形、圆形、镰形、菱形、匙形、扇形、提琴形等。世界上找不出两片完全相同的叶子。

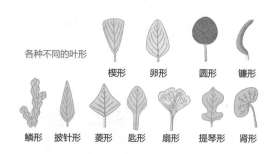

各种不同的叶形

楔形　卵形　圆形　镰形

鳞形　披针形　菱形　匙形　扇形　提琴形　肾形

龟背竹的叶子是不规则的羽状深裂

叶缘

植物叶片的边缘称为叶缘。叶缘的形态各种各样，常见的叶缘有全缘、波状缘、锯齿缘等。有些植物的叶缘不仅凹凸不齐，并且凹凸程度大，便形成了裂片叶。裂片叶叶缘的形状有好几种，有呈羽状排列的羽状裂，有呈掌状排列的掌状裂等。从深浅上看，裂片叶还能分为浅裂、深裂和全裂等类型。

叶脉

叶脉是指贯穿在植物叶内的维管组织和机械组织。它是叶内的输导和支持结构，通过叶柄与茎内的维管组织相连。叶脉在植物叶片上呈现出的各种有规律的脉纹，叫脉序。常见的脉序有平行脉序、网状脉序和叉状脉序等。平行脉序多为单子叶植物的脉序，其各条叶脉平行排列或近于平行排列；网状脉序多为双子叶植物的脉序，它有明显的主叶脉和侧叶脉之分，侧叶脉不断分支，连接成网状；叉状脉序则较为原始，各叶脉均是二叉分支。

侧叶脉
主叶脉

网状脉序

变态叶

与植物的根和茎一样，为了适应环境，植物的叶也出现了不同的变异，形成了变态叶。变态叶主要有六种，分别是叶柄叶、苞叶、鳞叶、叶刺、叶卷须和捕虫叶。具有叶柄叶、叶刺的植物多生活在干旱地区，它们的叶片退化，能减少水分流失；鳞叶的形成利于贮存养料；苞叶能保护花和果实；叶卷须有助于植物的攀缘；捕虫叶有感应性，能抓捕、消化小动物，以补充营养。

叶的基本结构

尽管不同植物叶片的形态各有不同，但有三个基本部分却是相同的，这就是表皮、叶肉和叶脉。表皮位于叶的最外层，起保护作用；叶肉位于表皮的内侧，有制造、贮藏养料的作用；叶脉则埋在叶肉中，起输导营养和支持叶子的作用。此外，大多数植物叶片的表皮上都有气孔，气孔能开闭，从而对气体交换进行调节。

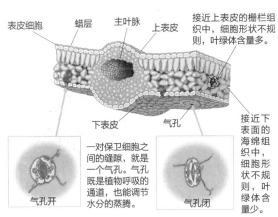

表皮细胞　蜡层　主叶脉　上表皮
接近上表皮的栅栏组织中，细胞形状不规则，叶绿体含量多。
下表皮　气孔
接近下表面的海绵组织中，细胞形状不规则，叶绿体含量少。

一对保卫细胞之间的缝隙，就是一个气孔。气孔既是植物呼吸的通道，也能调节水分的蒸腾。

气孔开　气孔闭

叶片的结构

光合作用

植物与动物不同，它们没有消化系统，必须依靠光合作用来自主地制造营养物质，因此植物也被称为"自养生物"。绿色植物吸收太阳光的能量，然后用二氧化碳和水合成糖类物质，并释放出氧气的过程，就叫光合作用。光合作用的过程是由科学家们经过100多年的研究才探明的。叶片是植物进行光合作用的主要器官，因此人们称叶片为"绿色工厂"。植物之所以被称为"食物链的生产者"，是因为它们通过光合作用制造的有机物和产生的能量不仅能供自身生命活动使用，还能通过食物链供给其他生物使用。对生物圈内的几乎所有生物来说，光合作用都是其赖以生存的关键。

植物的光合作用是地球上最普遍、规模最大的反应过程

蒸腾作用

植物体内的水分以气体状态不断散发到体外的过程，叫植物的蒸腾作用。植物体的水分主要是根部从土壤中吸收来的，水分通过维管组织输送到茎、枝，最后进入叶子，再由叶片和嫩茎的表面蒸腾进入空气中。蒸腾作用能使水分和溶解于水中的营养物质从土壤中进入植物体，这是植物得以生长发育的关键。植物叶片凋落和植物体死亡腐解后，其中的营养物质又会回到土壤中。因此，蒸腾作用也是大自然中生物物质循环的基本动力。此外，蒸腾作用还可以降低植物的"体温"，使植物在炎热的季节免遭灼害。

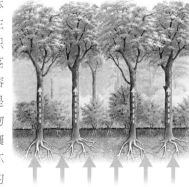

植物的蒸腾作用

呼吸作用

植物的呼吸作用是指植物细胞内的有机物，在一系列酶的催化下逐步氧化分解，并释放能量的过程。呼吸作用为植物体内的各种生命活动提供了能量和物质。根据过程中是否有氧气的参与，植物的呼吸作用可分为有氧呼吸和无氧呼吸两种。

有氧呼吸是生物细胞利用氧分子，将某些有机物彻底氧化分解，形成二氧化碳和水，同时释放能量的过程；无氧呼吸则是生物细胞在无氧的条件下，把某些有机物分解为不彻底的氧化产物（如乙醇），并释放能量的过程。

正常情况下，高等植物主要进行的是有氧呼吸。在缺氧时，植物也会被迫进行无氧呼吸，长期的无氧呼吸会导致植物受伤，甚至死亡。

植物的呼吸作用与光合作用，是相互对立且相互依存的两种作用。光合作用制造有机物，贮藏能量；而呼吸作用则是分解有机物，释放能量。

穿越 ●●●●●●

植物也有情绪？

美国人巴克斯曾将测量仪与植物相连，然后打算用火去烧叶子。火柴刚点燃那一刻，记录仪立刻出现了明显的变化：手持火柴的巴克斯还没走近植物，记录仪的指针就开始剧烈地摆动，其摆动之剧烈，使指针几乎超出了记录纸的边缘。很明显，植物出现了强烈的恐惧心理。巴克斯又重复这种做法，发现植物渐渐平静下来，似乎已经感觉到火柴的靠近不过是一种空洞的威胁。巴克斯的实验，引起很多科学家的兴趣。后来，植物学中诞生了一门新学科——植物心理学。

植物的花

　　植物的花不仅能美化自然环境，使人赏心悦目，更重要的是：花是被子植物的生殖器官，被子植物的"胎儿"——种子，就是在花朵里孕育而成的。在芬芳艳丽的花海中，不同花的外形、颜色虽各不相同，但它们的结构却基本一样。一朵完整的花，通常由花柄、花托、花被、雄蕊和雌蕊构成。花被是花冠和花萼的统称。花冠内的雄蕊和雌蕊则是花的主要生殖器官。

形形色色的花冠

漏斗状　钟状　高脚碟状　唇状　舌状

坛状　辐状　蝶状

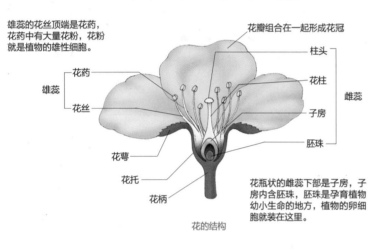

雄蕊的花丝顶端是花药，花药中有大量花粉，花粉就是植物的雄性细胞。

花瓣组合在一起形成花冠

柱头
花柱
子房
胚珠

雄蕊
　花药
　花丝

雌蕊

花萼
花托
花柄

花瓶状的雌蕊下部是子房，子房内含胚珠，胚珠是孕育植物幼小生命的地方，植物的卵细胞就装在这里。

花的结构

花冠

　　花冠位于花萼内侧，是一朵花中所有花瓣的总称。花冠的形状多种多样，有的花冠花瓣多，一片片地长在花托上，排成一轮或几轮；有的花冠花瓣少，但却能呈现出各种形态，如蝶状、舌状、唇状等；还有的花冠能连在一起形成坛状、钟状或漏斗状等。花开放后，不仅会呈现美丽的颜色，还常带有自己独特的香味，吸引昆虫来传递花粉。花的香味是由花瓣中的一种细胞制造出来的。这种细胞能产生芳香油，芳香油经阳光照射后，就能挥发出香味来。

花序

　　有些植物，一根茎上只开一朵花，如莲花、牡丹花、菊花等。这样的花叫单生花，它的花朵一般比较大。自然界大多数植物的花并不是单生花，而是按一定的顺序生长在花轴上的。花在花轴上排列的次序，就叫花序。花序上的花朵一般比较小，但好多花生长在一起有利于传送花粉，能多结果实。

各种各样的花序

蝎尾状聚伞花序　肉穗花序

伞形花序

头状花序

圆锥花序　复伞形花序　轮伞形花序　总状花序

穿越 ●●●●●●

植物的"睡姿"

　　一些植物也要睡眠，而且入睡时的睡姿千姿百态，比如蒲公英入睡时，所有的花瓣都会向上竖起，然后再慢慢闭合；胡萝卜入睡时，它的花会徐徐地垂落下来。有趣的是，还有一些植物喜欢白天睡觉，晚上开花，例如晚香玉和睡莲。

传粉

植物开花后，花药开裂，花药中成熟的花粉粒会以各种不同的方式被传送到雌蕊的柱头上，这个过程就叫传粉。自然界中存在的传粉方式主要有两种，即自花传粉和异花传粉。

玉米是同株异花授粉的植物：雄穗开花散粉，雌穗花丝接受花粉后长出玉米粒。

成熟的花粉粒传到同一朵花的雌蕊柱头上，这就是自花传粉，小麦、棉花都是自花传粉的植物。有些自花传粉的植物，如豌豆、花生等，会有闭花受精的现象，即在开花前，雌、雄生殖细胞就已经结合，完成了生殖过程。与自花传粉相对应，一朵花成熟的花粉粒传到另一朵花的雌蕊柱头上，这叫异花传粉。其中，同株植物在花与花之间传粉，称为同株异花传粉；同种植物在不同株的花与花之间传粉，称为异株异花传粉。自然界中多数被子植物都是异株异花传粉。因为这种方式产生的后代，同时具备了不同植物、不同植株的优势，有更强的生存能力。

风媒花

在大自然中，植物会靠风力、水力和昆虫的力量来传粉。其中，靠风传粉的花被称为风媒花，具有风媒花的植物被称为风媒植物。风媒花一般不太鲜艳，也没有香味，花丝通常比较细长，花粉多，花粉粒小而轻，容易被风吹到很高、很远的地方。风媒花雌蕊的柱头也比较大，有的会扩展为羽毛状，利于接受花粉。风媒植物约占有花植物总数的20%，玉米、稻子、车前草的花都是风媒花。

稻子的花很小、没有花瓣

虫媒花

靠昆虫传粉的花，称为虫媒花。具有虫媒花的植物称为虫媒植物。虫媒花的花冠和花萼都比较大，颜色鲜艳，有香味或特殊气味，还有蜜腺能产生蜜汁，以吸引蜜蜂、蝴蝶等昆虫。虫媒花的花粉粒大而粗糙，有黏性，容易被昆虫黏附携带，而且不容易脱落。约80%的高等植物的花都属于虫媒花，如桃花、杏花、梨花等。这些植物会配合昆虫的活动时间而开花。白天开花的植物，花朵颜色往往格外鲜艳，很容易吸引昆虫；夜来香、昙花等夜晚开花的植物，颜色通常比较浅，香味却很浓郁，能吸引夜间出没的昆虫来传粉。

蜜蜂在花中采蜜的同时，也传递了花粉。

水媒花

利用水流作为传粉媒介的花，叫水媒花。具有水媒花的植物，叫水媒植物。水媒植物雄花的花药通常已退化，没有外壁，而是直接粘在花丝的顶端，以便与雌花的柱头接触。

苦草的花就是一种典型的水媒花。苦草的雄花会在夜间成熟，然后从花序轴上脱落，上浮至水面，接着露出一团团的花粉粒。苦草雌花的花柄也会在夜里快速生长，一旦它的花被露出水面，花柄便停止生长，并很快展开花冠，柱头外翻。这时，水流中的雄花花粉就会围粘在雌花的柱头上，实现了传粉。

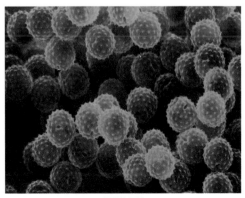

苦草的花粉

植物的果实

果实是种子植物特有的一个器官，它是花经过传粉受精后，由雌蕊的子房或花的其他部分（如花托、花萼等）发育而成的。果实一般包括果皮和种子两部分。绝大多数植物的果实里含有种子，但在自然条件下，也有不经传粉受精而结果实的情况，这种果实没有种子或种子不育，因此被称为无子果实，比如菠萝、香蕉的果实就是典型的无子果实。另外，子房未经传粉受精，而是由于受到某种刺激形成的果实，也属于无子果实，番茄、葡萄的果实就是这种果实。各种植物果实的外形、大小和构造千差万别。

根据果皮的不同，果实可以分为聚合果、聚花果、荚果、蓇葖果、颖果、梨果、瘦果、翅果、坚果、核果、浆果、柑果等十几类。

伯乐树的果实是蓇葖果

苹果是梨果

橘子是柑果

蒲公英是瘦果

麦子是颖果

豇豆的荚果和种子

枣是核果

菠萝和番荔枝是聚花果

板栗是坚果

南瓜的果实是瓠果

核桃是坚果

莲蓬和草莓是聚合果

豌豆的荚果和种子

各种果实

真果

单纯由子房发育而来的果实，叫真果，比如桃、大豆的果实就是典型的真果。与真果相对应，除了子房，其他部分也参与了果实的形成（如子房和花托一起形成果实），这样的果实叫假果，比如苹果、梨的果实及瓜类的果实就是假果。真果的结构比较简单，外为果皮，内为种子。果皮分为外果皮、中果皮和内果皮三层。外果皮一般较薄，中果皮最厚。中果皮虽也叫果皮，但其实就是我们平时说的果肉。有些果实的三层果皮都长在一起，比较难以分辨，如花生和豆类植物的果实。而桃、杏、樱桃等植物果实的三层果皮就比较分明，易于分辨。

桃子的果肉其实是它的中果皮

肉果

　　果皮的肉质肥厚多汁，成熟时不开裂的果实被称为肉果，也叫多汁果。按果皮的不同，肉果可以分为浆果、核果、梨果。

　　浆果是肉果中最常见的一类，它们的果皮除了最外层以外都已肉质化，因此吃起来肉质肥厚多汁。葫芦科植物的果实，如南瓜、冬瓜、苦瓜等各种瓜类，就属于浆果中的瓠果；柑橘类植物的果实也属于浆果中的橙果或柑果。核果则是一类有核的果实。它们的内果皮细胞木质化后，形成了坚硬的核，包在种子外面。梨果的中果皮、外果皮之间没有明显界线，均肉质化，内果皮则木质化，苹果、梨等都是典型的梨果。

苦瓜属于瓠果

干果

　　与肉果相对应，果实成熟后，果皮干燥的果实称为干果。其中，干燥的果皮会自动裂开的干果叫裂果，不裂开的则叫闭果。裂果的种类很丰富，比如以槐树、大豆、皂荚、花生等植物的果实为代表的荚果；以棉花、罂粟、紫花地丁等植物的果实为代表的蒴果；以白菜、荠菜等植物的果实为代表的角果等。闭果的种类也不少，例如以蒲公英、向日葵的果实为代表的瘦果；以水稻、小麦、玉米的果实为代表的颖果；以榆树、白蜡树的果实为代表的翅果；以板栗、榛子的果实为代表的坚果等。

板栗属于干果中的坚果

种子

　　种子是裸子植物和被子植物特有的生殖器官，由胚珠经过传粉受精发育而成。种子一般由种皮、胚和胚乳组成。有些植物的种子只有种皮和胚两部分。

　　胚是种子的主要部分，是新植物的幼体，由胚根、胚轴、胚芽和子叶组成。种子的大小、形状和颜色因植物种类的不同而有所差别，比如椰子的种子很大，油菜、芝麻的种子较小，烟草、马齿苋的种子则更小。

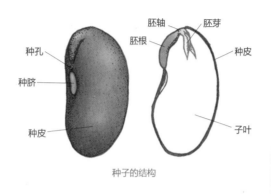

种子的结构

种子繁殖

　　种子植物是植物界内种类最多、进化水平最高的类群，它们主要靠种子进行繁殖。成熟的种子是有生命的，在适宜条件下，它们会萌发长成幼苗，成为新一代的植物个体。充足的水分、适宜的温度、充分的氧气，这三个外界条件是种子萌发的基本保证，缺一不可。在植物的进化过程中，种子的出现，使植物的胚得到了保护，让胚生根发芽的机会变得更多。

　　除了种子繁殖，植物也能通过人工培养组织的方式繁殖。人们从植物体上取下一些组织或细胞，然后把组织或细胞放在人工模拟的植物自然生长环境中，最后也能培育出新植株。

穿越 ●●●●●●

种子"兵法"

　　有一种叫斑叶兰的植物，它的种子小得像灰尘一样，200万粒种子加在一起只有1克重。与之相反，椰子的种子却很大，最大的椰果直径可达50厘米。

　　虽然大的种子营养充足，极易萌发，有利于后代生长，但种子小的植物也很聪明，它们虽在质量上比不过其他植物，但却会从数量上下功夫，因此它们通常都会通过产生大量种子来繁殖后代，以多取胜。

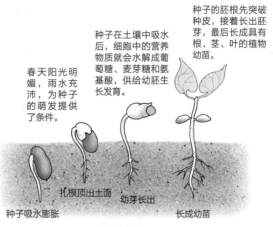

种子的胚根先突破种皮，接着长出胚芽，最后长成具有根、茎、叶的植物幼苗。

种子在土壤中吸水后，细胞中的营养物质就会水解成葡萄糖、麦芽糖和氨基酸，供给幼胚生长发育。

春天阳光明媚，雨水充沛，为种子的萌发提供了条件。

种子吸水膨胀　　扎根顶出土面　　幼芽长出　　长成幼苗

种子的萌发

苔藓

　　苔藓是一群小型的多细胞绿色植物，一般仅有几厘米高，最大的苔藓也只有几十厘米高。它们广布于世界各地，大多生长于阴暗潮湿的环境中，在裸露的石壁上、湿润的森林中和潮湿的沼泽地里最为常见。苔藓大多已经具有了类似茎叶的分化，但并没有真正的茎和叶，也没有真正的根，而只有单细胞或多细胞的假根。苔藓有配子体和孢子体之分。配子体有自养功能，孢子体则不能独立生活，需要寄生于配子体上，靠配子体提供养料。苔藓没有花，也没有种子，只能靠孢子进行繁殖。全世界目前约有23000种苔藓，分为苔纲、角苔纲和藓纲三大纲，分布在中国的苔藓约有2100种。

大自然的拓荒者

　　除干旱的沙漠和浩瀚的海洋之外，苔藓几乎无处不在。它们大量生长在潮湿的石面、土表和树皮上，以及墙头、屋顶和院落中。苔藓能大量聚积水分，并分泌酸性物质，从而加快对岩石面的腐蚀和生土熟化过程。死亡的苔藓残骸也会堆积在岩面上，长年累月下来，便为其他高等植物的生长创造了适宜的土壤环境。苔藓的这些特点，为其带来了"大自然的拓荒者"的美称。

胚

精子

葫芦藓的雄性生殖器（里面有许多精子）

雄枝

雌枝

葫芦藓的雌性生殖器

葫芦藓的繁殖

光萼苔

丛本藓

葫芦藓

浮苔

大气质量的监测者

　　苔藓的叶片是由单层细胞构成的，因此大气和雨水中的污染物能直接危害它的植物体。不仅如此，当空气中的二氧化碳含量过高时，其他带叶植物不会有任何反应，但多数苔藓却会死亡。于是，人们便利用苔藓对自然环境敏感的特性，用苔藓来监测环境的污染状况。

穿越 ......

树是怎么长高的？

　　树皮像人的皮肤一样，受到雷击、虫咬等会留下伤疤。这些伤疤会不会随着树的长大长高而跟着长高呢？这就要看伤疤的位置了。如果伤疤靠近树干顶端，它很有可能跟着树木长高。除了这种情况，伤疤一般会待在原来的位置上。这是因为虽然我们看起来好像树的每个部位都会生长，但实际上只是树的顶端在生长。在树干的顶端，有个叫"生长点"的部位，树木就是从这里一点一点地向上生长的。除了树的顶端不断长高之外，其他部位基本上没有变化。

地钱

　　在苔藓的大家族中，地钱是分布最为广泛的种类之一。地钱喜欢阴湿的生长环境，因此常生长于林内、井边、墙角等地。地钱的植物体较大，通常平铺地长在地面上，有绿色分叉的叶状体。它是一种雌雄异株的植物，能进行有性、无性和营养繁殖。它的孢子体和配子体会世代交替地进行繁殖，因此世代交替的生长特征非常明显。地钱也是一种中药，可以用来治疗烧伤、烫伤、骨折、毒蛇咬伤等。

地钱

蕨类植物

　　蕨类植物是地球上最早出现的陆生植物类群。在远古的中生代，地球曾是蕨类植物的世界，我们现在使用的煤炭，主要就是由那时的蕨类植物变成的。目前自然界中的蕨类植物约有12000种，我国约有2600种，其中仅云南省就有1000多种。因此，云南又有"蕨类王国"之称。蕨类植物虽然也像地衣、苔藓那样，以孢子繁殖后代，不开花不结果，但它们却有了根、茎、叶的分化，体内出现了较原始的维管组织。所以，它们既是较高等的孢子植物，又是最原始的维管植物，在植物界的发展和演化过程中，具有承前启后的作用。

鹿角蕨喜欢寄生在别的树上

原叶体

原叶体中的受精卵

雌性生殖器

雄性生殖器

精子

当原叶体被水浸湿时，精子就游到雌性生殖器中与卵子结合，形成受精卵。

受精卵逐渐发育成新的植物体

蕨类植物靠孢子繁殖，孢子囊附着于叶缘或叶背上，呈线形或圆形。

新的植物体

孢子囊

孢子萌发长成小的原叶体，上面生有雄性生殖器和假根。

孢子成熟后，从孢子囊中释放出来。

孢子

配子体（雌雄生殖器）

孢子落在温暖湿润的地方就开始萌发

蕨类植物的生命历程

用于观赏的鸟巢蕨

卷柏

　　卷柏以极度耐旱著称，其耐旱能力远远超过仙人掌。如果土壤太干旱，卷柏会自己把根拔出来，卷起来缩成拳状，一旦根系浸泡到水中，就又会舒展开来，所以卷柏有"万年青""九死还魂草"之称。世界上现存的卷柏约有700种，大多分布在热带和亚热带地区，一般生长在潮湿的树林中、草地上或岩石边。我国的卷柏有50种以上，常见的有中华卷柏、江南卷柏、翠云草等。它们既能用来观赏，也可药用，有止血收敛的功效。将卷柏全株烧成灰，内服可治疗各种出血症，和菜油拌起来外用，能治疗刀伤等创伤。

桫椤

　　桫椤又叫树蕨，有"蕨类植物之王"的美誉。它是人们已发现的唯一一种木本蕨类植物，因此极其珍贵，被列为我国Ⅰ级重点保护植物。桫椤喜欢高温、高湿的生长环境，可长到10米高。虽然它看起来像棕榈，但是树干没有枝杈，仅在顶部长有很大的羽状复叶，好似一把撑开的大伞。在3亿多年前，地球上曾生长着茂盛的桫椤，后来随着地壳运动和气候的变化，绝大多数桫椤都灭绝了。

用于观赏的翠云草

现存的桫椤是自然界亿万年演变过程中的幸存者

裸子植物

在温带的森林中，生长着一些高大挺拔、叶子呈针状或条状披针形的树木。由于它们果实里的种子是裸露的，外边没有果皮包裹着，所以植物学家把这类植物称为裸子植物。最常见的裸子植物是松科植物，统称松树。它们能开花，而且受精的种子能在干燥寒冷的环境中生存，因此可以说，裸子植物是真正的陆地征服者。我国是世界上裸子植物资源最丰富的国家，有"裸子植物王国"之称。

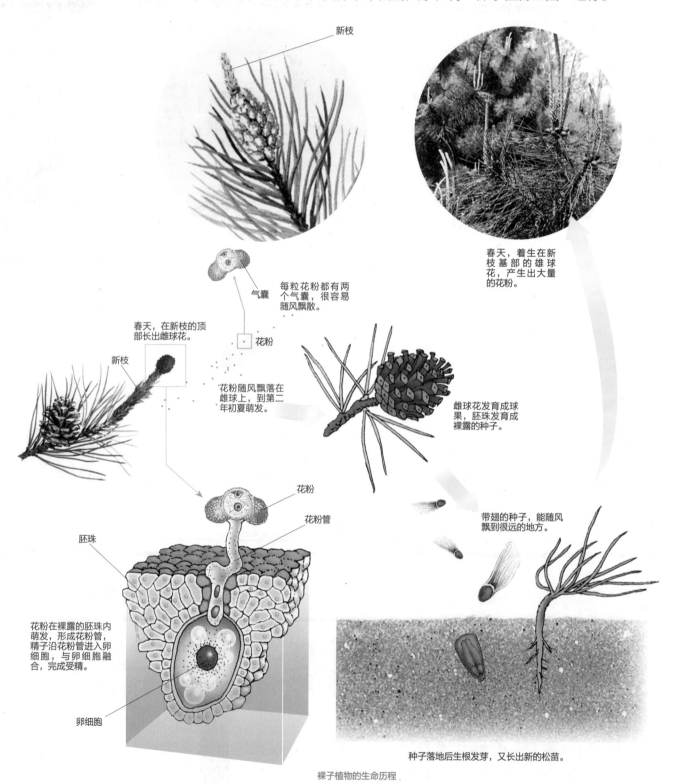

新枝

每粒花粉都有两个气囊，很容易随风飘散。

气囊

花粉

春天，着生在新枝基部的雄球花，产生出大量的花粉。

春天，在新枝的顶部长出雌球花。

新枝

花粉随风飘落在雌球上，到第二年初夏萌发。

雌球花发育成球果，胚珠发育成裸露的种子。

花粉

花粉管

带翅的种子，能随风飘到很远的地方。

胚珠

花粉在裸露的胚珠内萌发，形成花粉管，精子沿花粉管进入卵细胞，与卵细胞融合，完成受精。

卵细胞

种子落地后生根发芽，又长出新的松苗。

裸子植物的生命历程

银杏

在裸子植物中，银杏是唯一一种落叶阔叶乔木。它的叶片形状像一个小扇面，非常容易辨认。它的种子长在肉质的种皮中，像杏果一样，而且外边有一层白霜，所以叫白果。银杏的祖先出现于2.7亿年前的古生代，在中生代三叠纪和侏罗纪发展得最为繁盛，一度种类繁多，而且遍布于世界各地。后来银杏家族遭到毁灭性打击，仅剩一个树种，成了"举目无亲"的稀有植物。银杏树形美观，所以常作为观赏树和行道树。我国各地都栽培有银杏。

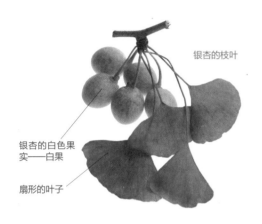

银杏的枝叶

银杏的白色果实——白果

扇形的叶子

在古人眼里，银杏是长寿、典雅、圣洁的象征，因此常被种在寺庙、道观之中，有"圣树"之称。

苏铁

苏铁又叫铁树，是一种常绿的观赏性植物。它的叶子很大，而且长得很像羽毛。苏铁家族一度非常兴旺，在恐龙称霸世界的时代曾遍布世界各地。恐龙灭绝后，苏铁家族也衰败下来。如今苏铁仅生长于热带、亚热带的一些地区，在我国主要分布于福建、广东、台湾等地。它们喜欢暖热湿润的环境，不耐寒，生长慢，寿命可长达200年。

苏铁的茎干中有丰富的淀粉，可以食用。它的种子和叶还能入药，有止咳、止血、治痢疾的功效。

柳杉

柳杉

柳杉是杉科常绿乔木，又叫孔雀杉，是我国特有的树种。

柳杉喜欢气候温暖湿润、土壤深厚疏松、排水良好的生长环境。它十分高大，树高可达40米，胸径可达3米，还有尖塔形或卵圆形的树冠，枝叶苍翠浓绿，树姿雄伟挺拔，因此是园林绿化的优良树种。不仅如此，柳杉的树干圆满通直，材质轻软，纹理直，易加工，不易翘裂，而且能抵御白蚁蛀食，因此也很适合作为建筑、桥梁、造船、造纸的用材。

生长在我国云南西双版纳的铁树王

穿越 ●●●●●●

白果养人也害人

银杏树的种子白果有祛痰、止咳、润肺等功效，但白果也不能随便吃。因为白果中含有一种有毒的白色结晶体——白果毒素，这种毒素对人体有害。一旦过量地生吃白果或吃了没煮熟的白果，容易引发急性中毒的症状。

雌球花中结满种子

苏铁的雌性球状花

苏铁的种子

苏铁的雄性柱状花

中国少年儿童百科全书

CHINESE CHILDREN'S ILLUSTRATED
— ENCYCLOPEDIA —

《中国儿童百科全书》

★ 国家图书奖　★ 国家辞书奖　★ 国家科技进步奖
★ 全国优秀少儿图书奖　★ 全国优秀科普作品奖

之后又一力作

环境与生命
ENVIRONMENT AND LIFE

下卷

 中国大百科全书出版社

在很多皇家园林、帝王陵寝、古寺名刹中，都能看到古柏那苍老道劲、巍峨挺拔的身影。山东泰安的岱庙内，就有几棵树形奇特、苍古葱郁的汉柏，相传这些汉柏是汉武帝登临泰山时种下的。

银杉

　　银杉属于松科常绿乔木，因为幼叶带有银白色，而树形又与杉树相似，故而得名"银杉"。它是我国特有的珍稀树种，曾经被人们认为已经灭绝，直到1955年，才又在我国广西被发现，并引起了世界植物界的巨大轰动。目前世界上只有我国种有上千株银杉。

　　银杉树高可达20米，胸径可达80厘米以上，树干通直，树皮呈灰色，裂成不规则的薄片。银杉对生长地的气候条件要求较为严格，只能生长于冬无严寒、夏无酷暑、阳光充足、降水丰富的地区，因此很难引种栽培，数量稀少。为了保护这种珍贵的"植物熊猫"，我国已将银杉列为国家Ⅰ级重点保护植物。目前在广西花坪和四川金佛山等地，还建有以银杉为主的自然保护区。

柏树

　　柏树是柏科常绿乔木。它的叶子很小，呈鳞片状或小刺状，枝叶四季常青，树形也很优美。柏树能散发一种特殊的香气，能防止遭受虫害。它也很耐腐蚀、耐干旱、耐贫瘠，即便是几百年乃至上千年的老柏树，仍然苍劲挺拔、枝繁叶茂，人们因此将柏树誉为"百木之长"。

雪松

　　雪松是松科常绿乔木，它树干的侧枝伸展开来，能遮盖住方圆上百米的地面。因为侧枝上的小枝会微微下垂，所以雪松的整个树冠像一个尖塔，看上去非常美观，雪松因此也成了著名的观赏树种，从古典园林到现代城市的绿化带，都能见到它的倩影。它还会分泌一种松香味儿浓郁的树脂，所以又被称为"香柏"。

雪松是著名的观赏树种

被子植物

迄今为止，被子植物是植物发展的最高阶段，也是植物界最大和最高级的一个门类。它们能够适应陆地上的各种环境，因此分布得非常广泛。目前已知的被子植物有300~450科，约25万种，我国的被子植物约有2.5万种。具备真正的花，能开出色彩艳丽、形状美观、芳香怡人的花朵，是被子植物独有的重要特征，因此被子植物也叫有花植物。被子植物具有根、茎、叶、花、果实和种子六种器官，而且胚珠外部有子房包裹，不像裸子植物的胚珠那样暴露在外面。

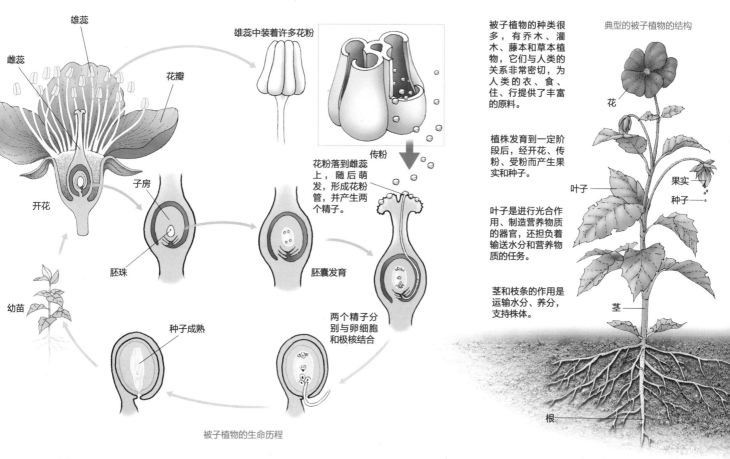

雄蕊

雌蕊

花瓣

开花

子房

胚珠

幼苗

种子成熟

雄蕊中装着许多花粉

传粉

花粉落到雌蕊上，随后萌发，形成花粉管，并产生两个精子。

胚囊发育

两个精子分别与卵细胞和极核结合

被子植物的生命历程

被子植物的种类很多，有乔木、灌木、藤本和草本植物，它们与人类的关系非常密切，为人类的衣、食、住、行提供了丰富的原料。

植株发育到一定阶段后，经开花、传粉、受粉而产生果实和种子。

叶子是进行光合作用、制造营养物质的器官，还担负着输送水分和营养物质的任务。

茎和枝条的作用是运输水分、养分，支持株体。

典型的被子植物的结构

花

叶子

果实

种子

茎

根

乔木

乔木是有直立主干、树冠广阔、成熟的植株高于3米的多年生木本植物。由于树身通常非常高大，乔木也被称为"植物中的伟丈夫"。乔木可以根据树体的高度划分类别，树高20~30米的是大乔，树高10~20米的是中乔，树高3~10米的则是小乔。根据树叶是否脱落，乔木也可分为落叶乔木和常绿乔木两种。落叶乔木是指每年秋冬季节或干旱季节时，树叶会全部脱落的乔木，如梨、苹果、梧桐等。这些乔木之所以会落叶，是为了减少蒸腾的水分，以度过寒冷或干旱的季节。常绿乔木则是终年具有绿叶的乔木，它们的叶寿命长，并且每年都有新叶长出，所以终年都能保持绿色，樟树、紫檀、柚木等就是常绿乔木。

银杏是一种典型的落叶乔木

火棘是常绿灌木，它夏有繁花，秋有红果。红果可以食用，在战争年代发挥过巨大的作用，有"救兵粮""救命粮"之称。

灌木

灌木是指那些没有明显的主干、在近地面的地方丛生出横生的枝干，而且高度通常在5米以下的木本植物。常见的灌木有杜鹃、牡丹、月季、茉莉、连翘、黄杨等。灌木分为直立于地面的直立灌木、呈拱垂状的垂枝灌木、蔓生于地面的蔓生灌木、攀缘在其他植物上的攀缘灌木、在地面以下或在近根茎处分枝丛生的丛生灌木等种类。高度不超过0.5米的灌木，通常叫小灌木。地面上的枝条会在冬季枯死，第二年继续萌生新枝的灌木，叫半灌木或亚灌木。

草本植物

地上茎中木质化细胞较少、木质部分不发达的植物，就是草本植物。草本植物的茎比木本植物的茎要柔软、矮小。人们通常称木本植物为"树"，称草本植物为"草"。我们吃的粮食基本都是草本植物。

根据生活周期的长短，草本植物分为一年生草本、二年生草本和多年生草本。一年生草本是指从种子发芽、生长、开花、结果到枯萎都在一年中完成的草本植物，如牵牛花、葫芦等。二年生草本植物是第一年仅长营养器官，第二年开花、结果，然后枯死的草本植物，如大白菜、冬小麦等；多年生草本植物的寿命则比较长，一般在两年以上，如荷花、睡莲、君子兰等。

椰树

椰树广泛分布于世界上的热带地区。它是棕榈科常绿乔木，树干高大挺拔，叶子长在树干的顶端，果实结在叶柄与树干之间，而且一年四季都会不断结果。椰果中储藏着丰富的汁液，是很好的消暑饮料；果壳内层的果肉可生食，也能榨油；椰果的外壳还能做成工艺品。

望天树

望天树又叫擎天树，是龙脑香科的常绿大乔木，也是我国特有的树种，分布于云南、广西的热带雨林中。它枝干挺拔，高度能达七八十米，是我国最高的树。不过，望天树虽然很高大，却很少结果，而且果实寿命也很短，落在地上会很快腐烂，所以自然繁殖比较困难，已被列为我国 I 级重点保护植物。

穿越 ●●●●●●
"长心眼"的植物

植物也有"长心眼"的时候，特别是身边的同伴被"欺负"时，比如金合欢树遭到动物取食时，树叶就会分泌单宁酸来毒害取食者。而一旁的那些未被取食的金合欢树看到同伴受伤，也会在这时大量分泌单宁酸，为同样有被取食危险的自己做准备。

牵牛花

望天树的木质坚硬、耐用，是制造家具的高级用材。

胡杨

胡杨是杨柳科落叶乔木，生长在荒漠等干旱地区，以耐旱、耐寒、耐盐碱而著称，生命力极强，被人们誉为"荒漠中的勇士"。胡杨之所以耐旱、耐涝，是因为它自身能储存水分，在它粗壮的树干上打个洞，就能有水溢出来。胡杨即使枯干老死，仍站立不倒，人们因此赞扬它是"生而不死一千年，死而不倒一千年，倒而不朽一千年"。

胡杨可以防风固沙，对保持荒漠地区的生态平衡有十分重要的作用。在我国塔克拉玛干沙漠的边缘地带，生长着大片的胡杨。

竹子

竹子是常绿多年生的禾本科植物，茎为木质茎。我国是世界上产竹最多的国家之一，有300多种竹子分布于全国各地，尤以珠江流域和长江流域的竹子最多。竹子挺拔修长，四季青翠，凌霜傲雨，与梅、兰、菊并称"四君子"，与梅、松并称"岁寒三友"。由于多数竹子不像一般的有花植物那样每年开花结果，因此有人误以为竹子不会开花。其实竹子也会开花。1984年，四川省卧龙自然保护区内的箭竹就曾大量开花，开花后，大片竹子枯死，给当地的大熊猫带来了严重的生存危机。

竹子的木质茎（局部）

秋天的胡杨林一片金黄，景色非常美丽。

竹笋是竹子在春天时长出的嫩芽

槐花树

我们平时所说的槐花树，通常指的是国槐。国槐是豆科落叶乔木，是一种我国特产的树木，在我国黄土高原、华北平原种植得较多。它可以作为风景绿化树，也能为建筑、家具提供木材，它的花、果、皮、枝还能入药。春夏时节，槐花树会开出一串串蝶形的黄白色小花，花可以做菜，花蜜还能制成蜂蜜。

箭毒木

在我国南方，生长着一种高大的桑科落叶乔木——箭毒木。它的树皮能分泌一种剧毒的汁液，叫箭毒。人们曾将这种汁液涂在箭头上用来狩猎。箭毒进入动物血液后，能使动物的心脏很快停止跳动，因此箭毒木又有一个可怕的名字——见血封喉。除我国外，箭毒木在印度、斯里兰卡、缅甸也有分布。

槐花树的花不仅可以制成槐花蜜，还可以用来做菜。

粮食作物

粮食作物是人类食物的主要来源，许多为人类提供肉蛋食品的家畜、家禽，也是用粮食饲养的。因此，粮食作物对人类的生存至关重要。世界上大部分的国家和地区都以稻子、小麦、玉米等为主要的粮食作物。在欧亚温带地区，谷子、高粱是仅次于小麦的重要粮食作物。

小麦的麦穗

小麦

小麦是禾本科植物，也是世界上最重要的粮食作物之一。它的种植面积、产量和总贸易额均位于世界粮食作物的前列，在我国的重要性也仅次于水稻。生活中常见的面粉，就是将小麦的种子脱壳，再磨成粉加工制成的。

小麦起源于亚洲西部，栽培历史已有1万多年。现在全世界的小麦品种数以万计、性状各异。根据种收季节的不同，小麦可分为冬小麦和春小麦两种。我国东北寒冷地区一般是春天播种，夏天收获，这样种出来的小麦是春小麦；而长江流域及华北地区一般则是秋天、冬天播种，次年初夏收获，这样种出的小麦叫冬小麦。

小麦秆高约1米，在茎秆的顶端长有麦穗。

稻子

稻子是禾本科的草本植物，因为生长在水田里，所以又叫水稻。稻子的果实去皮后，就是我们平日里吃的大米。全世界现在约有半数的人口以大米为主食。东南亚地区雨量大、气温高，适宜稻子生长，因此是全世界稻子生产最集中的地区，其播种面积占全世界稻子播种面积的90%以上。我国种稻的历史也很悠久，殷商时的甲骨文中就已经有了"稻"字。

沉甸甸的稻谷

青稞

青稞是大麦的一个变种，有白色和黑色两种，果粒为颖果。因为果实成熟后籽粒裸露，所以青稞也叫裸大麦。

青稞耐寒、耐旱，在我国青藏高原地区被普遍栽培，是深受藏族人民喜爱的粮食作物。将青稞的种子炒熟、磨成粉，再加上酥油，就可以做出美味的糌粑。此外，用青稞酿成的青稞酒也很有名。

稻子为禾本科一年生草本植物，秆高0.3~1米。

用青稞可以酿造青稞酒

玉米是禾本科一年生草本植物，秆高1~4米。

玉米

玉米又叫玉蜀黍、苞谷、棒子，原产于美洲大陆。哥伦布发现美洲大陆后，于1494年将玉米带回了西班牙，此后玉米逐渐传到了世界各地。我国栽培玉米始于16世纪，如今我国从南到北，一年四季都有玉米生长。

玉米是雌雄花同株异位的植物，雄花生在植株顶端，雌花生在叶腋间。玉米的果实像一个棒槌，上面长满玉米粒，玉米粒有黄色、白色、紫色等不同的颜色。玉米是世界各国的主要粮食作物之一，也是酿酒的重要原料，它的秆、穗、叶还可以作为家畜的饲料。

甘薯中含大量淀粉，除了直接食用，还能制作粉丝等食品。

甘薯

甘薯又叫番薯、山芋、地瓜、白薯、红薯等，是一年生或多年生的蔓生草本植物，产于南美洲，16世纪末传入我国。甘薯的茎细而长，不能直立，因此匍匐生长在地面上。人们平时食用的甘薯，其实是甘薯长在地下的变态根。除了根可以当成食品以外，甘薯的蔓秧也能用来作为饲料。如今，甘薯是我国重要的粮食作物和工业原料。

高粱

高粱是禾本科一年生草本植物，又叫蜀黍。高粱很高，茎通常高达2~3米，最高的有6米以上。高粱的叶片和玉米叶很像。它在茎的顶端抽穗开花，果实有黄色、红色等颜色。西周至西汉时期，高粱就已在我国广泛分布。现在，高粱在温带地区被广泛栽培，是印度、北非的主要粮食作物。我国北方过去常以高粱为主食，现在高粱多被用来制作饲料和酒。

谷子

谷子又叫粟，去壳后就是小米。它是禾本科狗尾草属一年生植物，是欧亚温带地区重要的粮食作物。谷子很耐旱，能种在山地上。我国种谷的历史悠久，曾出土过六七千年前的谷粒。谷子可保存十几年，甚至几十年，因此在古代常被作为国家军需、救灾的储备粮。

谷子不但能食用，也可以用来酿酒、酿醋。

高粱的茎秆可以用来制糖，制出的糖味道和蔗糖很像。

穿越 ••••••

青稞酿美酒

传说在远古时代，天上的一颗仙丹掉落在龙王山下，长出了大片的青稞。有一天，"八仙"之一的铁拐李路过此地，被大片的青稞迷住，便把王母娘娘送他的瑶池仙酿倒入一口古井，并教一个老妇用那古井水和青稞酿出了美酒，这便是青藏高原的闻名佳酿——青稞酒。诗句"龙王仙丹育青稞，王母玉液酿美酒"写的就是这个传说。

经济作物

经济作物是经济价值高、商品性强，主要作为工业原料的作物，包括油料作物、糖料作物等食料作物，以及纤维作物、香料作物等非食料作物。其中，大豆、芝麻等食料作物是人类必不可少的营养食品，棉花、橡胶等非食料作物也与人类的日常生活密切相关。

大豆

大豆是豆科一年生草本植物，根据种皮颜色的不同，能分为黄豆、青豆、黑豆等种类。大豆是蛋白质含量最高的经济作物之一，而且它还富含油脂，因此营养价值很高，可以食用或用来制作油料、饲料。大豆的故乡是我国的温带、亚热带地区，如今大豆在世界各地都有种植。

穿越 •••••

趣味谜语

"麻屋子，红帐子，里面住着个白胖子"，你知道这个谜语说的是哪种植物吗？其实，它说的就是我们平常吃的花生。这个谜语很巧妙地概括了花生果实的特点："麻屋子"是指花生粗糙的果壳，"红帐子"是指花生红色的果皮，"白胖子"是指花生的种子。

绿色豆荚里新鲜的黄豆，就是毛豆。

胡椒

胡椒属于胡椒科，是木质藤本植物，果实呈球形。胡椒原产于东南亚，主产地为印度、印度尼西亚和马来西亚，我国于1951年引种栽培。胡椒的果实不仅能当调味品，也可药用。

花椒以"麻"著称，入口便能尝到浓浓的麻味。

花椒

花椒是芸香科落叶灌木，又称秦椒、凤椒，在我国大部分地区都有栽培。花椒的果实呈球形，不但可以作为家庭中常用的调味品，也能提取芳香油，供工业使用。

花生

花生属于豆科，是一年生草本植物，又叫落花生、落地参。花生原产于巴西，目前在我国温带和亚热带地区广泛种植。它的特点是在地上开花，在地下结果，果实为一簇簇的荚果。人们吃的花生粒是花生的种子，花生粒富含脂肪和蛋白质，是优质的食料和油料作物。

花生在地上开花，在地下结果。

芝麻

芝麻是胡麻科一年生草本植物。它的植株高达1米，花冠呈筒状，从下至上分布于茎上，"芝麻开花节节高"的说法就是由这个形状引申而来的。

芝麻原产于亚洲的热带地区，如今在世界各地广泛种植。芝麻的种子含油率达50%～60%，油质优良并带有独特的香味，用芝麻种子榨出的油就是我们食用的香油。

花椒的新鲜果实呈红色或紫红色

芝麻的植株和种子

采茶

甘蔗

　　甘蔗属于禾本科，是多年生草本植物，植株高达2～4米，在世界上的热带、亚热带地区广泛种植。甘蔗含糖量高，是目前世界上最重要的糖料作物之一。榨糖后剩下的蔗渣还可用来作为造纸的原料。

可可

　　可可与茶、咖啡并称为"世界三大饮料作物"。它是梧桐科常绿乔木植物，主要种植于热带。一颗可可果中，有20～40粒椭圆形的种子。可可的种子焙炒加工后，能磨制成味道浓郁的可可粉。可可粉不但是制作巧克力的原料，还有强心、利尿的医疗功效。

咖啡

　　咖啡是茜草科常绿灌木或小乔木。它的果实呈椭球形，每颗果实中含两粒种子，这些种子就是人们俗称的咖啡豆。将咖啡豆炒熟研细后制成咖啡粉，就能冲泡出香浓的咖啡饮料了。

　　巴西、哥伦比亚、科特迪瓦等是世界上主要的咖啡生产国。我国从19世纪末开始种植咖啡，如今海南、云南、福建等地都种有咖啡。

茶

　　茶是以茶树的新梢芽叶为原料加工制成的。茶树是山茶科多年生常绿木本植物，茶树的叶子经过萎凋、杀青、揉捻、发酵、干燥等过程后，就能制成可以冲泡的茶了。我国是茶树的家乡。因为茶树喜欢湿润的气候，所以目前主要被栽培在长江流域以南的地区。茶树种植三年就可以采叶子。一般清明前后能采摘到长出几个叶片的嫩芽，用这种嫩芽制作的茶质量非常好，属于茶中珍品。

剑麻

　　剑麻属于龙舌兰科，是多年生草本植物。它的叶子像一把长剑，因此得名"剑麻"。剑麻叶的纤维坚硬，耐腐蚀，是世界上用量最大、用途最广的硬质纤维之一。

棉花

　　棉花是一年生亚灌木或小乔木，它的果实最初像桃子，俗称棉桃。棉桃进一步生长后开裂，便会露出洁白的纤维状棉絮。棉花纤维坚韧、保温、吸湿，是价廉质优的纺织原料。我们穿的棉布衣服，就是用棉花纤维纺线后织的布做成的。

剑麻纤维是制造舰船缆绳的必备材料

新鲜的咖啡豆和烘焙好的咖啡豆

我国的种棉历史至少有2000年

花卉

许多植物不仅外形美观，而且开的花也是形态夺目、色彩艳丽。因此人们常把它们栽种在街道旁、公园中、庭院里或盆池内，以供观赏。这些具有观赏价值的草本植物，就是花卉。很多国家还把国民喜爱的花卉品种定为国花，以体现自己的民族文化和精神。

色彩缤纷的花卉

菊花

菊花是菊科多年生草本植物，原产于我国。它的花瓣细长，有白色、黄色、红色、紫色等许多颜色。菊花一般在秋冬时节开花，是我国十大名花之一，与梅、兰、竹并称为"四君子"。

"采菊东篱下，悠然见南山"是晋代陶渊明所写的著名诗句。

月季

月季属于蔷薇科，是落叶刺灌木或藤本植物，四季都能开花。它不仅花形美观，而且花色极为丰富，是世界五大切花之一、我国十大名花之一。英国、卢森堡、伊拉克等国的国花，也是月季。

月季也叫月月红

梅花

梅花是蔷薇科杏属乔木，花瓣有淡粉色、白色、红色等颜色。梅花不畏严寒，在冬季也能开花，所以成为坚强、奋发的象征，被列入我国十大名花。

梅花是我国南京、武汉等地的市花

杜鹃花

杜鹃花属于杜鹃花科，是常绿或落叶灌木。它通常在春夏之交开花，花色和花形都很多，是一种有名的观赏花木，被列入我国十大名花，也是尼泊尔的国花。

杜鹃花也叫映山红、山踯躅

牡丹

牡丹是芍药属落叶灌木，一般在4～5月开花，花色有黄色、白色、红色、粉色、紫色等。牡丹花姿优美，气质雍容华贵，被誉为"花中之王"，是我国十大名花之一。

河南洛阳是我国的"牡丹之都"

荷花

荷花是睡莲科多年生水生草本植物，又叫莲花、芙蕖、水芙蓉，在夏季开花，有白色、粉色等花色。它的果实叫莲子，地下的茎则是我们平时吃的藕。荷花象征着圣洁、高贵，是佛教的吉祥之花、印度的国花，也是我国十大名花之一。

"出淤泥而不染，濯清涟而不妖"是咏荷的著名诗句。

桂花

桂花是木樨科常绿灌木或小乔木，花朵较小，有金桂、银桂、丹桂和四季桂等品种。桂花是著名的庭院、园林花木，也是我国十大名花之一。它通常在秋季开花，花开之时，香飘十里。

"丹桂飘香"里的"丹桂"，就是桂花。

茶花

茶花是山茶科常绿灌木或乔木，又叫山茶花，花色有白色、淡粉色、大红色等。茶花也是我国十大名花之一，通常在冬末春初开花。

茶花是我国云南省的省花

兰花

兰花是兰科植物的习称，有鹤顶兰、石斛、蝴蝶兰等许多种类。兰花花茎直立，花味幽香，象征着高洁典雅、坚贞不屈，是我国十大名花之一，也是斯里兰卡的国花。

兰花与菊花、水仙、菖蒲并称为"花草四雅"

水仙花

水仙花属于石蒜科，是多年生球根花卉。它的花长在茎的顶部，花冠为白色，副冠为黄色，花香很是清雅。水仙花是一种盆栽花卉，一般在12月至次年2月开花，被视为元旦和春节期间的吉祥花卉，也是我国十大名花之一。

水仙花又有"凌波仙子"之称

睡莲

睡莲属于睡莲科，是多年生水生草本植物。它的根扎在水中，花在水上开放，夜间花梗会弯入水中，像垂下头睡着了一样。睡莲大多日开夜闭，也有夜开日闭的。泰国、孟加拉国、埃及都将睡莲定为了国花。

睡莲有"花中睡美人"的美誉

鸡蛋花

鸡蛋花属于夹竹桃科，是多年生灌木或乔木。它的每片花瓣都会由里侧的嫩黄色慢慢过渡为花瓣边缘的乳白色，与鸡蛋蛋黄和蛋清的颜色极为相似，故而得名"鸡蛋花"。

鸡蛋花是老挝的国花

万带兰

万带兰属于兰科，是多年生附生草本植物。它的花型较大，花色有白色、黄色、红色、茶褐色和天蓝色等。万带兰生长在热带地区，生活环境的温度一般不能低于20℃。

万带兰是新加坡的国花

虞美人

虞美人又叫丽春花，属于罂粟科，是一年生草本植物。它一般在夏季开花，花长在茎的顶端，有红色、白色等花色，十分艳丽。

虞美人是比利时的国花

仙客来

仙客来属于报春花科，是多年生草本植物。它开花时，花瓣会向上翻，花色有红色、白色、雪青色等，有时也会是这几种颜色的混合色。仙客来主要生长在温带地区，是圣马力诺的国花。

仙客来又叫兔耳花、一品冠

郁金香

郁金香属于百合科，是多年生球根植物。它的花色有很多种，室内外都可以栽培。荷兰的郁金香在世界上最为有名，郁金香也是荷兰的国花。除荷兰以外，郁金香还是匈牙利、土耳其的国花。

郁金香通常在三月上旬至五月下旬开花

扶桑

扶桑属于锦葵科，是常绿或落叶灌木。它四季都会开花，花朵很大，花色有红色、粉色、黄色等。它是一种著名的观赏花木，是马来西亚的国花，也是美国夏威夷州的州花。

扶桑又叫朱槿、大红花、中国玫瑰

马蹄莲

马蹄莲属于天南星科，是多年生草本植物，又名慈姑花、海芋等。它一般春季开花，夏季休眠，花形呈马蹄形，花色有白色、红色等，花冠内还包着一个黄色的花穗。它是世界著名的观赏花卉，受到很多人的喜爱。

马蹄莲是埃塞俄比亚的国花

三角花

三角花属于紫茉莉科，是常绿攀缘灌木，又叫三角梅、九重葛。它的枝上带刺，一般是三朵花并为一丛聚生，很是美丽。三角花大多生长在热带地区，花期很长。它是赞比亚的国花。

三角花的"花瓣"并不是真的花瓣，而是长得像花瓣的变态叶。

卡特兰

卡特兰属于兰科，是多年生草本植物。它的花朵很大，有白色、黄色、绿色、红色、紫色等颜色，鲜艳美丽，有特殊的香气。卡特兰是巴西、哥伦比亚、哥斯达黎加的国花。

卡特兰有"洋兰之王""兰之王后"的美称

鸢尾花

鸢尾花是鸢蒜科多年生草本植物的统称。它们通常有两层花瓣，外层三枚花瓣大而弯曲，内层三枚花瓣小而直立，形态十分美丽。鸢尾花是法国和阿尔及利亚的国花。

常见的鸢尾花多为蓝紫色

石榴花

石榴花属于石榴科，是落叶灌木或小乔木，通常在5月开放，花色为红色或黄色。它是西班牙和利比亚的国花。

石榴花原产于中亚，相传是西汉时被张骞引入我国的。

百合

百合属于百合科，是多年生鳞茎草本植物。它一般在5～8月开花，花朵呈喇叭形、钟形或碗形，花色有白色、黄色、红色等。它象征着纯洁、高雅，是重要的切花品种之一，也是梵蒂冈的国花。

百合素有"云裳仙子"之称

玉兰

玉兰属于木兰科，是落叶乔木，又名白玉兰、望春花，一般先开花后长叶，花期为10天左右。玉兰花朵的外形很像莲花，盛开时，花瓣展向四方，具有很高的观赏价值。

玉兰花是我国上海市的市花

樱花

樱花属于蔷薇科，是落叶乔木。它通常在每年4月开花，有的品种是先开花，后长叶，也有的是花叶同时绽放。它的花瓣在白色中带有一点淡淡的粉色，十分淡雅漂亮。樱花是日本的国花之一。

樱花并非产自日本，而是从喜马拉雅山脉传入日本的。

鹤望兰

鹤望兰是芭蕉科多年生草本植物，又叫天堂鸟、极乐鸟花。它一般在冬春时节开花，花形很不规则，呈鸟喙状，色彩鲜艳，非常漂亮。

鹤望兰原产于非洲，目前在全世界都有种植。

向日葵

向日葵属于菊科，是一年生高大草本植物。它通常在7～9月开花，花长在茎顶，像一个大圆盘。因为它的花会随太阳从东向西移动，而且始终朝向太阳，所以得名"向日葵"。

向日葵是俄罗斯、秘鲁等国的国花

穿越 ●●●●●

香花真的不艳？

艳丽的色彩和诱人的香味都能吸引昆虫帮花传粉，但大多数花往往只具备了其中的一种优势，于是就有了"香花不艳、艳花不香"的说法，比如茉莉花、桂花、薰衣草虽然都比较素雅，却香气袭人；而芍药虽然花色艳丽，香味却很淡。

倒挂金钟

倒挂金钟属于柳叶菜科，是一种常绿的亚灌木，又叫灯笼花、吊钟海棠。它的花苞最初像个灯笼，然后会开出花瓣，花瓣有白色、蓝色、紫色、红色、粉红色等颜色。

倒挂金钟是冬春季我国北方室内盆栽花卉之一

美蕊花

美蕊花属于豆科，是一种灌木。它在夏秋时节开花，花形像个毛球，花色为粉红色。我国各地的公园、庭院中都栽培有美蕊花。

美蕊花

猪笼草

猪笼草属于猪笼草科，是多年生草本植物，也是一种会通过捕食虫类来获取生长所需营养的食虫植物。它用来捕虫的虫囊呈圆筒形，长在叶子的顶端，囊上还有活动的小盖。虫子掉到虫囊里后，会慢慢地被分解消化掉。猪笼草在我国南方地区被广泛栽培，是一种奇异的观赏植物。

猪笼草

紫荆花

紫荆花是苏木科常绿中等乔木，又叫红花紫荆、洋紫荆。它的叶片有圆形、宽卵形或肾形等形状，叶片顶端都裂为两半，好似羊的蹄甲，所以也叫红花羊蹄甲。紫荆花通常在每年11月至第二年2月之间开花，也有2月至5月开花的品种。它花大如掌，略带芳香，有团结和睦、骨肉难分的寓意，是香港特别行政区的区花，也是香港特别行政区区徽、区旗上的标志性图案。

紫荆花

鸡冠花

鸡冠花属于苋科，是一年生草本植物，因花似鸡冠而得名。鸡冠花在花坛和院落中很常见，它通常在夏秋时节开花，有紫色、粉红色等花色。

鸡冠花

君子兰

君子兰属于石蒜科，是多年生的常绿草本植物。它是著名的观叶、赏花植物，每年1～5月开花，开花时，会先在根部抽茎，再在茎顶开出一簇花，有绯红色、橙黄色等花色。

君子兰

昙花

昙花属于仙人掌科，是多年生灌木。它通常在夏季晚间8～9点开花，花香四溢，但4～5小时后便会凋谢，"昙花一现"的说法便是由此而来。

昙花是一种名贵的花

红掌

红掌属于天南星科，是多年生附生常绿草本植物，又叫红烛。它在全年各季节都可以开花，花色为橙红色或猩红色，花期为1个月。

红掌

含羞草

含羞草属于豆科，是多年生草本植物。它的叶子对外界刺激极为敏感，一被触摸就会迅速闭合，过几分钟后恢复原状，像是害羞了一样。它在夏秋时节开花，花朵较小，呈淡黄色或粉红色。

含羞草

三色堇

三色堇属于堇菜科，是多年生草本植物，因为花形像展翅飞翔的蝴蝶，所以又叫蝴蝶花。三色堇一般在4～6月开花。它鲜艳美丽，常作为观赏花卉，在公园、广场和马路边栽培。

三色堇

植物的奇异现象

任何植物都必须适应环境才能生长发育。因此，植物在长期的进化过程中，便出现了多种多样的适应性特点，具体表现是：植物的器官，如根、茎、叶、花等，发生异乎寻常的变化，产生了奇异的变态现象。

藤本植物

老茎生花

在热带雨林中，高度处于中下层的乔木上常常会出现老茎生花的现象，也就是它们的花朵没有开在枝叶中，而是直接开在了粗壮的树干上。榕树、木菠萝等许多乔木都会出现这种现象。对于这种现象形成的原因，众说纷纭。有人认为这是由于乔木太高，昆虫飞不了那么高，无法去为花传粉，所以乔木的花开在较低的茎干上；也有人认为这是因为雨林中乔木的果实通常大而重，细嫩的枝条无法承载，只有树干才能负荷。总之，老茎生花是植物适应环境的表现，它有利于植物结果、繁殖。

绞杀植物

绞杀植物是热带雨林中的一类半附生植物，它们的种子靠鸟类进行传播。当这种植物的果实被鸟吞食后，果实中的种子会随着鸟的粪便被排到大树的树丫上，接着种子萌发，便长出一些气生根。气生根会沿着它附生的大树主干向上攀缘和向下延伸。这些气生根不仅会在地上紧紧地包住大树的主干，与大树争夺空间和阳光，也会在地下与大树争夺水分和营养，使大树失去输送营养和水分的能力，最终被"绞死"。大树死后，绞杀植物还会把大树的残骸当成营养来源，慢慢享用。最常见的绞杀植物，是生长在热带雨林中的一种榕属树木，名字叫绞杀榕。被绞杀植物附生的植物，则叫支持植物。

穿越 ●●●●●●

"空中花园"

热带雨林中有很多令人叹为观止的景象。其中最有名的景象之一，便是"空中花园"。由于雨林地区雨量充沛，树木的树丫处经常积水，并积累了薄薄的腐殖质，因而一些附生植物可以在扎根生长。花朵美丽芳香的附生植物长成一片，就构成了雨林中绚丽多彩的"空中花园"。

火烧花树的
老茎生花现象

绞杀植物开始长得比较慢，当它的气生根接触到土壤后，便会迅速分根，并缠住支持植物，使支持植物因不断失去营养、水分而逐渐死去。对于支持植物来说，一旦被绞杀植物缠上，用不了几年就会被活活"绞死"。

树木插入地下的气生根

藤本植物

　　藤本植物也是热带雨林的一大特色，它们会依靠其他植物或岩石等支持物，攀缘而上地生长。在温带地区，常见的是草质藤本植物；在热带地区，常见的则主要是巨大的木质藤本植物。有些藤本植物的茎能粗达十几厘米，长达几十米至上百米，甚至能从地面缠绕到二三十米高的大树上，或形成自缠自绕的巨大环结，悬挂在其他植物高大的树冠上。

　　被藤本植物缠上的大树往往会被活活箍死，稍小的幼树也常会由于支撑不了巨藤而折断。藤本植物多为喜阳性植物，在雨林阴暗的下层空间很难存活，因此它们在雨林内部并不常见，往往生长在阳光充沛的雨林边缘地带。

独树成林

　　热带雨林中的一些发育着支柱根或气生根的乔木，会形成自然界的又一奇异现象——独树成林。

　　生活在热带地区的榕树，就很容易形成独树成林的现象。在榕树的躯干上，往往生有许多随风飘荡的气生根。这些气生根的生命力很强，一旦接触地面，便可扎入土壤中。气生根在土壤中获取养分后，生长极其迅速，然后逐渐变成树的新干，与树的主干共同支撑起树冠。榕树越大，这种新干便越多，以至逐渐形成了大片的树荫，覆盖了地面上1000～2000平方米的地域。虽然宛如一片小树林，可实际上它还仅仅是一株树。这种独树成林的奇异景观，在我国云南的西双版纳就可以见到。

这是一株有500多年树龄的大榕树，它的无数条气生根形成了一片错综复杂的榕树林。有成千上万只鹤栖息在这里，此外还有十多种其他种类的鸟也生活在这里。巴金爷爷称这棵独树成林的大榕树为"小鸟天堂"。

紫藤就是一种典型的藤本植物

红树林

寄生植物

　　在自然界中，有一类植物是靠吸收别的植物的营养而活的，它们堪称是"植物界的寄生虫"，因而被称为寄生植物。寄生植物的叶片大都退化了，整个植物体缺少叶绿素，没有光合作用的能力。因此，寄生植物只能攀附在别的植物上，吸收别的植物体内的营养和水分，以满足自己的生存需要。

肉苁蓉是一种典型的寄生植物。表面上看，好像是它自己把根扎在了地下，其实它寄生在其他植物的地下根上。

红树棒槌状的幼苗

胎生植物

　　就像哺乳动物的胎儿会在母体中发育一样，有些被子植物的种子成熟后，并不会马上离开母体，而是会在果实中萌发，长成幼苗后才离开母体，这类植物就叫胎生植物。红树是一种典型胎生植物。红树的果实成熟时，里面的种子就已萌发。随着种子胎轴的不断伸长，胚根和胚芽便突破果皮，形成一条条棒槌状的幼苗，挂在树枝上。每当海风吹来，成熟的幼苗就会借助自身的重量，纷纷脱离母体，落入海滩，扎入土壤，用不了几个小时就能生根，然后萌发出新的枝叶。

高山植物

　　高山植物一般生长在山地林线以上、常年积雪带以下的地段。这里日照强烈，夏季短而凉爽，冬季长而严寒。在这种特殊条件下，高山植物形成了矮生和旱生的特点。它们一般都比较矮小，全身披着浓密的茸毛，叶子虽然也比较小，但光合作用的效率却很高。高山雪莲花就是一种典型的高山植物。

胎生植物形成的"树挂幼苗"的奇观

高山雪莲花

附生植物

热带雨林中，常可以看到许多小巧的植物长在高大的乔木枝干上。这些植物不会和乔木争夺营养，只是利用积留在树皮或树杈间的泥土和落叶的分解物，把根扎在上面，与高大的乔木形成了附生关系，因此被称为附生植物。附生植物种类很多，有的是苔藓植物，有的是蕨类植物，也有的是种子植物中的兰科植物。

的进化过程中，它们进化出了把虫子"吃"进体内的本领，以补充自身营养的不足。

食虫植物的叶子长有腺毛，它们分泌的黏液同动物的消化液相似，含大量蛋白酶，能分解各种小动物的尸体。

世界上的食虫植物有300多种，大多生长在较贫瘠的土地上，著名的有猪笼草、捕蝇草、瓶子草等。

·超级视听·

植物中的"暗杀高手"

乔木上的附生植物

捕蝇草

食虫植物

食虫植物是指具有特殊的构造器官，能引诱、捕获、消化小动物，并获得营养的植物。食虫植物虽然也有叶绿体，可以通过光合作用自行制造养料，但它们能够直接把动物作为自己主要的营养来源。这一点与一般的绿色植物有所不同。

科学家的实验表明，食虫植物原来可能生长在缺少各种无机盐的土壤上。因此，在长期

大王花

产于东南亚热带雨林的大王花，直径可达1米以上，堪称世界上最大的花。大王花没有叶子，它的整朵花就是它的全部植物体。大王花是寄生植物，它的寄主是一种藤本植物。大王花开花期间，会散发腐臭味，能招来许多苍蝇为它授粉。大王花凋谢时，颜色会变黑，最后整朵花会变成一堆腐烂的黑色物质。雌花在凋谢后会结出一个半腐烂状的果实。

猪笼草

大王花

瓶子草

珍稀植物

　　珍稀植物是在科学、经济、教育、文化等方面具有重要的价值，但现存数量却很稀少，濒临绝灭的植物。不少珍稀植物在世界范围内的数量和分布面积极为有限，本身也极具特色，因此常被所在的国家视为国宝。

　　王莲、百岁叶、水杉、海椰子、珙桐、金花茶、桫椤、望天树有"世界八大珍稀植物"之称。红豆杉、野生人参等也都是世间罕有的珍稀植物。

王莲

　　王莲生长在南美洲的亚马孙河流域。它的叶片像一个大圆盘，直径有1.8～2.5米，叶脉长得很像伞骨，有很大的浮力，二三十千克重的小孩坐在王莲的叶片上面也不会下沉。

王莲白色的花朵和巨大的叶片

百岁叶

　　百岁叶生于炎热和干旱的荒漠地区，因为寿命可达百年以上而得名。它的植株非常奇特，树干低矮而粗壮，树干顶部有一对长带状的巨大叶片，叶片饱经风霜，被撕裂为许多条，整株植物看上去就像一只大章鱼。

百岁叶又叫百岁兰、千岁叶、千岁兰

水杉

　　水杉被称为古老的"活化石"。水杉曾几乎全部灭绝。20世纪40年代，科学家们在我国西南地区发现了幸存的水杉，这个好消息令全世界的生物研究者为之一振。

水杉叶

水杉

海椰子

在印度洋上的塞舌尔群岛上，生长着一种稀有的珍奇植物——海椰子。海椰子又叫复椰子、海底椰，它非常高大，树高能达30多米，有"树中之象"的称号。海椰子的椰果也大得惊人，单个椰果就重达10～20千克，堪称世界上最重的坚果。如今，海椰子已经成了塞舌尔的国宝。塞舌尔人专门建立了保护区，以保护这种珍稀的植物。

海椰子巨大的果实

珙桐

珙桐是中国特有的植物。它在初夏开花，花形奇特，像一只只随风而舞的白鸽，非常漂亮。西方人也把珙桐称为"中国的鸽子树"。

人参

人参被人们誉为"百草之王"。由于它的根部肥大，形若纺锤，常有分叉，全貌颇似人的头和四肢，故而得名"人参"。

珙桐的花就像站在树上的一只只鸽子

中药里的人参片就是人参根部的切片

金花茶

金花茶是一种古老的植物，极为罕见，分布于我国广西的南部。它有很高的观赏、科研价值，享有"茶族皇后"的美誉。

红豆杉

红豆杉因果实很像红豆而得名。它是冰川时代就有的古老树种，也是我国特产的一种常绿乔木，已被列为国家Ⅰ级重点保护植物。

金花茶开放时呈杯状、壶状或碗状

红豆杉的种子呈扁圆形，红红的，很好看。

穿越 ●●●●●●

云南红药的传说

剑叶龙血树是我国Ⅱ级重点保护植物。相传东海龙王被哪吒刺伤，血流不止，逃到一棵剑叶龙血树下疗伤。龙王身上流出的龙血渗入树根，使剑叶龙血树有了灵性。从此，此树的树皮一被割破，就会分泌一种叫"血竭"的黏液。"血竭"有止血、活血、补血等功效，是一种名贵的药材。它也被称为云南红药，与云南白药齐名。

动物习性

　　动物习性是自然界中动物的各种行为，也就是动物的生存之道。动物的习性是动物在进化和个体发育的过程中逐渐形成的，包括它们生来就有的本能行为和后天建立的学习行为，比如蜘蛛结网，鸟类筑巢、求偶、迁徙等就属于本能行为；而鹦鹉学舌则是典型的后天学习行为。

　　通过了解动物的习性，我们可以知道动物是如何避免被捕食者追捕、如何辨认同类、如何进行觅食等行为的。研究动物的习性，不仅为防治有害动物奠定了科学基础，而且也能为利用各种有益动物、保护各种珍稀动物提供有利的条件。

家燕的习性之一是衔泥筑巢

捕食是豹的生活习性

棕熊有在河中抓鱼的习性

捕食

　　简单地说，捕食就是一种动物攻击、伤害或是杀死另一动物，并以其为食的行为。其中，前者被称为捕食者，后者被称为猎物。动物捕食通常是因为饥饿，它们捕食猎物的速度和效率通常也是随着饥饿程度的增加而提高的。虽然一个捕食者可以捕食多种猎物，但很多捕食者都喜欢捕食某种特定的猎物，比如棕熊可以捕食兔子、羚羊等，饥饿时甚至还会吃草充饥，但它们最喜欢捕食的猎物却是大马哈鱼。捕食者和被捕食者各有特长：捕食者为了能捕食成功，往往有锋利的牙齿，有快速奔跑的能力；被捕食者为了逃命，往往也会一些聪明的策略，比如打洞、装死、飞速奔跑等。值得一提的是，很多动物猎取食物不是为了给自己吃，而是为了喂养自己的后代。

迁徙

动物周期性地往返于不同地区之间的远距离移居行为，就叫迁徙。迁徙行为主要出现在鱼类、鸟类、哺乳类和少数昆虫身上。它们的迁徙一般以一年为一个周期，迁徙的地域常跨越不同的温度带。对不同的动物来说，迁徙有不同的名称：对鸟类来说称为迁徙，对昆虫来说称为迁飞，对鱼、虾和鲸来说称为洄游，对大部分哺乳动物来说则称为迁移。

最典型的迁徙动物是候鸟，比如北极燕鸥在北半球的极地区域内繁殖，秋季时却飞越重洋到南极越冬，航程近1.8万千米。有些陆地动物也会迁徙，比如北美的驯鹿春夏之交时生活在北极圈的冻原上，到了7月则开始南下，第二年春天才再度北移。大多数鱼类都有洄游行为，其中，从取食地或越冬地向繁殖地的洄游叫生殖洄游；生殖洄游后，为了大量捕食以补充体内消耗而进行的洄游叫索饵洄游；喜温鱼类游向温暖地区的洄游则叫越冬洄游。

迁徙途中的大雁

鸟身上寄生的吸血虫

寄生

寄生是一种生物寄居在另一种生物的体内或体表，并靠吸取后者的营养来养活自己的现象，是一种通过损害别人来令自己受益的生活方式。其中，寄生的生物叫寄生物，被寄生的生物叫宿主或寄主。寄生可以分为体内寄生和体外寄生两种。动物中的寄生物多数是无脊椎动物，如蛔虫、疟原虫、蜱、螨等。寄生物会给寄主造成不同程度的伤害，能令寄主生病，甚至能使寄主丧生。植物中也存在着寄生的现象，如豆科植物上常能见到一种茎部很细柔、呈丝状的植物，它叫菟丝子，是一种危害大豆等作物的寄生植物。

人的寄生虫——虱子

共生

与寄生不同，共生是两个不同种类的生物在一起生活，双方都从中获利的生存现象。

共生的生物会和谐地生活在一起，彼此互相帮助、互相依赖。它们对彼此的依赖程度很高，以至于如果失去其中一方，另一方也就不能存活，白蚁和多鞭毛虫便是如此。白蚁本身不能消化纤维素，它之所以靠吃木材为生，是因为体中的多鞭毛虫能帮助它消化木材中的纤维素。一旦离开了多鞭毛虫，白蚁虽能啃食木材，却会因为无法消化木材而饿死。同样，多鞭毛虫离开了白蚁的消化道，也会很快死亡。

共生的现象在植物界中也很常见，比如藻类和真菌共生的共同体——地衣，就是植物共生现象中最突出的代表之一。如果双方对彼此的依赖性不高，离开后彼此后，各自仍能存活，这种关系则不算共生，而叫互惠。人类其实也是共生生物。人的消化道里有无数细菌，它们能帮助人类分解消化道内的物质。如果没有这些细菌，人就无法消化食物，也就无法存活了。

穿越 ●●●●●

大雁为啥组队飞行？

大雁之所以在迁徙过程中会按照"人"字或"一"字的队形飞行，是因为这样的队形，能有效利用气流，减少体力消耗。但是小型鸟类在迁徙中不组队形，而会聚集为成千上万只集结在一起的封闭群，迁徙时铺天盖地。这是为了迷惑天敌，使天敌不知道该抓哪一只。

互惠互利的动物

警戒色

很多有恶臭或有毒的动物，其体表往往都带有鲜艳的斑纹。这种醒目的体色就像是动物身上表示"我有毒，别碰我"的警告牌一样，有示警的作用，能警告捕食者别来侵犯自己，因此这种颜色叫警戒色。

黄蜂和蜜蜂身上黄、黑相间的条纹，就是警戒色；瓢虫身上布满的斑点，也是警戒色，能使食虫动物望而却步；许多毒蛾幼虫的体表长着毒毛，如果鸟类吞食它们，毒毛就会刺伤鸟的口腔，所以这些幼虫身上也有红色、黑色、橙色等颜色的斑点，用来警告鸟类。有时，刚离巢的小鸟不懂事，吃这些幼虫时会刺伤嘴，但以后就再也不敢吃这些幼虫了。

箭毒蛙身上有明显的警戒色

拟态

自然界中，有许多生物的外表形态、色泽斑纹与周围环境中的其他生物或者非生物非常相似，这种现象就叫拟态。

在自然界，拟态这一现象普遍存在，比如枯叶蝶就是著名的拟态高手。它翅膀的正面是鲜艳的橙色和黑色花纹，背面则呈棕黄色。当它合拢翅膀停在树枝上时，从侧面看，它的翅膀的形状就像一片树叶，上面还有仿佛叶脉一般的花纹，好似真的是一片已枯干的叶子。但当枯叶蝶飞起来时，它翅膀上鲜艳的颜色就露出来了。兰花螳螂身体的颜色、形态也与周围的花朵非常相像。有时我们能看到一朵美丽的"兰花"忽然展开，敏捷地捕获一只蜘蛛，那朵"兰花"其实就是"拟态高手"兰花螳螂。

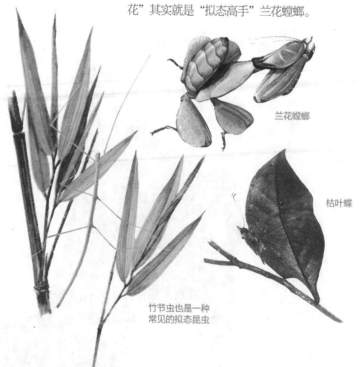

兰花螳螂

枯叶蝶

竹节虫也是一种
常见的拟态昆虫

冬眠时的各种动物

冬眠

冬眠也叫冬蛰，是一些动物为了适应冬季气候寒冷、食物不足等不利条件而具有的一种生存方式。冬眠可以帮助动物抵御严寒气候的侵袭，克服食物缺少的困难。许多温带和寒带地区的无脊椎动物、两栖动物、爬行动物、哺乳动物都会冬眠，如大部分昆虫、一些鱼类，以及蚯蚓、蜗牛、蜥蜴、蛇、蛙、蝙蝠、刺猬、黑熊等。动物冬眠时，会陷入昏睡状态，不吃不动，体温下降，呼吸微弱，心跳也变得很缓慢。动物冬眠前都会大量觅食，在体内贮备足够的脂肪等营养物质。

雷鸟在夏天和冬天会通过改变羽毛的颜色来隐藏自己

保护色

不少动物的体色与周围环境的色彩十分相似，这能帮助它们更好地适应环境，避免被天敌发现，这种体色叫保护色。昆虫大多都有保护色，它们的体色往往与绿叶、枯叶、树皮、土壤的色彩很相似，比如在松树上生活的松天蛾一般都是褐色的，因为褐色与松树皮的颜色相近。此外，生活环境不同，同一种昆虫也会有不同的体色，比如生活在青草地上的蚂蚱是绿色的，生活在枯草地上的蚂蚱却是褐色的。

放电

在浩瀚的海洋中，有许多鱼类具有放电的能力。鱼类的这种能力主要是用来抵御敌害，进行自卫，也有些鱼会通过放电来猎取食物，比如有些鱼虽然只能放出较弱的电流，但它们身上却布满电感器官，能像精密的水中雷达一样侦察环境、寻找食物。

大部分鱼放的电都比较弱，但电鳐放的电却能有200多伏的电压。南美洲附近海域里的电鳗放电的电压更是能达到600多伏，足以击毙一条几十千克的大鱼。

鱼之所以能够放电，是因为它们体内有放电器官。这些放电器官是由高效能的放电细胞构成的，放电细胞构成了若干个"电极板"。当鱼处于静止状态时，这些放电细胞不放电；一旦受到某种刺激，放电细胞就会产生生物电流，然后从不放电的状态变成放电的状态。

无性繁殖

无性繁殖是指不经过生殖细胞结合的受精过程，而是由母体的一部分直接产生子代的繁殖方法。无性繁殖包括分裂生殖、出芽生殖、孢子生殖、营养生殖等几大类。其中，低等动物大多通过分裂生殖和出芽生殖进行无性繁殖；真菌和一些植物则大多通过孢子生殖和营养生殖进行无性繁殖。

动物界中，单细胞动物大多是无性繁殖，其他动物基本上都是有性繁殖。单细胞动物中，变形虫、草履虫等进行的是分裂生殖；酵母菌、水螅等进行的则是出芽生殖。蜜蜂是我们较为熟悉的昆虫，它们也会进行无性繁殖，只是通过这种方式出生的蜜蜂全部是雄蜂。

如今人类通过自身发明的克隆技术，也可以让一些高等动物进行无性繁殖，比如克隆羊多莉的诞生过程就属于无性繁殖。

多莉并不是通过精子和卵细胞的结合发育出生的，而是通过克隆技术，以无性繁殖的方式出生的。

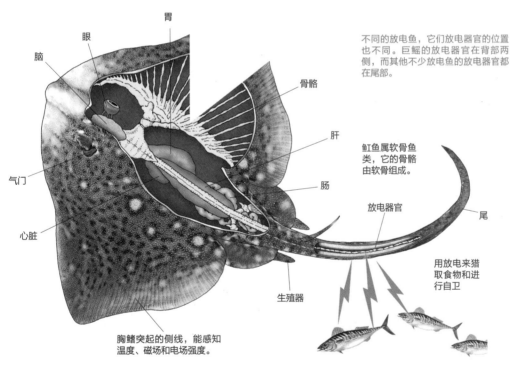

胃

眼

脑

骨骼

肝

气门

虹鱼属软骨鱼类，它的骨骼由软骨组成。

肠

放电器官

尾

心脏

不同的放电鱼，它们放电器官的位置也不同。巨鳐的放电器官在背部两侧，而其他不少放电鱼的放电器官都在尾部。

用放电来猎取食物和进行自卫

生殖器

胸鳍突起的侧线，能感知温度、磁场和电场强度。

虹鱼和它的放电器官的位置

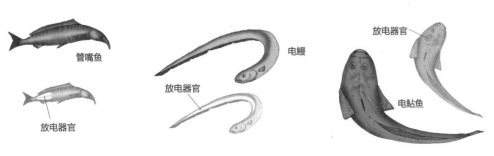

管嘴鱼

放电器官

管嘴鱼和它的放电器官的位置

电鳗

放电器官

电鳗和它的放电器官的位置

放电器官

电鲇鱼

电鲇鱼和它的放电器官的位置

穿越 ●●●●●●

动物也"夏眠"

动物不单会冬眠，还会"夏眠"。非洲肺鱼就是"夏眠"动物，到了夏季，它们会钻入泥中进行夏眠，以躲避旱季，等待雨季的来临。和冬眠动物一样，"夏眠"时，动物们也不吃不喝，呼吸会变微弱，心跳会减慢。

水生动物

地球被称为"蓝色星球",其三分之二的表面都被水所覆盖。地球广袤的水域孕育了多种多样的水生动物,它们按照栖息场所的不同,分为海洋动物和淡水动物两大类,广泛分布在世界各地的海洋、河流、湖泊、水库、水塘等生存环境中,有着众多的种类和庞大的数量,令地球的生物圈生机勃勃。

虾和蟹的生长过程中,要经过数次换壳,换壳是它们长大的标志。螯虾开始蜕壳时,腹和头胸连接处的薄膜会裂开,然后在背部形成裂缝。

螯虾蜕壳

虾

虾属节肢动物甲壳类,是十足目动物中腹部发达、能游泳生活的种类的统称,包括对虾、真虾、龙虾、螯虾等。其中,螯虾有坚硬的甲壳。在成长过程中,甲壳会限制螯虾体内器官的生长,因此每隔一段时间,螯虾都会蜕壳。蜕壳是螯虾生命过程中最危险的阶段,因为此时螯虾不进食,只靠身体以前贮存的能量和碳酸钙来合成新外壳,而且新外壳很软,所以这时螯虾的防御能力很差,极易受到伤害。

蟹

蟹属于节肢动物,是十足目短尾次目动物的统称。它们的头部和胸部合称为头胸部,身上长有一对螯肢,整个躯体由背甲包住,腹部不发达。在捕食或自卫时,螯肢是它们不可缺少的武器。蟹在生长过程中要数次蜕壳。由于缺钙,它们刚换上的新壳往往不够坚硬。因此,为了迅速补充钙质,蟹在蜕壳之后,会把刚换下的外壳全部吃掉。

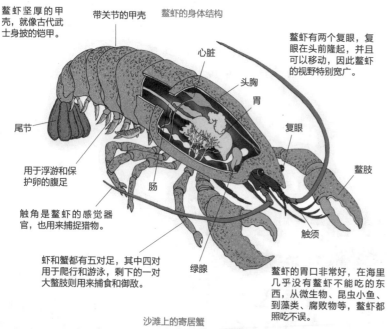

螯虾坚厚的甲壳,就像古代武士身披的铠甲。

带关节的甲壳

螯虾的身体结构

心脏

头胸

胃

螯虾有两个复眼,复眼在头前隆起,并且可以移动,因此螯虾的视野特别宽广。

尾节

复眼

用于浮游和保护卵的腹足

肠

螯肢

触角是螯虾的感觉器官,也用来捕捉猎物。

绿腺

触须

虾和蟹都有五对足,其中四对用于爬行和游泳,剩下的一对大螯肢则用来捕食和御敌。

螯虾的胃口非常好,在海里几乎没有螯虾不能吃的东西,从微生物、昆虫小鱼、到藻类、腐败物等,螯虾都照吃不误。

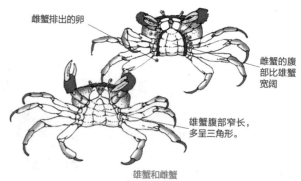

雌蟹排出的卵

雌蟹的腹部比雄蟹宽阔

雄蟹腹部窄长,多呈三角形。

雄蟹和雌蟹

寄居蟹

寄居蟹寄居在符合自己身体大小的螺壳内,并会随着身体的长大不断更换螺壳。它寄居的壳体上,常携带着海葵。作为回报,海葵会用自己能释放出致痒、致痛物质的触角保护寄居蟹,使一些寄居蟹的天敌远离寄居蟹。

沙滩上的寄居蟹

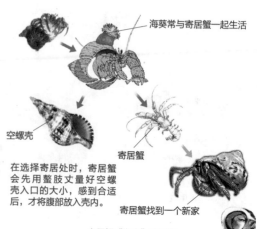

海葵常与寄居蟹一起生活

空螺壳

寄居蟹

在选择寄居处时,寄居蟹会先用螯肢丈量好空螺壳入口的大小,感到合适后,才将腹部放入壳内。

寄居蟹找到一个新家

寄居蟹"搬家"的过程

鳄

　　鳄类动物是现存最大的爬行动物，生活在热带和亚热带的大河与内陆湖泊中，只有极少数会入海。世界上最大的鳄是澳大利亚的湾鳄，它身长可达10米。最小的鳄是亚洲的短吻鳄，成年短吻鳄的身长也只有约1.2米。由于鳄的外形有点像鱼，又生活在水里，人们常喊它鳄鱼。大约在1.8亿年以前，鳄就已在地球上生存了。它们历经自然环境的变化繁衍至今，而且外形、习性等没什么改变，所以被称为"活化石"。

　　鳄的鼻子和眼睛都长在头部的上方，而且向外突出，这有利于它从水底远距离窥视水面的猎物，以伺机袭击。猎物被鳄咬住后，会被拖入水中淹死。鳄会死死咬住猎物，然后将猎物撕成一块块的肉，再吞入腹中。鳄饱餐后，经常会吃些沙石，用沙石来帮胃磨碎食物，以促进消化。

鳄的眼睛像猫一样，白天瞳孔变窄，晚上瞳孔变大，能发出淡红色的光。

鳄的牙齿长长的，呈圆锥形。

海龟

　　海龟虽然在海中游动，但属于爬行动物。它们是恐龙时代的幸存者，诞生至今已有2亿多年了，因而也被誉为"活化石"。它们四肢扁平，好像划水的船桨，厚厚的背甲长达1米以上，体重可达150～180千克。和陆地上的许多乌龟不一样，海龟的头、颈和四肢都不能缩进壳内。它们用肺呼吸，以海藻等植物和鱼、虾等动物为食。因为没有牙齿，所以它们是靠角质化的嘴来咀嚼食物的。现存的海龟有绿海龟、丽龟、玳瑁、棱皮龟、黑海龟等种类，主要分布在大西洋、太平洋及印度洋的温暖海域。其中体型最大的一类是棱皮龟。

食人鱼下颚发达，牙齿也十分锋利。

食人鱼

　　食人鱼又叫食人鲳，是一种凶猛的鱼类，原产于南美洲的亚马孙河流域。它的身体呈盘状，体长10～20厘米，大的可达30多厘米。它的嘴很大，上、下颌均有一排锐利如刀的三角形牙齿，牙齿咬合时会相互镶嵌，像锯齿一样。这些牙齿可以咬破牛皮，咬穿20毫米厚的木板，甚至还能咬断直径为1毫米的钢制小鱼钩！

　　食人鱼性情残暴，有"水中狼族"之称。它以鱼类和落水动物为食，有时也会攻击人。食人鱼很有观赏价值，所以获得不少热带鱼爱好者的青睐。但它一旦进入其他地方的江河，很容易导致当地淡水生态系统的生态失衡，因此我国禁止非法引进、饲养食人鱼。

玳瑁是自然界中少数几种能消化玻璃的动物之一。它的角质板是一种很受欢迎的装饰材料，能制成眼镜框或装饰品。

鲸鲨

大白鲨能顺着海流带来的气味，准确地找到猎物。

上，随波逐流。它们可以通过保护色和拟态来躲避天敌：在海藻中时，它们的体色为黄绿色或绿褐色，在黄红色的沙底中时，它们的体色为黄棕色。一般的动物都是雌性生育后代，而海马却是雄性"怀胎"。每条雄性海马的身上都有一个由皮肤褶层构成的腹袋，海马妈妈会将卵产在海马爸爸的腹袋内，这些卵会在海马爸爸的腹袋里被孵化成小海马。

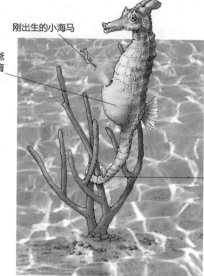

刚出生的小海马

海马爸爸的育儿袋

海马在水中游动时，也是这样直着身子，靠摆动背后的鳍前进。

海马没有尾鳍，尾部常卷在珊瑚礁或海藻上。

生活在珊瑚礁附近的海马

鲨鱼

全世界的海洋中生活着300多种鲨鱼，人们常见到的有50多种，其中会主动攻击人的只有20多种。生活在热带温暖海域的鲨鱼，比如双髻鲨、大白鲨等，是最具攻击性的食肉鱼类，人称"海洋猎手"。这些鲨鱼的身体构造，对它们成为"海洋猎手"有很大的帮助。它们的眼睛里有一个特殊的反射层，能帮助鲨鱼看清黑暗海水里的东西；它们的鼻子对血腥味极为敏感，即使水中只有少量血液，几千米之外的鲨鱼也能闻到；鲨鱼还长有好几排牙齿，能咬死和吃掉比它体型还大的鱼类。

不同种类的鲨鱼体型不一，最大的鲸鲨可达20米长，最小的宽尾小角鲨只有15厘米左右。别看鲸鲨个头很大，却生性温驯，只以浮游生物为食；而扁鲨体型虽小，却十分凶猛。

海马

头部像马，尾巴像猴，眼睛像变色龙，身体像有棱有角的木雕——这就是海马的外形。虽然从外形看，海马一点儿都不像鱼，但海马和它的同类海龙，其实都是刺鱼目海龙科的鱼类。因为海马的外形不同于一般的鱼，加上没有尾鳍，所以它们的游泳速度非常慢，堪称世界上游得最慢的鱼之一。海马广泛分布在热带、亚热带和温带的近内海水域，我国的沿海海域也有海马生存。海马喜欢栖息于水质澄清、藻类繁茂的内湾低潮区，有时会用尾部缠绕在漂浮的海藻

飞鱼

飞鱼是具有滑翔能力的鱼，生活在温带和热带温暖水域的上层，以海洋中的浮游生物为食，我国西沙群岛和台湾海峡都能见到飞鱼的身影。飞鱼体长约40厘米，它们口小，眼睛大，胸鳍非常发达，好像翅膀一样，腹鳍也较发达，整个身体很像织布的长梭。飞鱼起飞前，会先让胸鳍和腹鳍紧贴体侧，在水中快速游动，接着剧烈摆动尾部，形成后助力，然后借势跃出水面，再张开胸鳍，腾空滑翔。飞鱼通常能在空中滑翔几十米，顺风时可达100米以上。它还能连续数次跃出水面滑翔，时飞时落。

飞鱼之所以飞行，是为了躲避天敌的捕食。

·超级视听·

动物中的"变身大师"

乌贼

乌贼又叫墨鱼，属于软体动物门头足纲乌贼目。之所以被归入头足纲，是因为它的足生在头顶。

乌贼堪称是"烟幕弹专家"，它的消化系统中有墨汁腺和墨汁囊。当它受到惊吓或侵扰时，会将墨汁从肛门喷出。墨汁接触海水会很快扩散，随即在海水中形成一团黑雾，乌贼这时便能乘机逃跑。有的乌贼长年生活在见不到光的深海，一旦遇到敌害或受到刺激，它们释放的墨汁是闪闪发光的。这种闪光的墨汁有极强的麻醉作用，敌害一旦接触，视觉和嗅觉便会失灵，乌贼这时就能乘机逃走。

章鱼

章鱼是头足纲软体动物。它的外表很容易辨认，因为它长着大大的脑袋和八条长满吸盘的腕，而且它那特别大的脑袋上，还长着一对大大的眼睛。章鱼有非常出色的变色能力。它皮肤上有一种十分敏感的颜色细胞。受到外界刺激后，这种细胞就会随之改变颜色，使章鱼的体色变得和周围的环境相似。章鱼改变体色不仅是为了进行伪装，以躲避敌人，也时常是它情绪变化的反应。此外，和乌贼一样，章鱼也有墨腺，也能喷墨。

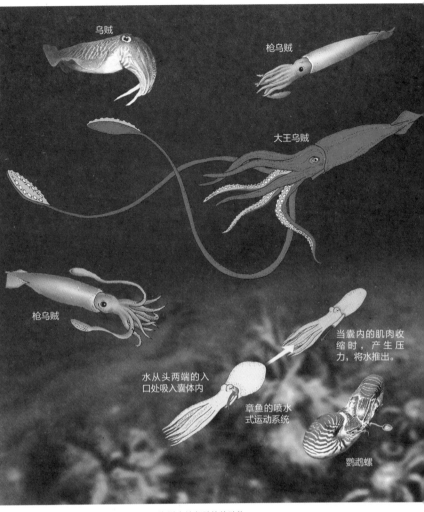

海洋中的各种软体动物

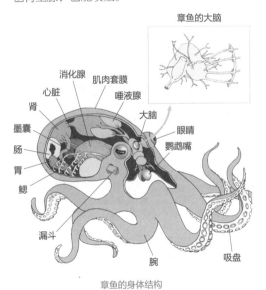

章鱼的大脑

消化腺
心脏　肌肉套膜
肾　　唾液腺
墨囊　　　　大脑
肠　　　　　眼睛
胃　　　　鹦鹉嘴
鳃
漏斗
腕　　　吸盘

章鱼的身体结构

鹦鹉螺

鹦鹉螺是有螺旋状外壳的软体动物，因为外壳光滑如圆盘，形似鹦鹉嘴，所以得名"鹦鹉螺"。鹦鹉螺的贝壳里有许多小室，最外边的一室是它居住的地方，其他小室则用来贮存空气，叫气室。通过调节气室里的空气量，鹦

鹉螺可以沉浮于海中。

鹦鹉螺与乌贼、章鱼等头足类动物拥有共同的祖先。在数亿年的漫长演化中，乌贼、章鱼的甲壳都消失了，只有鹦鹉螺在外形、习性等方面与祖先时代相比没什么变化，堪称"活化石"。它在生物进化研究和古生物学等方面有很高的价值，在现代仿生学上也占有一席之地，1954年问世的世界第一艘核潜艇，就叫"鹦鹉螺"号。

鹦鹉螺

穿越 ●●●●●●

海参的绝活

海洋中的动物遭遇危险时，逃跑的方式千奇百怪，有的甚至令人刮目相看。其中最奇特的当数海参。海参是海洋中的弱者，遇到敌害时根本就没有反抗能力，只能逃跑。逃跑时，海参能将自己的消化道、生殖腺等内脏从肛门中排出来，让内脏缠绕住敌人，同时自己趁乱逃跑。而被排出的内脏器官在几个星期后则可以在海参的身体里再生。

水蝛体长
成指状体

长成水蝛体

受精后的
水母细胞

由指状体分裂出
多个飘浮幼体

漂浮体长大变成新的生殖体

水母把配子细胞排放
到水中进行有性繁殖

雄水母

水母生活史

细珠海葵

羽状海葵

巨无霸海葵

海葵

　　海葵是六射珊瑚亚纲海葵目动物的统称。它们的单体呈圆柱状，柱体的开口端为口盘，封闭端为基盘。口盘的中央是海葵的口，口部周围有柔软而美丽的花瓣状触手，犹如生机勃勃的向日葵，"海葵"之名由此而来。虽然海葵的外表看上去很像花朵，但它其实是捕食性动物。它的触手一碰触到猎物，就会牢牢抓住猎物，同时触手上的刺丝立即会刺向猎物，并注入毒素，制服猎物。生长在百慕大的沙岩海葵，其毒素的毒性比氰化钾还厉害，有"世界上最厉害的生物毒素"的称号。

水母

　　水母属于腔肠动物，是海洋浮游生物的重要类群之一。它的上部是伞状的浮囊，在"伞"的边缘有许多触手，"伞"的下方中央有口，水母就是通过位于这里的口来吃东西的。水母的种类很多。不少水母都有毒，会蜇伤在海中游泳的人。生活在淡水中的桃花水母小巧轻盈；巨大的霞水母直径达2米，触手可长达30米，还能放出毒性极强的毒素；我们吃的海蜇也是一种水母。

岩石上的藤壶

藤壶

　　藤壶是一种灰白色、有石灰质外壳的小动物，常附着在海边的岩石、船体、浮木等物体上。它的形状有点像马的牙齿，所以生活在海边的人们也叫它"马牙"。藤壶的体表有个坚硬的外壳，所以它常被误以为是贝类，其实它是甲壳纲的动物。对人类而言，藤壶是一种"污损生物"。因为它会分泌出一种具有黏性的物质，这种物质像胶水一样，能使藤壶黏附在各种物体上，且任凭风吹浪打也冲刷不掉。

海葵没有骨骼，属于腔肠动物。

鲸

　　虽然鲸常被称为鲸鱼，但它其实不是鱼类，而是胎生的哺乳动物。鲸的呼吸器官不是腮，而是肺。它的鼻孔长在头顶，所以每隔一段时间，它会把头顶露出水面换气。鲸是地球上最大的哺乳动物，最大的鲸体长达30多米，约有160吨重。世界上的鲸分为两大类，一类是齿鲸，另一类是须鲸。齿鲸口中长着牙齿，但牙齿主要是用来捕获食物，而不是咀嚼食物的。齿鲸类中最具代表性的是抹香鲸、逆戟鲸、海豚，还有生活在北极的一角鲸和白鲸。与齿鲸相反，须鲸嘴里没有牙齿，只有像梳子一样的须，所以得名"须鲸"。须鲸的性情较温和，蓝鲸、大翅鲸等都属于须鲸。

海狮的四肢都已演化成了鳍的模样

海豚

　　海豚是最小的齿鲸，分布于全球的海洋，在热带和暖温带海域中最多。它的身体呈纺锤形，多数有背鳍，体长为1.2米～4.2米。它的嘴里虽然有几十颗尖而小的牙齿，却不能咀嚼食物，因此只能以小鱼、虾、乌贼等为食。它的头虽然很小，大脑却非常发达，有很好的记忆力和信息处理能力。它游泳的速度也很快，平均40千米/时，相当于鱼雷快艇的中等速度。海豚喜欢群居，常是数十头或数百头聚集在一起。它还有精密的声呐系统，能起到眼睛和耳朵的作用，可以在水中准确地识别各种物体，从而捕获食物、躲避敌害。

海狮

　　海狮属于哺乳动物中的鳍足目动物，主要以磷虾、鱼类和乌贼为食。因为有的雄海狮脖子上长着像雄狮一样的鬣毛，叫声也很像狮吼，所以得名"海狮"。海狮中体型最大的是素有"海狮王"美称的北海狮。雄北海狮体长超过3米，体重足有1吨以上；雌北海狮的体型稍小一些。海狮非常聪明，是动物界中的"记忆大师"。因为海狮的记性很好，所以它们可以识别出那些只在一年中的个别季节才能捕捉到的鱼。经过人类驯养后，海狮能学会不少高超的技艺，比如顶球、投篮、钻圈等，它们还能学会用后肢站立，或是用前肢倒立走路，甚至能跃过水面上1米多高的绳索。

海豚的身体呈流线型

珊瑚礁鱼类

海牛

水母

冰鱼

海葵

螃蟹

南极鳕鱼

海豹

大海龟

海马

灰鲸

石青

双髻鲨

200米

鲮鱼

鲨鱼

1000米

鳐鲼

章鱼

魟鱼

抹香鲸

大乌贼鱼

6000米

蝰鱼

三脚鱼

文鳐鱼

海豚

带鱼

须鲸

旗鱼

鳕鱼

银鲳

黄鱼

一角鲸

虾

乌贼

逆戟鲸

枪乌贼

海洋世界

　　浩瀚的海洋世界中，动物门类十分繁多。各门类动物的形态结构和生理特点常常有很大的差异，小到单细胞的原生动物，大到长度超过30米、重量超过160吨的鲸鱼，都是海底世界大家族中的成员。按生活方式来分，海洋动物能分为海洋浮游动物、海洋游泳动物和海洋底栖动物三种类型。

　　由于大洋深处一片漆黑，伸手不见五指，所以很多深海鱼的身体都进化出了发光器。大多数深海鱼的发光器都分布在身体的两侧，也有些深海鱼的发光器长在头上或身体的其他部位。在黑暗的环境里，发光器可以帮助深水鱼辨认同类，也有利于它们捕食和御敌。鮟鱇鱼就是一种典型的深海发光鱼，它的头顶伸出了一个"钓竿"，"钓竿"的末端有一个发光器，就像探照灯一样，能照亮前路。

海底发光鱼

鮟鱇鱼

海底火山

海参

蛇尾类

丛林动物

丛林里植被茂密，雨量丰沛，是许多动物的理想栖息地。居住在其中的树栖动物和有攀缘技能的动物特别多，有松鼠、貂、眼镜猴、长臂猿、变色龙和树蛙等。森林中的障碍物多，所以肉食性动物常采用伏击的方式进行捕食，被捕食的动物往往采用隐蔽躲藏的方式来保护自己，鸟类则大都把巢筑在树杈上或树洞里。

亚洲黑熊喉部长有V字形白毛，这是它身上最醒目的特征。它的活动范围很广，常通过搔抓树木或撒尿来为自己的活动范围做标记，没有特定的领地。

熊

熊是陆地上的大型杂食类动物，分布在亚洲、欧洲、非洲和美洲，其中棕熊分布最广。人们常用熊来形容笨拙，如"笨得像狗熊"，这是因为熊身体肥胖，四肢粗短，看上去笨头笨脑的。其实，熊并不笨，它们不仅会奔跑、爬树、游泳，还能像人一样站立行走。被驯化过的熊还能进行走钢丝、踩球等表演。

生活在寒冷地区的黑熊，全身的毛呈黑色，因为它的视力较差，我国北方地区的人们常叫它"黑瞎子"；分布在马来半岛、苏门答腊等东南亚森林地带的马来熊，舌头很长，特别喜欢吃蜂蜜；长着筒状嘴的懒熊爱吃白蚁；熊类中体型最大的是栖居在冰天雪地的北极的北极熊，因为它是白色的，所以又叫白熊。

棕熊的嗅觉极佳，是猎犬的好几倍。

小熊猫

小熊猫是浣熊科小熊猫属的唯一一种动物。虽然名字里有个"熊猫"，但它和大熊猫却长得完全不同。小熊猫体长40～60厘米，身上是红褐色的，四肢是棕黑色的，圆圆的脸上还有白色的斑块。它的体毛长而蓬松，看上去十分可爱。它的尾巴很短，长度超过了体长的一半，尾巴上还有九条棕黑色与棕黄色相间的环纹，所以在四川，小熊猫也被称为九节狼。

小熊猫通常生活在海拔2000～3000米的高山林区里，平时栖居在树洞或石洞中，凌晨和黄昏的时候出洞觅食。它们是杂食动物，爱吃野果、嫩枝叶，也能捕捉小鸟、小鼠、昆虫，或是吃鸟蛋，还能像大熊猫一样吃竹叶、竹笋。它们常在树枝上攀爬，有时会高卧在树枝上休息。夏天时，它们喜欢在河谷地区活动。冬天时，它们喜欢蹲伏在山崖边或树顶上晒太阳。

在我国，小熊猫主要分布在西藏、四川和云南。

豹往往喜欢爬到树上享受食物

东北虎身体上美丽的条纹，在森林中有很好的伪装作用。

虎

虎是大型猫科动物，生活在高山密林里，一般单独生活，不群居。虎全身长满金黄色或橙黄色的毛，有的种类前额有形似汉字"王"的斑纹，加之它们十分威武勇猛，因此被人们称为"林中之王"。虎经常在黎明和黄昏时分出来，悄悄潜伏在树丛中，等鹿、野猪、麂子等猎物靠近时突然跃起袭击。目前全世界的虎总量不超过7700只，其中亚洲有五个亚种：孟加拉虎、苏门答腊虎、印度支那虎、华南虎和东北虎。在20世纪，世界上原有的十个虎亚种中已经有五个亚种灭绝了，它们是华北虎、西北虎、黑海虎、爪哇虎和巴厘虎。在我国，虎的踪迹曾遍布全国，但现在数量越来越少，东北虎和华南虎已到了灭绝的边缘，被列为我国 I 级保护动物。

在森林中，鹿常成为虎的美味佳肴。

豹

豹是陆地上跑得最快的猛兽。它们的适应性很强，因此在世界上分布的范围很广，海拔3000米的高山上、-30℃的雪地里、炎热潮湿的热带雨林中，都能找到它们的踪迹。豹有矫健的流线型身体，脊背柔软而富有弹性，还有发达的肌肉和矫健的四肢，非常适于奔跑，鹿、兔等许多跑得很快的动物，都是豹的猎物。豹还是爬树能手，常伏在树上偷袭从树下走过的动物。猎豹的奔跑速度极快，可达100~120千米/小时，但这种速度通常仅能维持1~2分钟，所以我们说豹是短跑冠军。

金钱豹　豹的家族　雪豹

云豹　　　黑豹

猎豹

象

象属于长鼻目动物，包括亚洲象和非洲象。象突出的特征是头大、鼻子长，有的还长着两颗长长的牙齿。

象是陆地上现存最大的动物，成年象体重达3~7吨。象的长鼻子柔韧而有力，有缠卷的本领。它能从树上摘取树叶和果实；能吸水喷洒在身上洗澡；也能吸起沙土喷洒在身上，除去身上的寄生虫，或者用沙土抵挡蛇的攻击。长长的牙齿是象的门齿，由于这两颗牙齿不断被后面新长出来的牙齿挤压，所以长出了嘴外，而且越长越长，成了象独有的一种用于自卫的武器。象的长牙是非常好的雕刻材料，价格昂贵。常有利欲熏心的人为了获取象牙而捕杀大象，使大象的数量急剧下降。

穿越

猎豹的"泪痕"

猎豹脸上有两条"泪痕"。相传在很久以前，人们想让猎豹帮自己捕猎，于是就把小猎豹偷走驯养。猎豹妈妈看到自己的孩子被人类关在笼子里，却没有办法把小猎豹救出来，只好远远观望着，伤心地流泪。它哭了很久很久，就在脸上留下了两道"泪痕"。

非洲象耳朵大

亚洲象耳朵小

象可以用鼻子搬运东西

猿

猿是猩猩科、长臂猿科动物的总称，也是哺乳动物中除了人类之外最高等的一种，主要有长臂猿、猩猩、黑猩猩和大猩猩等种类。虽然人们常把猿和猴并称，但实际上，猿和猴在生物学上是不同的动物。在接近人的程度上，猴比猿要远得多；猿在进化上和形态结构上与人类最为接近，因而也得到了"类人猿"的称呼。

猿与猴的最大区别是猿没有尾巴；而猿与人的最大区别是猿的前肢比后肢长；此外，猿也不能直立行走，一般是借助手臂的支持，半直立地行走。目前，世界上的猿大多都栖息在热带和亚热带的雨林中。

长臂猿

长臂猿

长臂猿是最小的猿类，通常生活在离地面约30米高的树上，常是一雌一雄带着子女共同生活。它们能用双手交替握住树枝，在树间荡秋千，一跃可达10米。我国南方有白眉长臂猿、白颊长臂猿、白掌长臂猿、黑冠长臂猿和黑长臂猿等几种长臂猿。他们是十分珍稀的动物，野外个体的数量比大熊猫还少。

猩猩

猩猩属于灵长目猿猴亚目人科猩猩亚科，体型仅次于大猩猩。"大块头"的猩猩体高可达1.25米，体重可达100千克。它们的前肢特别长，张开可达2.4米左右，站立着垂下手臂时，手可以碰到脚踝。

猩猩分布于印度尼西亚的婆罗洲、加里曼丹和苏门答腊等地。它们住在热带雨林里，白天活动，晚上在树上睡觉。雄性猩猩一般单独生活，雌性猩猩单独生活或和小猩猩生活在一起。猩猩能吃的食物很多，果实、嫩芽、树皮、花、鸟蛋、白蚁、甲壳虫、小型哺乳动物等，都可以成为它们的美食。

猩猩能在地面半直立行走，行走时要靠前肢支撑身体，活动起来也没猴子敏捷。猩猩很聪明，下雨时会用大树叶遮盖身体。

金丝猴怕热不怕冷，一般生活在湿冷的高山密林中。

猴

猴是灵长类动物中最大的一个家族。它们的听觉、视觉都很发达，行动敏捷，善于攀缘和跳跃。

猴是群居动物，一般成群活动。每一个猴群里都有一个身体健壮的雄性首领——猴王。为了争夺"王位"，雄猴们常打得头破血流。

我国境内生存着十几种猴，最常见的是猕猴，它们性情活泼，聪明机敏，有喜、怒、哀、乐的表现，是著名的观赏动物，也是我国II级保护动物，一般生活在针叶、阔叶混交林中，也有些生活在山崖上；金丝猴、白头叶猴等则是世界稀有的猴，濒临灭绝，十分珍贵。其中，金丝猴是我国I级保护动物。

通常把猩猩宝宝养到四岁左右，猩猩妈妈才会离开。

狐狸

狐狸又叫红狐、赤狐、草狐，是食肉目犬科动物。它四肢短小，嘴尖耳大，身后拖着长长的尾巴，身上的毛色根据四季或地区的不同而有较大的不同。它的身上还有尾腺，能施放奇特的臭味，也就是世人常说的"狐臊"。

狐狸性情多疑，动作敏捷，通常在夜间觅食，以鼠类、野禽、昆虫等小型动物为食，有时也吃鸟蛋和浆果。

狐狸分布在欧亚大陆、北美洲等地，栖息的环境十分多样，无论是在森林、草原、荒漠、还是在高山、丘陵、平原，它们都能生存。它们居住于树洞或土穴中，平时单独活动，只有在繁殖期时，雌狐和雄狐才会生活在一起，而且和大部分人类一样，狐狸也是"一夫一妻制"。

狐狸的尾巴一般比身体的一半还长

考拉

考拉又叫无尾熊、树袋熊，是澳大利亚独有的动物，分布于澳大利亚东部的桉树林中，只吃桉树叶。考拉的原文"Koala"是澳大利亚土著居民的方言，意思是"不喝水"。考拉生存所需约90%的水分都是从桉树叶中获取的，只在生病和干旱时，它们才会从树上爬下来喝水，因此人们为它们取名"Koala"。

考拉憨态可掬，反应极慢，被人用手捏一下，要过很久才发出惊叫声。它们一生中的大多数时间都是在桉树上度过的，而在桉树上的大部分时间，它们都在睡觉。白天，它们抱着桉树的树枝睡个不停，睡醒后就在树上静坐，长此以往，它们的尾巴就退化成了"坐垫"。由于长期吃桉树叶，考拉的身体散发出一股桉树的味道，能驱赶害怕这种气味的寄生虫，所以考拉也被称为"不生寄生虫的动物"。雌考拉长有育儿袋，小考拉会在袋内哺乳六个月，以后的数月趴在妈妈的背上继续成长。

变色龙的四肢很长，趾能牢牢地握住树干。

变色龙

变色龙又叫避役，是一种能够通过改变自己皮肤的颜色，来适应环境变化的爬行动物。"役"有"需要出力的事"的意思，变色龙之所以叫"避役"，就是因为它们可以不出力，光用体色隐藏自己，然后伸一伸舌头，就能轻易地吃到食物。变色龙通常栖息于森林中的各种树木上，喜欢单独活动，行动缓慢，以昆虫等为食。它身体的颜色可以随着周围环境的变化而改变。当周围的树叶是绿色的时候，它的身体也会变成绿色；当它栖息在枯黄的树枝上的时候，身体也会变得和树枝一样黄。在夜间，它的身体一般是黄白色，天亮以后会逐渐变成暗绿色，在阳光的照射下还会闪闪发光。变色龙的眼睛非常灵活，两只眼睛可以各自单独转动，能同时看向不同的方向，然后通过非同寻常的广阔视野来寻觅食物。它的舌头又长又黏，能够伸出口外捕食昆虫。当它发现猎物时，会突然伸出舌头，闪电般地把猎物卷到嘴里，然后美美地饱餐一顿。

穿越 ••••••

会动的"植物园"

在南美洲的热带森林中，生活着"世界第一大懒汉"——树懒。树懒是一种懒得出奇的哺乳动物，什么事都懒得做：懒得去移动，懒得去玩耍，甚至懒得去吃，能忍耐饥饿一个月以上。就算到了非得活动不可的时候，它的动作也是懒洋洋的，极其迟缓，摘采树叶、果子的动作就像电影中放的慢镜头。由于经常很久不动弹，它的皮毛上都能长出植物来，树懒也就成了一座会动的"植物园"。

考拉妈妈通常一年只生一个孩子

草原动物

草原动物是以草原为栖居地的动物类群。草原上有很多无脊椎动物，比如蝎子和蚯蚓；草原上也有很多大型食草有蹄动物，比如野牛、野驴、黄羊、长颈鹿等；旱獭、黄鼠和鼠兔等穴居啮齿动物喜欢打洞居住在草原的地表之下；与这些动物相伴的还有狮子和鬣狗等肉食动物。此外，世界最大的鸟——鸵鸟和世界第二大的鸟——鸸鹋也都生活在草原上。

袋鼠不会走，只会跳。

袋鼠

袋鼠是有袋目袋鼠科动物的统称。除了澳大利亚、塔斯马尼亚、新几内亚及其邻近岛屿上也生活着一些袋鼠。袋鼠的前肢短小，后肢特别长，善于跳跃。它们以跳代跑，最高能跳4米，最远能跳13米。袋鼠的尾巴粗壮有力，有很多用途：在缓慢行走时，可以起到"第五肢"的作用；在跳跃时，可以起到平衡身体的作用；遇到敌害时，又是防御和进攻的武器。雌袋鼠的腹部有一个育儿袋，小袋鼠出生以后，会本能地用前肢抓住妈妈腹部的毛，爬到育儿袋里吃奶，大约8个月以后，小袋鼠才能离开育儿袋独立生活。

袋鼠通常以群居为主，有时会有多达上百只的袋鼠生活在一起。它们喜欢栖息在草原地带中的灌木丛或小树林里，在夜间、清晨和黄昏结群出来活动，以草类为食，有时也吃真菌。

穿越 ●●●●●●

小心眼的动物

拥有"草原之王"之称的狮子有时极其残忍。当狮群的领头雄狮被另一头雄狮打败后，新头领会不顾一切杀死狮群里的小狮子。因为它不想狮群里的母狮们花精力去照顾上一任首领的孩子。比起狮子，东南亚的眼镜王蛇更是有过之而无不及。假如雄蛇求爱不成，或是跟雄蛇交配前雌蛇已怀孕，雄蛇很可能会杀死雌蛇，以发泄愤恨。

狮子

狮子是世界上唯一一种群居的猫科动物。它们有锋利的牙齿、钢钩似的脚爪和强有力的脖子；它们的肩膀和前足力量也很大，用前腿猛力一击，能将斑马的头骨击碎；它们还有灵敏的视觉、听觉和嗅觉。因此，狮子被人们称为"草原之王"。雄狮高大威武，身长约2米，雌狮体型略小。一般从2岁开始，雄狮会在头侧、颈部直至肩部生出鬣毛，显得威风凛凛。狮群通常有一只雄狮、几只雌狮和若干幼狮，雄狮负责保护狮群和领地，雌狮负责捕捉猎物。幼狮在狮群中不仅能受到双亲的保护，也能经常得到其他母狮的关照。

和鸵鸟一样，鸸鹋也不能飞翔。

鸸鹋

鸸鹋又名澳洲鸵鸟，体高可达1.8米，是仅次于鸵鸟的世界第二大鸟，也是一种长寿鸟，能活50多岁。鸸鹋广泛分布于澳大利亚大陆，栖息于砂质草原和比较开阔的森林内，平时会集成小群，繁殖期则会成对生活。鸸鹋善于奔跑，会游泳，主要以植物的果实、种子、叶、芽等为食，也吃昆虫。雌、雄鸸鹋的外形相似，但叫声有一定区别，鸣叫时雌鸟的声音像敲鼓声，雄鸟的声音则单调些。

刚长出鬣毛的小雄狮

角马泅渡马拉河是世界一大壮观景象

斑马

斑马是非洲的特产，因全身有黑白相间的斑纹而得名。斑马身上的斑纹能够起到保护自己的作用，因为这种斑纹在树丛中或在阳光的照射下，能使斑马身体的轮廓显得模糊，不易被发现。斑马的主要种类有普通斑马、山斑马、拟斑马、格式斑马等。普通斑马由腿至蹄都有斑纹或无斑纹；山斑马除腹部外，全身密布着较宽的黑色条纹；拟斑马仅头部、肩部和颈背有条纹，腿和尾为白色；格式斑马体型最大，耳朵长而宽，全身的条纹窄而密，因而又叫细纹斑马。斑马主要以青草、嫩树叶为食。它们是群居动物，通常是几十头或几百头生活在一起。斑马是珍奇的观赏动物，常有贪婪的人类为了皮毛猎杀它们。拟斑马已于19世纪绝迹，山斑马、格式斑马如今也处于灭绝的边缘。

斑马

角马

角马也叫牛羚，是一种生活在非洲草原上的大型羚羊。角马的前半部分身体很像水牛，头大肩宽，但它身体的后半部分较纤细，这一点又比较像马。角马有飘垂的鬃毛和长而成簇的尾巴，雌雄两性的头上都长有弯角，角马的名字正是由此而来。雄性的角长55～80厘米，又宽又厚，非常光滑；雌性的角长45～63厘米，比雄性的略小一些。非洲的肯尼亚有一条马拉河，每年的10月份，都有上百万头角马从3000千米外的坦桑尼亚自然保护区来到这里，渡过马拉河，迁徙到马塞马拉。马拉河中有两种动物是角马们在渡河时必然要遇到的"杀手"：一种是非洲最大的鳄鱼——尼罗鳄；另一种是仅次于大象和犀牛的陆地第三大动物——河马。因此，每年10月，马拉河都会上演一场惊心动魄的"渡河大战"。

角马是一种长着牛头、马面、羊须的动物

斑马是群居动物，即使是年老的斑马也不会被驱逐出群体。

羚羊

羚羊是偶蹄目牛科动物的统称。羚羊大家族里成员很多，著名的有亚洲的高鼻羚羊、藏羚羊、阿拉伯大羚羊，非洲的跳羚羊、水羚羊、黑斑羚羊、瞪羚羊，北美的叉角羚羊等。有些种类的羚羊雌性和雄性头上都有角，也有些种类只有雄性头上有角。羚羊的弹跳力非常好，奔跑速度很快，幼羚出生后不久就能站立，几天后就能四处跑动。因为羚羊的身体很有价值，皮毛可制衣，角可入药、制作工艺品，所以它们一直都是人类滥捕滥杀的对象，数量也急剧下降，有些种类已经濒临灭绝。为了保护羚羊，我国建立了可可西里等自然保护区，并把普氏原羚羊、藏羚羊、高鼻羚羊、斑羚羊等列为国家 I 级保护动物，把鹅喉羚羊、鬣羚羊等列为国家 II 级保护动物。

长颈鹿是陆栖动物中的"巨人"

长颈鹿

生活在非洲热带、亚热带草原上的长颈鹿是鹿家族中的"巨人"，也是世界上最高的陆栖动物。它们的身高可达6～8米，就连刚出生的小长颈鹿，都有约2米高。

长颈鹿皮肤坚厚，善于奔跑，可穿行于荆棘中，以树的枝叶为食。因为脖子太长，长颈鹿喝水非常困难，而且在饮水时容易受到附近猛兽的攻击，所以它们主要靠所吃枝叶中的水分来满足身体的需要，可以几个月不喝水也照样正常生活。长颈鹿生有一颗巨大的心脏，能够保持哺乳动物中最高的血压，以保证把血液从心脏输送到比心脏高约3米的头部。长颈鹿还有一条长约46厘米的超长舌头。有了这条奇长无比的舌头，在采摘树叶或嫩枝时，长颈鹿能轻松伸舌卷住高高的枝叶，再将舌头回转，把枝叶送进嘴里，然后大快朵颐。

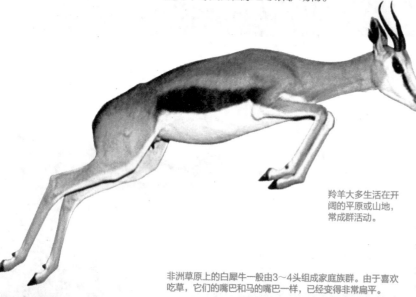

羚羊大多生活在开阔的平原或山地，常成群活动。

非洲草原上的白犀牛一般由3～4头组成家庭族群。由于喜欢吃草，它们的嘴巴和马的嘴巴一样，已经变得非常扁平。

犀牛

犀牛身躯巨大，体长2.2～4.5米，肩高1.2～2米，体重近3吨，它们是大型食草动物，多数生活于开阔的草地、稀树草原、灌木林或沼泽地。它们身上最明显的特征就是鼻梁上的犀牛角。和人的指甲、头发一样，犀牛角也是由角蛋白构成的。如果犀牛角被折断，两三年内又会有新角长出来。犀牛的皮肤厚而粗糙，有很好的防御能力。炎热的夏季，犀牛喜欢在泥坑里滚上一身泥浆，这会让它感到非常凉爽，还能避免被蚊虫叮咬。犀牛视力很差，连几米外的树和动物都看不清，但它的听觉和嗅觉非常敏锐。虽然它看上去很笨拙，但被激怒时，它会非常凶猛，连狮子都不敢招惹它。

鸵鸟一步能跨越3米多远，可以轻易地赶上快马。

鸵鸟

　　鸵鸟又称非洲鸵鸟，是鸵鸟目鸵鸟科鸵鸟属仅有的一种动物，原产于非洲的荒漠稀树草原地带，是现存鸟类中体型最大的一种。雄鸟从头顶至足可高达2.5米。它们虽然有翅膀，但因为身体太大、太重，翅膀又由于极度退化而变得非常小，所以无法飞翔。鸵鸟善于奔跑，奔跑速度可达70千米/时，它的翅膀虽然不能用来飞翔，但在快速奔跑时能起到平衡身体的作用。鸵鸟通常栖息于荒漠中的矮小灌丛和多刺的树木地带，常和斑马、羚羊、长颈鹿等在一起活动。它们主要以植物的叶、花、果实和种子为食，有时也吃昆虫。

鬣狗

　　鬣狗的体型酷似犬，但它们不属于犬科动物，而是鬣狗科的食肉动物。鬣狗共有四种，分布在非洲和印度，其中缟鬣狗体型较小，全身布满条纹；棕鬣狗体型较大，全身呈灰黑色，只在四肢上有条纹；斑鬣狗体型也较大，耳形圆，全身呈淡黄褐色，衬有棕黑色的斑点或花纹。

　　一些动物学家曾认为鬣狗只吃猎豹和狮子等猎食者的残羹剩饭，鬣狗因此得到了"清道夫"的称号。但人们后来发现，斑鬣狗并不专吃腐肉。它们性情较凶狠，富有进攻性，常成群活动，夜晚出来觅食。除了寻觅腐肉外，它们还能猎捕羚羊，甚至咬死家畜。

　　鬣狗也很聪明。有人曾将一大块角马肉挂在2米高的树枝上当诱饵。斑鬣狗看到后，一只腾跃起来，用嘴咬住角马肉，身子悬吊着；另一只接着也往上跳，咬住同伴的腿，也悬挂在空中……几只斑鬣狗就这样串成一串，把角马肉扯落到地面，然后饱餐了一顿。

斑鬣狗在享用大象的尸体

雕

　　雕是一种典型的猛禽，属于隼形目鹰科，多数分布于欧亚大陆和非洲，大洋洲和北美洲也有少量分布。雕的体长可达70厘米，它有尖锐带钩的利爪和大大的尖嘴，能抓牢和撕碎猎物。

金雕的翅膀张开，能超过2米长。

　　雕常栖息于高山、旷野、山麓、丘陵、河流、沼泽或森林附近的草原地区，以捕捉其他鸟类、野鼠、野兔等为食。繁殖期时，雕会在高山悬崖峭壁的凹处、高大乔木树冠的顶端，或是人迹罕至的地面草丛上用枯树枝做巢，然后在巢内铺上兽毛、残羽、枯叶等，接着在巢里产卵。

站立在岩石上的雕

　　雕通常单独活动，喜欢站立在枯死的树木上。它能长时间在空中盘旋翱翔，依靠敏锐的视觉找寻地面上的猎物，然后猛扑下来，用粗壮锐利的钩爪出其不意地将猎物捕获，再撕开猎物饱餐一顿。我国有金雕、白肩雕、草原雕和乌雕四种雕，其中金雕和白肩雕是国家Ⅰ级保护动物，草原雕和乌雕是国家Ⅱ级保护动物。几种雕中，金雕体型最大，它头部和后颈部的羽毛为金黄色，"金雕"这个名字正是由此而来。

高山动物

高山动物是指分布于高山地带的动物群。因为气候严寒，高山地带的动物种类不丰富，仅有一些特别适应严酷生存环境的动物，比如善于攀登陡崖岩坡的岩羊、盘羊，能生活于高寒雪原上的鼠兔，能生活在冰的缝隙中的冰蚯蚓等。其中，在高山生活的雪豹，是中亚高山特有的食肉猛兽，它们白色的毛皮上布满斑点，非常漂亮，在我国的数量甚至比大熊猫还稀少。

高山上的岩羊

岩羊

岩羊是一种喜爱攀登岩峰的高山动物，也是我国Ⅱ级保护动物，又叫石羊、青羊等。岩羊有西藏亚种、川西亚种两个亚种，主要分布于我国青藏高原、云南北部、内蒙古西部、宁夏北部、新疆南部等地。岩羊的外形介于绵羊和山羊之间。就体形而言，岩羊很像绵羊，但岩羊的角不盘旋，更近似于山羊；不过，雄岩羊的下颌没有胡须，身体也没有膻味，这一点又和山羊有一定的区别。

岩羊有迁移的习性，冬季低海拔的地区比较温暖，所以它们会向海拔大约2400米的地带迁徙；到了春夏时节，它们更喜欢凉快的地方，因此又会迁徙到海拔3500～6000米之间的裸岩地带。岩羊是群居动物，夏季会结成十至数十只的群体出没，冬季则结成数百只的大群。每个羊群都会有一只或数只公羊作为首领。

岩羊非常擅长跳跃，从十多米的高处跳下，它们也不会摔伤。

鼠兔

鼠兔的摄食方式和行为酷似兔子，外形又略似鼠类，所以得名"鼠兔"。它们主要分布于亚洲，欧洲和北美也有分布。它们的体型很小，体长只有10.5～28.5厘米，耳长也只有1.6～3.8厘米。因为生活在高纬度或高海拔地区寒冷的草原、山地林缘和裸崖，所以它们全身的皮毛浓密丰厚，利于保暖。鼠兔的毛色一般有沙黄、灰褐、茶褐、浅红、红棕和棕褐色等几种，夏季的毛色比冬季时鲜艳或深暗一些。它们一般在白天活动，常发出尖叫声，以短距离跳跃的方式跑动。鼠兔不冬眠，多数有储备食物的习惯。在青藏高原上，常能见到雪雀等鸟类进出鼠兔的洞穴，这些鸟能利用洞穴来躲避太阳的强烈辐射或暴风、冰雹，鼠兔也可以把鸟的惊鸣当成报警，这种现象叫"鸟鼠同穴"。

鼠兔和兔子一样胆小

藏羚羊

藏羚羊又叫西藏黄羊，主要分布于我国青海、西藏和新疆，是青藏高原特有的珍稀动物，被誉为"可可西里的骄傲"。雄藏羚羊长有两只长长的角，雌藏羚羊没有角。它们常集成十几只到上千只不等的群体，生活在海拔4000～5000米的高山草原、草甸和高寒荒漠中。它们生活的地方植被稀疏，只有针茅草、苔藓等低等植物，这些植物就是藏羚羊赖以生存的美味佳肴。藏羚羊身上的绒毛极其精细，被誉为"羊绒之王"。这导致藏羚羊遭到大肆猎杀和贩卖，数量急剧下降。目前藏羚羊已被列为我国Ⅰ级保护动物，也是《濒危野生动植物物种国际贸易公约》重点保护的动物之一。我国先后建立了青海可可西里、新疆阿尔金山等自然保护区，对藏羚羊进行监测和保护。电影《可可西里》讲的就是巡山队员为了保护藏羚羊而不惜牺牲生命的故事。

藏羚羊善于奔跑，最高时速可达110千米。

斑羚

斑羚是一种常置身于孤峰悬崖之上的动物。它们的体毛厚密、柔软且蓬松，通常呈灰褐色，但毛尖为黑褐色，远观时似有若隐若现的斑点，斑羚名字中的"斑"指的正是这些斑点。斑羚善于跳跃和攀登，即便在悬崖绝壁和深山幽谷之间奔走，也从容自如、如履平地，纵身跳下十余米深的深涧也安然无恙。从亚热带到温带地区均有斑羚分布。它们冬季喜欢在阳光充足的山岩、坡地上晒太阳，夏季则喜欢在树荫或岩崖下休息。它们非常胆小，受惊时常摇动两耳，以蹄踩地，发出"嘭、嘭"的响声，嘴里还发出尖锐的"嘘、嘘"声，显得非常惶恐。

盘羊

盘羊

盘羊又称大角羊、大头羊，因雄性头上的角呈螺旋状盘曲而得名。它们体长150～180厘米，肩高50～70厘米，体重达上百千克，体色一般为褐灰色或污灰色，主要分布于亚洲中部。盘羊是典型的山地动物，通常栖息在海拔2000～5000米的地方，喜欢在半空旷的高山裸岩带和起伏的山地低谷中生活，夏季常栖居于海拔高的地方，冬季则从高处迁徙至低山谷地。盘羊的发情期一般在冬季，这样幼羊可以在温暖的春季出生，更容易存活下来。与其他野羊相比，盘羊的爬山技巧比较差。它们常组成十余只的小群，在一头或几头成年雄羊的率领下活动。成年的雄羊视觉敏锐，能机警地发现远处的危险，然后提前向羊群发出警告，带领大家快速逃跑，躲避天敌。

牦牛

牦牛是高寒地区的特有牛种，主要产于青藏高原海拔3000米以上的地区。我国是牦牛的发源地，野生的牦牛已被列为国家Ⅰ级保护动物。

牦牛身披蓬松的长毛，有很好的御寒能力，非常适应高寒的生存环境。它们善于走陡坡险路、雪山沼泽，能渡江过河，还有识途的本领，可以避开陷阱，择路而行，非常适合作为人的向导，因此有"高原之舟"之称。在藏族的古代神话中，牦牛被看成是天上的星辰，藏传佛教的守护神中，有许多也是牦牛的形象。至今，不少藏族牧民仍把牦牛的某些器官作为神器。

穿越 ••••••

有上万颗牙的动物

蜗牛是世界上牙齿最多的动物。在蜗牛的小触角中间往下一点儿的地方有一个小洞，那就是它的嘴巴。虽然蜗牛嘴巴的大小和针尖差不多，但里面却长着1万多颗牙齿！而且蜗牛的牙齿是长在舌头上的，一排排的牙齿排列在舌头上，让舌头看上去像锯齿一样，所以科学家们把蜗牛的舌头称为"齿舌"。蜗牛有一个比较脆弱的圆壳，行动缓慢。虽然在中国，蜗牛给人的印象是"慢"，人们常用它来比喻一个人动作迟缓，像蜗牛爬一样。但在西欧，蜗牛却是坚持不懈的精神的象征。苏格兰人还拿它们来预测天气，认为如果蜗牛的触角伸得很长，就意味着将有一个好天气。

野牦牛

沙漠动物

因为雨量少，水分蒸发量大，所以沙漠极度干旱，植被覆盖也很稀疏。身处这样恶劣的生存环境，沙漠中的动植物都进化出了抵抗高温、应对干旱的生存本领。很多沙漠动物一到干旱季节就会休眠。那些不休眠的动物，也会通过穴居在地下、昼伏夜行等方式躲避高温，控制身体水分的蒸发。还有不少沙漠动物体表长着密密的毛，这也能减少从皮肤表面蒸发的水分，保持其体内的水分。

科莫多巨蜥曾经和恐龙生活在一个时代

蜥蜴

蜥蜴属于爬行动物，种类很多，大多生活在陆地上的沙漠和林地中，也有部分种类可以到水中觅食。蜥蜴大多白天在草丛里或岩石间活动，夜晚回到洞穴里。它们主要以甲虫、蝇类、蜘蛛等小动物为食，有些蜥蜴也吃植物。蜥蜴的身体分为头、颈、躯干、四肢和尾五部分，样子像远古时代的恐龙。常见的蜥蜴有俗称"四脚蛇"的石龙子、俗称"变色龙"的避役等。世界上最大的蜥蜴是科莫多巨蜥。它们生活在太平洋的科莫多岛上，体长可达2～3米。科莫多巨蜥非常凶悍，它们粗壮的尾巴可以有力地扫倒敌人，尖爪则能轻易地将猎物撕成碎片。最厉害的是它们嘴里的唾液，唾液含有剧毒和大量细菌，其他生物一旦被科莫多蜥蜴咬上一口，就很有可能命丧黄泉。

单峰驼又叫阿拉伯驼，在撒哈拉沙漠中数量最多。

骆驼

骆驼是生活在干旱荒漠中的大型哺乳动物。根据背上驼峰的数量，它们可以分为单峰驼和双峰驼两种。骆驼具有适应荒漠干旱环境的特殊生理机能，在沙漠恶劣的气候下，骆驼不仅能正常生活，而且还能在茫茫的沙漠中行走半个月之久。它们一般可日行60～80千米，能帮助人们运输物资，是名副其实的"沙漠之舟"。骆驼的身体有良好的储水能力，并能通过避免出汗和极少排尿来节约体内的水分。驼峰是骆驼身体的"能量库"，驼峰的皮下虽然含的不是水，而是厚厚的脂肪，但当骆驼在沙漠中行走，无水可喝，也没有食物能吃时，驼峰下的脂肪就会分解，产生水和热量，帮助骆驼维持生存。骆驼还有三个胃，其中一个胃里有许多瓶子形状的小泡泡，专门用来贮存水。骆驼一旦得到补充水的机会，就会喝下大量的水，贮存在胃里，供以后慢慢消耗。一头骆驼能在10分钟内喝掉80升水！

双峰驼主要生活在亚洲中部

野驴

野驴又名蒙古野驴，叫声像家驴，外形像骡子，栖居于海拔3800米左右的荒漠草原、半荒漠、荒漠地带和高原开阔草甸。野驴喜欢集群生活，它们天性机警，耐干渴能力很强，冬季主要靠吃积雪解渴。它们也很善于奔跑，尤其善于持久奔跑，甚至连狼群都追不上它们。但由于"好奇心"强的缘故，它们常常会追随猎人，前后张望，大胆者敢跑到帐篷附近窥探，这便给了偷猎者可乘之机，因此目前濒临灭绝，被列为我国 I 级保护动物。值得一提的是，分布于亚洲腹地的野驴，并不是现今家驴的祖先，家驴源于非洲野驴。

野驴跑得比马慢，但耐渴能力比马强很多。

沙鼠

沙鼠因栖息于干旱的沙漠地区而得名。沙鼠的体型很小，体长只有7～20厘米。它头圆，眼大，耳朵较短，皮毛呈沙黄色，后肢的长度是前肢的1～2倍，很适合跳跃。它的尾巴有时比身体还长，跳跃时能起到保持身体平衡的作用。沙鼠广泛分布在非洲、亚洲和欧洲，它们喜欢住在荒漠草原、山麓荒漠、戈壁沙漠中，有的种类也会侵入开垦后的农田。沙鼠有贮存食物的习性，所以会因为在秋季盗贮粮食而危害植物的种子，影响植物繁殖；在黄土高原，沙鼠的洞穴也会加速水土流失。中国有七种沙鼠，其中短耳沙鼠是中国特有的品种。

有些沙鼠一生中几乎从不喝水，靠食物中的水分就能生存。

蝎

蝎是最古老的陆生节肢动物之一，陆地上最早的蝎大约出现于4.3亿年前。它的典型特征是两个大大的、像钳子一样的螯肢和一根弯曲分段、带有毒刺的尾巴。全世界约有600种蝎，我国约有15种。蝎大多生活在不干不湿、植被稀疏的地方，是沙漠中的主要动物之一。蝎尾巴上的毒刺含有毒素，人被东亚钳蝎的毒针刺

中后仅会剧痛、伤口肿胀或发烧；而北非蜂蝎的毒性则与眼镜蛇相当，能在7秒钟内毒死一条狗。此外，墨西哥的刺蝎也曾夺去了许多人的性命。

一些蝎子在极度干旱的沙漠中也能生存，比如沙漠金蝎。

响尾蛇

响尾蛇是蝰蛇科响尾蛇亚科动物的统称。响尾蛇的尾巴上有一串角质的锁环，当它摆动尾巴时，这些环会发出声响，"响尾蛇"的名字正是由此而来。响尾蛇通常栖息在沙漠等干燥地区。所有种类的响尾蛇都长有毒牙，分泌的毒液中含有神经毒素，对其他动物有很大的危害。大多响尾蛇以小型哺乳类动物为食，夏天昼伏夜出，冬天会在岩石的缝隙中冬眠。

响尾蛇和它尾巴上的锁环

穿越 ●●●●●●

毒蝎"卫士"

英国有个珠宝商曾在一家旅馆里陈列着一串价值50万英镑的钻石项链。为了防止项链被盗，旅馆老板在展示橱窗里放了6条有剧毒的蝎，以此来警示小偷和强盗——别打钻石项链的主意。后来，还有人成立了公司，专门为用户提供毒蝎，用这种新式"防盗武器"来赚钱。

极地动物

极地动物是分布在南北两极的动物群。虽然南极地区生存环境极为恶劣，陆生动物很稀少，但围绕南极大陆的海洋，却是一个生机盎然的世界，生活着鲸类、海豹等哺乳动物，以及鱼类、虾类、鸟类等。与南极不同，北极圈陆地上的生命活动非常活跃。尽管北极寒冷的冬季长达半年多的时间，但在冬季结束后，阳光能够持续照耀三四个月，北极圈陆地上的部分冰雪在这时会融化，很多动物都会利用这段短暂的温暖时光，在北极圈内广阔的苔原上繁殖后代，给种群注入新的生机。北极熊、北极狼、北极狐等，都是有名的北极动物。

企鹅爸爸带着小企鹅，在风雪中等待企鹅妈妈捕食归来。

企鹅

企鹅是不会飞的海洋鸟类，也可以说是最不怕冷的鸟类。它们的躯体呈流线型，背披黑色羽毛，翅膀已退化呈鳍状，丧失了飞行功能，取而代之的是游泳的能力。企鹅腿短脚小，躯体肥胖，走起路来一摇一摆，像大腹便便的绅士，显得憨态可掬。它们的羽毛很特殊，羽轴短而宽，羽毛密集，就像鱼身上的鳞片一样，一片压紧一片，紧紧地把企鹅的身体包裹起来。这不仅可以减少企鹅游泳时的阻力，也形成了很好的保温层，能帮助企鹅御寒。此外，企鹅的皮下脂肪层很厚，这也是它们能够抵御寒冷的"法宝"之一。

企鹅的"恋爱"行为比较复杂，它们会做出彼此鞠躬、指天"发誓"等有趣的动作。雄企鹅有时会带给雌企鹅一些礼物，如磷虾、石头。它们"结婚"后彼此也非常忠诚，会一直相守。脖子上有一块黄色部分的帝企鹅，是企鹅中最有名的种类之一。它们在南极最冷的冬季产卵并孵出宝宝。雌帝企鹅可以生一到两枚卵，但一般只能孵出一只小企鹅。雄帝企鹅负责孵卵，它把卵放在脚上，将腹部厚厚的皮肤垂下，给卵盖上"棉被"。孵卵的雄帝企鹅往往会站在一起，一动也不动，共同抵御严寒。

当企鹅爸爸妈妈一起出海捕食时，需要照料的小企鹅怎么办呢？这时，"企鹅幼儿园"的存在就很有必要了。小企鹅会在父母外出时，聚集到"幼儿园"里，由留守的"企鹅叔叔"和"企鹅阿姨"照顾，直到自己的父母捕食回来。

海豹

海豹属于哺乳动物，全世界共有19种，著名的种类有象海豹、斑海豹、僧海豹等。象海豹是海豹中最大的一种，因为长着一个长长的、能自由伸缩的鼻子而得名；斑海豹在北半球最常见，它们在渤海、黄海、东海里都有分布，目前已被列为我国 I 级保护动物。

海豹的身体胖而圆，呈纺锤状，头很圆，没有耳壳，脖子非常短，四肢也是又宽又短。它们的毛短而光滑，皮下脂肪层很厚，因此抗风御寒的能力非常强。因为它们的后腿只能向后摆，所以在陆地上不能步行，只能笨拙地靠扭动身体向前爬行。虽然在陆地上活动时很不灵活，但到了水中，海豹却可以像鱼一样灵活地游来游去。它们不但可以潜入水下数百米深的地方，而且潜水时间能够长达40分钟，还能像海豚一样，用声呐定位。

海豹主要以海洋中的章鱼、虾、蟹等为食。它们喜欢群栖，一到每年八九月的繁殖季节，成群结队的海豹就会登陆繁殖。海豹大多是"一夫多妻制"，一只雄海豹可以拥有十几个到几十个"妻子"。求偶期间，雄海豹会发出非常响亮的吼叫声，与对手厮打乱咬，斗得遍体鳞伤，显得极为凶猛。雌海豹则会耐心地观看争斗，然后跟随争斗的得胜者一起生活。每年2月，怀孕的雌海豹会在大块浮冰上生出一只幼崽。刚出生的小海豹全身布满白色的细毛，当妈妈去海中捕食时，小海豹会趴在冰面上一动不动，靠和冰雪的颜色极为相近的白色皮毛来保护自己，但有时，它们也会不幸地被北极熊发现并吃掉。

海豹舒适地趴在冰面上

磷虾

磷虾是海生的浮游动物，长度通常仅有6～95毫米。它的头部、胸部和腹部长有球形的发光器，一旦受惊，就会发出萤火虫那样的磷光，"磷虾"这个名字便由此而来。磷虾分布广，数量大，在离南极大陆不远的南大洋中就有若干亿吨。有时集体洄游的磷虾会形成长、宽达数百米的队伍，每立方米海水中能有多达3万只的磷虾，使得海水也为之变色。早期的探险家来到南极海域，看到前方突然出现一大片广阔的红色，以为是沙滩，就准备登陆。可当航船驶近时，沙滩又消失了。后来探险家们才知道，那原来是壮观的磷虾群。正是由于磷虾群的存在，以磷虾为主食的蓝鲸，才能在南极海域繁衍生息。

全身长满白色细毛的小海豹

磷虾

北极熊

北极熊又叫白熊，是北极独有的熊类，也是世界上最大的熊科动物。成年的雄性北极熊体长可达3米，体重达400～750千克。北极熊全身披着厚厚的毛，毛是中空的，因此有很好的保温作用。北极熊的脚掌肥大，掌下也长着毛，既能保暖，又能防止在冰雪上滑倒。其实，北极熊的毛是透明的，之所以看起来像白色，是因为阳光折射的缘故。北极熊擅长游泳和潜水，主要以海豹、幼海象等为食。它不仅力大无比，还会用智慧捕捉猎物。有时，冰层下的海豹为了呼吸空气而到处打洞，北极熊就会耐心地等在冰洞旁，海豹从洞口中一露头，北极熊就会立刻用利爪把海豹捉住。有时海豹在冰面上晒太阳，北极熊也会悄悄游过去，乘其不备，一掌打下去，海豹便一命呜呼了。

北极狼

北极狼

北极狼又叫白狼，主要分布于欧亚大陆北部、加拿大北部和格陵兰岛北部。

北极狼的全身呈灰白色，只有头和脚呈浅象牙色，这是它们在冰天雪地里的完美保护色。北极狼的毛比生活在南方的狼更加浓密，因此，它们极为耐寒，能忍受-55℃的低温。与生活在其他地方的狼相比，北极狼的耳朵小而圆，这样有助于保持体温。

北极狼具有很好的耐力，适合长途迁移。雌狼和雄狼一旦结成伴侣，一般终生不变。北极狼虽然也以鼠类、鱼类为食，但主要食物是驯鹿和麝牛。

对北极熊来说，白色的外表是它在冰雪上活动时的最佳保护色。

北极熊看似笨拙，在冰面上跑起来却风驰电掣。

麝牛

　　麝牛分布于北美洲北部、格陵兰岛、北极群岛等气候严寒的地区，学名叫羊牛，顾名思义，是一种介于牛与羊之间的动物。

　　麝牛的身上长有长长的毛，毛底下挨近皮肤的地方还有一层厚厚的绒，因此特别耐寒。它们是群居动物，喜欢生活在岩石多的荒芜之地，主要吃草和灌木的枝条，冬季时也会挖雪，吃雪下面的苔藓。麝牛生性勇敢，在任何情况下都不会退却逃跑。当狼和熊等敌害出现时，麝牛群会立即形成防御阵形，成年公麝牛站在最外面，把幼牛围在中间。公麝牛的毛长而厚，身体不易被敌兽咬伤。它们不仅能保卫自己的同伴，也能出其不意地发动反击，用头上的角来对付敌人。

身披长毛的麝牛

北极狐

　　北极狐分布于亚洲、欧洲和北美洲在北极圈以内的地区，有白色和浅蓝色两种颜色。它们会捕捉小鸟，捡食鸟蛋，追捕兔子，或在海边上捞软体动物充饥，还尤其擅长捕食旅鼠。当它们闻到旅鼠窝的气味或是听见旅鼠的叫声时，会准确判断旅鼠窝的位置，然后迅速挖掘雪下的旅鼠窝。当挖得差不多的时候，它们会高高跳起，借跃起的力量，将旅鼠窝压塌，把窝里的旅鼠一网打尽，美餐一顿。到了秋天，它们也会换换口味，到草丛中找一点浆果吃，补充维生素。

海象

　　海象是体型最大的鳍足类哺乳动物。它的嘴短而阔，从嘴角处伸出的长牙能有70～80厘米长，很像象牙，加上体重可达1.5吨，这也像大象一样重得惊人，因此得名"海象"。海象主要生活于北冰洋海域，由于它们能短途旅行，在太平洋和大西洋也能看到它们的踪影。海象的长牙非常有用，当潜入海底时，海象可以用长牙把海底泥沙中的蛤蜊挖出来，再用宽大灵活的前鳍把蛤蜊收集在一起，运到海岸上，以便食用；当攀登浮冰或山崖时，长牙可以刺入冰中，成为海象的攀登工具；当遇到敌人时，海象还可以把长牙当作武器与对手搏斗。

　　为了适应水中的生活，海象的四肢已经退化成了鳍状，不能像四肢粗壮的大象那样步行于陆上，仅能靠后鳍朝前弯曲，然后将长牙刺入冰中，再借助长牙的支撑，在冰上匍匐前进，所以海象的学名用中文直译的话，便是"用牙帮助步行的动物"。

穿越 ●●●●●●

动物也得"白化病"

　　白蛇是一种比较稀有的蛇类，人们常认为它是一种具有灵性的动物，所以称之为"灵蛇"，并且喜欢在一些艺术作品中赋予它不凡的意义，比如《新白娘子传奇》中的白蛇——白素贞。但实际上，白蛇其实是"病蛇"——它不是什么特有的种类，只不过是惠了白化病的普通蛇。

披着一身雪白皮毛的北极狐

长牙是海象重要的自卫武器

两栖动物

　　两栖动物是既能在水中生活，又能在陆地生活的一个动物类群。它们的体温不恒定，皮肤裸露，能够分泌黏液。两栖动物的幼体在水中生活，用鳃呼吸，经过变态过程长大后，可以在陆地上生活，不仅能用肺呼吸，也能兼用皮肤呼吸。全世界的两栖动物大约有5000种，其中热带、亚热带湿热地区的种类最为丰富，我国约有320种。我们熟悉的蛙、蟾蜍、大鲵、蝾螈等，都是两栖动物。

蛙类是两栖动物的一大类群

穿越 ●●●●●●

　　会爬树的鱼

　　古代寓言"缘木求鱼"嘲笑了缺乏常识的人到树上去找鱼的蠢事。但是，世界上的确有些会爬树的鱼，人们真的可能在树上找到它们呢！在印度、缅甸、菲律宾和我国南方的河流和湖泊中，就有一种叫攀鲈的小鱼。在旱季河水即将干涸时，攀鲈可以用鳃盖上的钩刺顶着地面，依靠胸鳍和尾巴，慢慢爬行，甚至爬到树上。它的鳃旁附生着两个腔室，里面分布着许多微血管，空气从腔室吸进来，再经过微血管壁通到血液中，能起到辅助呼吸的特殊作用。

青蛙

　　青蛙是常见的两栖动物，大多栖息在水田、池塘或沟渠中，又叫田鸡。我国常见的青蛙有黑斑蛙、金线蛙、泽蛙等。

　　每年春天，青蛙从冬眠中醒来，开始活动、产卵。青蛙的幼体就是蝌蚪，蝌蚪生活在水中，用鳃呼吸；它们长大后就成了青蛙的样子，用肺呼吸，主要生活在潮湿的陆地上，有时也下水游泳。青蛙的头部较发达，有一对圆而突出的眼睛。这对蛙眼观察动态物体的视力非常敏锐，能迅速发现飞动的虫子，但对静止的虫子反倒不敏感。雄蛙嘴角两旁生有一对鸣囊，有增大声音的作用，所以其蛙鸣格外响亮。雌蛙则没有鸣囊，这是雄蛙和雌蛙的不同特征之一。青蛙的舌头是长条状的，前端有一个分叉，并且富有黏液，能轻易粘住昆虫，再把昆虫吞进肚子。据统计，一只青蛙每天能吃60多只害虫，青蛙因此被誉为"庄稼的保护者"。

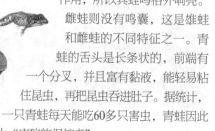

不是任何有水的地方，青蛙都可以生存。青蛙怕海水，在盐分很高的海水里很容易死亡。

青蛙喜欢夜晚出外觅食，所以我们常在晚上听见蛙鸣。

蟾蜍

蟾蜍是蛙的近亲，也叫蛤蟆。它的皮肤很粗糙，上面生有很多瘤状的突起，能分泌白色的毒液，有抵御敌害的作用。人食用蟾蜍的毒液后会中毒，严重的甚至会死亡。

蟾蜍的眼睛后面有一对明显的鼓包，这是它的毒腺。毒腺分泌的毒液，可以提炼出中药"蟾酥"。蟾蜍通常以甲虫、蛾类、蜗牛等为食，白天喜欢藏匿在洞穴或草丛中，黄昏和夜晚出来活动。常见的蟾蜍有中华蟾蜍、花背蟾蜍、黑眶蟾蜍等。中华蟾蜍就是我们通常说的癞蛤蟆，它们一般栖息于草丛内、水沟边、树木下等地方，不喜欢跳跃，善于慢步行走，冬天时会在水底的泥里冬眠。

民间传说月亮上有蟾蜍，所以"月宫"又叫"蟾宫"。

蝾螈

蝾螈是一种两栖动物，生活在丘陵或山区的静水池塘、沼泽等水域，在湿地的草丛中也常能看见它们。蝾螈体长6～11厘米，头部扁平，皮肤光滑或粗糙，背面有小疣粒，四肢细长。它们常匍匐在水底进行觅食等活动，爬行缓慢，很少游泳，以水生昆虫等为食，有时会浮到水面上呼吸。蝾螈主要分布于我国和日本，我国常见的是生活在华中、华东地区的东方蝾螈。值得一提的，蝾螈的幼体和青蛙类似，也是蝌蚪的模样。

蝾螈的四肢有趾，但没有蹼。

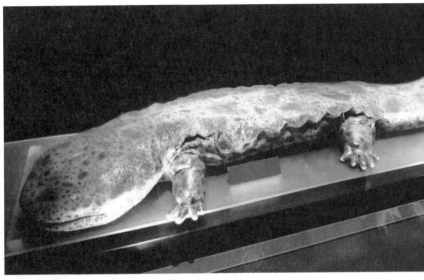

大鲵的皮肤只有黏膜，没有鳞片覆盖。

大鲵

大鲵是世界现存最大的两栖动物，也是珍贵的观赏动物之一。它在夜间的叫声好像娃娃在啼哭，故而也叫娃娃鱼。又因为它的祖先生活在大约3亿年前，所以它也有"活化石"之称。大鲵体长一般为1米左右，身躯庞大的体长可达2米以上。它头部宽大而扁平，眼睛较小，没有眼皮，不会眨眼睛，尾巴侧扁，四肢又肥又短，看上去肉乎乎的。

大鲵主要栖息在水流湍急、水质清凉、水草茂盛、岩洞和石缝多的山间溪流、河流和湖泊中，害怕强光、喜欢阴暗，平时隐藏在洞穴里，夜晚出来活动。它们的食物主要是鱼、蛙、虾、蟹、蛇、蚯蚓和水生昆虫等。但由于视力不佳，大鲵只能通过感知水压的改变来捕食猎物。我国华北以南的大部分地区都有大鲵分布。因为它肉质鲜美，被视为餐桌上的珍品，所以曾遭到人类的大肆捕杀和买卖，目前数量显著减少。如今，大鲵已经被列为我国Ⅱ级保护动物。

蝾螈的颜色多样，很多蝾螈都有红色、橙色、黑黄相间等艳丽的体色。

鸟类

鸟是以产卵方式繁殖的恒温脊椎动物。因为鸟会飞，所以世界上到处都可以看到鸟。不管是高山、森林、沙漠、岩洞，还是远离陆地的海洋，以及地球的两极地区，都有鸟的踪迹。世界上现存的鸟有9000多种。

穿越 ●●●●●●

啄木鸟为什么不会得脑震荡？

有科学家曾做过研究，发现啄木鸟啄木时的敲击速度可以达到555米/秒。用这样快的速度啄木，啄米鸟头部受到的冲击力是很大的。头部长期受到这样大的冲击，为什么啄木鸟不会得脑震荡呢？原来这与它独特的头部构造有关。虽然啄木鸟的头颅很坚硬，但是头颅的骨质却很疏松，骨头内部的结构像海绵一样，而且充满了气体，这样就可以起到减震的作用。在啄木鸟的外脑膜和脑髓间，还有一条狭窄的缝隙，震荡波经过这一缝隙也会变弱。另外，啄木鸟的头部两侧长满了具有防震作用的肌肉，能保证啄木鸟啄木时头部一直在做直线运动，避免因为晃动出现的扭力导致脑膜撕裂和脑震荡。所以，即使啄木鸟常年啄木，也不会得脑震荡。人们现在使用的防震头盔，就是根据啄木鸟的头部构造发明的。

蜂鸟

天鹅

天鹅属于雁形目鸭科，分布在我国大部分地区以及俄罗斯东北部等地，主要种类有大天鹅、小天鹅、疣鼻天鹅、黑天鹅、黑颈天鹅和哑天鹅，前三种天鹅在我国都有分布。天鹅体长120～160厘米，羽毛有白色和黑色两种，喙的端部和脚为黑色。它们身体丰满，颈部长而弯曲，腿部较短，脚上有蹼，常成群栖息在湖泊、沼泽地带，以水生植物和贝类、鱼、虾等为食，经常把巢筑在水流平缓的浅水中。

蜂鸟

蜂鸟是小型鸟类，主要分布在美洲，因飞行时两翅振动，能发出像蜜蜂一样的"嗡嗡"声而得名。蜂鸟的体型很小，最小的闪绿蜂鸟比黄蜂还小，而大型蜂鸟的大小也只不过和燕子差不多。蜂鸟的羽毛一般都非常艳丽，还常带有金属光泽。它们的嘴又细又长，像管子一样，有些甚至比身体还长；舌头像刷子，能自由伸缩，能伸到花心中沾蜜吃；羽毛像鳞片一样紧贴在身上，大多闪耀着彩虹一样的色彩，还不怕雨水。蜂鸟善于持久地在花丛中徘徊，飞行时，它既能前进又能后退，能升能降，还能像直升机一样停在空中。除了两翅振动发声外，蜂鸟还会发出清脆、短促的"吱吱"声。

火烈鸟

鸟类中有许多体色艳丽、外形漂亮的种类，是鸟类中的观赏品，火烈鸟就是其中非常引人注目的一种。火烈鸟又叫大红鹳，分布于地中海沿岸，也见于西印度群岛等地。它的体型跟鹳差不多，嘴短而厚，上嘴从中部向下弯曲，下嘴则呈槽状。它的颈和脚都极为修长，

美丽的白天鹅和灰色的小天鹅

走起路来显得风度翩翩。最引人注目的是它艳丽的体色，它的体羽呈白色，兼有玫瑰色，飞羽呈黑色，覆羽呈深红色，十分好看。加之火烈鸟生性胆小，喜欢群体生活，常常上万只结成群聚集在一起，远看过去鸟群一片绯红，场面非常壮观。火烈鸟以湖水浅滩中的小虾、蛤蜊、昆虫、藻类等为食。它进食的方式也很奇特：吃东西时，它会把头浸入水中，嘴巴倒转，把食物吸入嘴里，再把多余的水和不能吃的渣滓排出，然后慢慢吞下。

火烈鸟

鹦鹉

鹦鹉俗称鹦哥，全世界共有300多种，常见的有虎皮鹦鹉、绯胸鹦鹉等。它们大多栖息在热带丘陵和山麓的常绿阔叶林中，喜欢在岩洞和树洞中造巢。鹦鹉中个头最大的是金刚鹦鹉，因为它的尾巴极长，所以有时体长将近1米。鹦鹉的体色绚丽鲜艳，因此是有名的观赏鸟类。它们的舌头大而灵活，模仿能力强，能模仿许多动物或物体发出的声音，有些还能模仿人类说话，所以人们也会通过训练，让它们进行杂技、口技等表演。

鹦鹉的寿命较长，有的甚至能活到80岁。

鹦鹉

啄木鸟

全世界有200多种啄木鸟，中国有20多种。它们多数生活在森林中，以昆虫为食。

啄木鸟双腿短粗，脚上生有四趾，趾上有锐利的爪钩，能轻松地抓住树干。啄木鸟的嘴硬而直，呈凿状，可以凿穿树皮和树干，吃掉树干内的昆虫。啄木鸟的舌头细长而富有黏液，顶端生有倒钩，能伸进树干内部钩出虫子。在捕捉虫子时，啄木鸟会牢牢抓住树干，用嘴快速在树干上敲击，发出"笃笃"的声音，然后仔细听，再换个位置重复上面的动作。如果听到树干里有虫子爬动的声音，它就会对准位置，迅速凿开树干，把长长的舌头伸到里面，粘出虫子，然后吞掉。即使是藏得很深的虫子，也会被啄木鸟的敲击吓得四散而逃，最后被吃掉。由于啄木鸟专门消灭林业害虫，所以人们亲切地称它为"森林医生"。

孔雀

孔雀是鸡形目雉科孔雀属鸟类的统称。全世界共有两种孔雀，一种是印度和斯里兰卡产的蓝孔雀（印度孔雀），另一种则是分布在缅甸和爪哇的绿孔雀（爪哇孔雀）。孔雀主要生活在灌木丛或草丛中，尤其喜欢生活在水域附近。雄性孔雀通常都比较美丽，而雌性孔雀则其貌不扬。孔雀开屏是一种求偶的表现，它们之所以会开屏，是为了吸引异性。每到应当产卵繁殖后代的季节——春天，雄性孔雀就会展开它那五彩缤纷、色泽艳丽的尾屏，不停地做出各种各样优美的舞蹈动作，向雌孔雀炫耀自己的美丽，以此吸引雌性孔雀的青睐。

• 超级视听 •

鹦鹉巧解连环锁

雌孔雀会选择羽屏艳丽的雄孔雀来交配

昆虫

昆虫是节肢动物门中长有两对翅和三对足的小型无脊椎动物。它们的种类和数量占全部动物种类和数量的一半以上。它们的分布范围也极为广泛，从赤道到两极，除了海洋以外，凡是有植物的地方，都有昆虫的身影。

昆虫的身体分为头、胸、腹三部分。它们的头部很明显，头上有触角、复眼、单眼和口器；胸部则分为三节，每节上有一对足；大多数昆虫成虫在胸部的背面长有两对翅，有些昆虫的翅则已经退化或完全消失。

昆虫的体表具有较坚硬的外骨骼，能起到保护、防水和附着肌肉的作用。外骨骼不能随着昆虫的长大而生长，所以昆虫在生长中需要脱去旧皮，才能使身体长大，这个过程叫蜕皮。另外，大多数昆虫在生长过程中，身体形态也会发生变化，这个现象叫变态。变态分为完全变态和不完全变态两种。大多数昆虫，如蝴蝶、蜜蜂等属于完全变态，它们的一生中会经历卵、幼虫、蛹和成虫四个阶段；不完全变态的昆虫则只会经历卵、幼虫和成虫三个成长阶段。

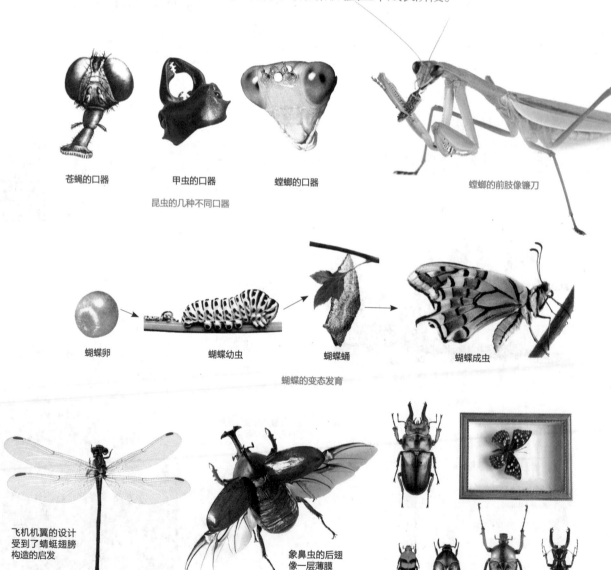

苍蝇的口器　　甲虫的口器　　螳螂的口器　　　　　　螳螂的前肢像镰刀

昆虫的几种不同口器

蝴蝶卵　　　　蝴蝶幼虫　　　　蝴蝶蛹　　　　蝴蝶成虫

蝴蝶的变态发育

飞机机翼的设计受到了蜻蜓翅膀构造的启发

象鼻虫的后翅像一层薄膜

昆虫的翅膀　　　　　　　　　　　　　　昆虫标本

蝉

蝉俗称知了，是常见的昆虫，全世界的蝉约有3000种，我国有100多种。蝉常栖息于山丘、平原等地的柳树、杨树等树木上。它们的飞翔能力较强，以树木的汁液为食。雄蝉腹部有发声器，善于鸣叫；雌蝉不能发声，但腹部有听器，能听到雄蝉发出的求偶邀请，与之交配并繁衍后代。雌蝉在树木的嫩枝条中产卵，由卵孵化而来的幼虫会钻入地下生活，从树根吸取汁液生存。一般要等到几年之后，它们才会从地下钻出，爬到树上变为成虫。蝉蛹蜕出的壳叫蝉蜕，蝉蜕可以入药，能治感冒发热、咳嗽、麻疹等病症。

蝉的幼虫可以在地下生活几年甚至十几年之久

萤火虫

夏日的夜晚，在空旷的野外，我们常能看到一闪一闪发光的虫子快活地飞来飞去，这就是萤火虫。萤火虫身体较扁，体壁柔软，腹部末端的下方有发光器，能发光。它们的卵、幼虫和蛹也能发光，不过成虫发光，主要是起吸引异性的作用。萤火虫的幼虫和成虫均以蜗牛和小昆虫为食，它们喜欢栖息于潮湿温暖、草木繁盛的地方，一般夜间出来活动。全世界的萤火虫约有2000种，分布于热带、亚热带和温带地区。

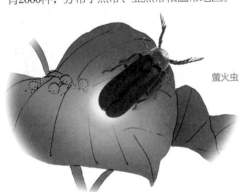

萤火虫

蚕

蚕是一种以桑叶为食、会吐丝结茧的昆虫。它其实是蚕蛾的幼体，长大后的成虫形态就是蚕蛾。蚕一生要经过卵、幼虫、蛹、成虫四个阶段的变态过程。刚刚孵化出的蚕很小，呈黑褐色，像蚂蚁一样，因此被称为蚁蚕。在发育中，蚕会经过"眠"的过程，此时，它不吃也不动，每"眠"一次，就蜕一次皮，身体也就长大一些。蚕经过四次"眠"以后，再吃七八天桑叶，就不吃东西了。这时它的体躯变得透明，开始吐丝作茧，然后会在茧内化为蛹。再经过约十天，蜕去蛹皮，蛹就会变成蚕蛾破茧而出。蚕蛾不吃东西，只交配产卵，繁殖后代。交配结束后，雄蚕蛾便会死亡，雌蚕蛾产卵后也将死去。蚕吐出的蚕丝是制作丝绸的原料。我国是世界蚕业的发源地，早在4000多年前，我国就已经开始养蚕、缫丝。

蚕蛾的幼虫——蚕

破茧而出的蚕蛾产卵后就会死去

蚕茧

蚂蚁

蚂蚁是昆虫，体型很小，有黑色、褐色、黄色、红褐色等颜色。它们的身体分为头、胸、腹三部分，头部有一对触角，胸部有三对足。蚂蚁多生活在地下或朽木中，也有生活在树上的。它们是典型的社会性昆虫，过的是群居生活。每个蚂蚁群一般都由蚁后、雄蚁、工蚁、兵蚁组成。蚁后和雄蚁的职能是交配并繁殖后代；工蚁的职能是采集和运输食物、哺育幼虫、营造巢穴；兵蚁的职能则是防御敌害。

蚂蚁一般都没有翅膀，只有雄蚁和没有生育的雌蚁有翅膀。

全世界的蚂蚁有9500多种，我国有500多种。在非洲的热带丛林中，蚂蚁的种类也很多，其中最著名的是一种叫特立弗的黑蚂蚁。这种黑蚂蚁会组成一支浩浩荡荡的蚂蚁大军前进。有人声称曾经看见过一支特立弗的前进队伍，经过了16天，也没有看到它们的队尾。在特立弗大军行进时，蚯蚓、蛇、蜥蜴以及各种昆虫，都会成为特立弗蚂蚁填饱肚子的猎物。即使是豹子、大象那样的庞然大物，只要是受了伤，在特立弗大军面前也在劫难逃。这种神奇的蚂蚁，可以在三天之内把一只大象吃得只剩下一堆白骨。

穿越 ●●●●●●

昆虫"农业家"

切叶蚁是动物界中唯一一种会切割新鲜的植物，并用它们来种植食物的动物。切叶蚁会将树上的叶子切成小片，带到蚁穴里发酵，然后取食从叶子碎片上长出来的蘑菇，所以切叶蚁又叫蘑菇蚁。它们比人类更早、更熟练地掌握了蘑菇等真菌的栽培技术，堪称技艺高超的"农业家"

正在搬运树叶碎片的切叶蚁

蜻蜓的足接近头部，身体非常细长。

蜻蜓

蜻蜓是蜻蜓目昆虫的代表种类，全世界约有5000种，我国有400多种。蜻蜓的身体分为头、胸、腹三部分，头部很大，能灵活转动；胸部呈箱子形；腹部则很细长，呈圆筒形或扁筒形。蜻蜓有一对复眼和三只单眼，其中复眼是由28000多个小眼组成的，因此蜻蜓堪称是世界上眼睛最多的昆虫。蜻蜓是不完全变态昆虫，一生要经过卵、幼虫、成虫三个阶段。成虫通常会在水草上或水中产卵。需要产卵时，它会把尾部插入水中，产下一些卵，然后立即飞起来，接着又把尾部插入水中再次产卵。蜻蜓会一次又一次地重复这样的产卵动作，不停地在水上点来点去，成语"蜻蜓点水"即由此而来。蜻蜓的幼虫叫水虿，水虿以孑孓等水生小动物为食，经过约一年的时间，蜕皮十多次后，它会沿水草爬出水面，经历最后一次蜕皮，然后变为蜻蜓成虫。水虿和蜻蜓成虫都捕食害虫，是对人类有益的昆虫。

蝴蝶

在地球上，除了寒冷的南北极、炎热的沙漠以及常年积雪的高山山顶外，到处都可以看到蝴蝶的身影。全世界有近2万种蝴蝶，大部分分布在美洲，我国有1300多种。常见的蝴蝶有粉蝶、凤蝶、蛱蝶、斑蝶等，其中最大的是亚历山大鸟翼凤蝶，它展翅以后的身体宽度可达近30厘米。

蝴蝶的身体分为头、胸、腹三部分。它的头部有一对棒状的触角和一对复眼，还有一个可以伸长或卷曲的口器；胸部的中部和后部各有一对翅，翅的上面有密密的鳞片，鳞片上有不同颜色的花纹或斑点。

蝴蝶属于完全变态的昆虫，一生要经过卵、幼虫、蛹、成虫四个阶段。许多蝴蝶的幼虫以农作物为食物，因此常被视为害虫。幼虫成熟后，一般会在植物叶子的背面等隐蔽的地方，用几条丝将自己固定住，直接变成蛹。再过不久，长着美丽翅膀的蝴蝶就会从蛹中破茧而出了。成年后蝴蝶的主要使命之一是繁衍后代，另一个重要的使命是为植物传授花粉。

美丽的蝴蝶

交配后产卵

卵在水中孵化成幼虫

幼虫在陆地上羽化为成虫

蜻蜓的不完全变态过程

蝴蝶那五彩缤纷的翅膀，既能用来隐藏、伪装自己，也可以用来吸引配偶的注

为了适应周围的环境，蝗虫的体色有时会变为绿色，有时又会变为黄褐色。

因为螳螂前臂举起的样子像祈祷的少女，所以古希腊人又称螳螂为"祈祷虫"。

蝗虫

蝗虫就是我们俗称的蚂蚱，全世界共有10000多种，常见的种类有飞蝗、稻蝗、棉蝗、竹蝗等。蝗虫一般形体较大，呈绿色或黄褐色，身体分为头、胸、腹三部分。它头大，触角短，前胸的背板很坚硬，像马鞍似的延伸到身体两侧。它有三对足，后足的腿节长而粗大，因此很善于跳跃，堪称"跳跃专家"。它腿部的胫骨处还有尖锐的锯刺，是有效的防卫武器。

蝗虫的听觉器官并没有长在头上，而是长在了腹部。因为血液里没有血红蛋白，所以蝗虫血液的颜色不是红色的，而是绿色的或无色的。蝗虫主要以草本植物为食，尤其喜欢吃农作物，如玉米、小麦、水稻的茎叶等，因此是有名的农业害虫。成群的蝗虫飞过天空时，其振翅的声音就像狂风呼啸，响得惊人。凡是它们的所经之处，农作物几乎无一幸免地都会被吃光。

螳螂

螳螂是常见的中至大型昆虫，多为绿色，也有褐色、黄褐色或具有花斑的种类。除极寒地带外，螳螂广布世界各地，尤其以热带地区的种类最为丰富。全世界有2200多种螳螂，我国常见的有中华螳螂、薄翅螳螂等。螳螂的身体分为头、胸、腹三部分，头部呈三角形且活动自如，头上有一对丝状的触角；胸部有三对足和两对翅，前足发达，呈镰刀状，常向腿节折叠，内侧有钩状的刺，专门用来捕捉猎物。武侠小说中的"螳螂拳"，就是受了螳螂前足的启发。螳螂是不完全变态昆虫。雌、雄螳螂交配后，雌螳螂一般会把雄螳螂吃掉。随后，雌螳螂会产卵，接着孵出幼虫，幼虫经过几次蜕皮便能成为螳螂成虫，而不会经过蛹的阶段。螳螂以蝗虫、飞虱、苍蝇、蝴蝶等为食，是农业益虫。

蜜蜂

蜜蜂

蜜蜂是典型的过群体生活的昆虫，任何一只蜜蜂的个体都不能离开蜂群而单独生存。通常来说，每一个蜂群都由一只蜂王、少数雄蜂和很多工蜂组成。蜂群分工明确，蜂王负责产卵、繁殖后代，雄蜂负责和蜂王交配，工蜂则担负采集花粉、酿蜜、造巢、喂养幼虫和守卫蜂巢等职能。工蜂腹部的末端有螫针，螫针与它体内的毒腺相连，一旦受到惊扰，它就会用螫针刺伤敌人。工蜂中还有专门负责侦察蜜源的"侦察兵"，它们找到蜜源以后，会用不同的飞舞姿态报告蜜源的方向、位置，以及沿着什么路线去寻找等信息。蜜蜂能够为植物传授花粉，也能生产蜂蜜、蜂胶、蜂蜡、蜂王浆，是一种以奉献精神而闻名的益虫。

绿色的蝗虫

要酿出500克蜂蜜，工蜂需要在花朵和蜂房之间来回飞行约37000次。

翅膀光滑发亮的瓢虫是益虫，翅膀上长满细绒毛的瓢虫是害虫。

瓢虫

瓢虫俗称花大姐，是瓢虫科昆虫的统称。全世界约有5000种瓢虫，我国有650多种。瓢虫的身体呈半球形，颜色艳丽，具有斑纹。它们的胸部有三对足和两对翅，其中一对翅是鞘翅，另一对翅是膜翅。按所吃食物的不同，瓢虫可分为植食性、肉食性和菌食性三种。植食性瓢虫的代表是马铃薯瓢虫，它以马铃薯、茄子等植物为食，属于害虫，因为背部有28个黑斑，所以也叫二十八星瓢虫；肉食性瓢虫的代表有七星瓢虫、大红瓢虫、小红瓢虫等，它们捕食蚜虫、粉虱等，是农业益虫。

七星瓢虫

蜣螂

蜣螂俗称屎壳郎，全世界约有4000种，我国约有230种，常见的种类有北方蜣螂、神农蜣螂、黑扁蜣螂、大蜣螂等。蜣螂多在夜间活动，以食草类哺乳动物的粪便为食，经常把牛粪、马粪等加工成球，推回自己的巢中，然后在粪球上产卵。幼虫从卵中孵化出以后，就直接以粪球中的有机物为食。因为蜣螂能清除粪便等污物，所以得到了"大自然的清洁工"的美誉。

蜣螂可以滚动一个比它身体大得多的粪球

蟑螂

蟑螂又叫蜚蠊，是人类居住地常见的昆虫，在各种环境中都能顽强生存。

蟑螂的种类很多，全世界大约有3500种，我国约有240种。栖息于室内的蟑螂种类主要有东方蜚蠊、德国小蠊、美洲大蠊等。德国小蠊是我国最常见的蟑螂，它体长通常为11～14毫米，身体扁平，呈褐色，胸部有两条黑色的斑纹，前翅较大，后翅较小。德国小蠊常栖息于食堂、饭店和家里厨房的阴暗处，喜欢夜间出来活动，以各种人类食品为食。蟑螂的身上携带有大量的病菌，在它们活动于人类居住地的过程中，这些病菌能传播很多疾病。所以如果我们看到蟑螂，最好用灭蟑药将它们杀死。

有些蟑螂光靠喝水，都能活一个月不死。

蠼螋

蠼螋俗称火夹子，广泛分布于热带和亚热带，世界上已知的蠼螋约有1200种，我国有70多种。蠼螋的身体扁平狭长，头上的触角细长多节，口器为咀嚼式。它的前翅是革质的，比较短小；后翅是膜质的，大而圆。此外，它的尾端还有一对大大的钳状尾铗。蠼螋喜欢潮湿的环境，一般生活在土里、树叶和杂草间，或者石块、砖头的下面。它是杂食性的昆虫，有保护卵和幼虫的习性。

蠼螋的体长大多为1～5厘米

蚜虫

蚜虫俗称腻虫、蜜虫。它们的身体很小，多数体长约2毫米，最大的也不超过5毫米。蚜虫有的有翅，有的无翅，但它们都有刺吸式口器，能刺入植物的嫩枝条、叶子中吸食汁液，导致植物出现叶斑、泛黄、产量降低等病症，有时甚至会导致植物枯萎死亡。因此，蚜虫是一种对粮食、棉花、蔬菜、瓜果、烟草等植物都很有危害的害虫。蚜虫的种类很多，有棉蚜、麦蚜、菜蚜、桃蚜、高粱蚜等。棉蚜在我国北方比较常见，它的头部和胸部为黑色，身体为浅绿色，大多栖息在棉花田、果园等地，是棉花苗期的重要害虫之一。棉蚜繁殖速度很快，环境条件适宜时，一年就能繁殖20～30代。

蚊子在蛇的头上吸血

蚊子

蚊子属于双翅目昆虫，全世界大约有3300种，我国有350多种，常见的种类主要有按蚊、库蚊和伊蚊等。蚊子的身体细小而柔软，头上有一个针状的刺吸式口器。蚊子叮人的时候，先是将口器快速刺进人的皮肤，然后分泌唾液，人的血液一旦和蚊子的唾液混合，就会变得不容易凝固，便于蚊子吸食。与此同时，因为蚊子的唾液对人的皮肤有刺激性，所以人的皮肤上被蚊子叮咬过的地方会发痒，还会起一个红疙瘩。蚊子在吸血的过程中，常会传播疟疾、流行性乙型脑炎等传染病，危害很大。在飞行时，蚊子的翅膀振动极快，每秒可振动250～600次，所以我们能听到"嗡嗡嗡"的声音。

只有雌蚊子才会吸血，雄蚊子以吸食花、果的汁液为生。

蚜虫会和蚂蚁合作，蚂蚁驱赶蚜虫的天敌，蚜虫为蚂蚁提供食用的蜜露。

苍蝇

苍蝇是体型较小的昆虫，广布于世界各地，常见的种类有家蝇、麻蝇、绿蝇、金蝇等。苍蝇的身上和足上都生有密密的毛，头上的口器为舐吸式，遇到固体食物时，它会先分泌唾液，把食物润湿后再吸食。苍蝇足的末端有一对钩爪，爪上有吸附力很强的爪垫，所以即便是光滑的玻璃，苍蝇也能在上面爬行。苍蝇只有一对前翅，后翅退化成平衡棒，不能用来飞行，但能帮助身体保持平衡。苍蝇属于完全变态的昆虫，它的幼虫是蛆。苍蝇经常在垃圾、粪便上取食，因此会把各种病菌带到身上，等它再飞到食物上面时，就会把病菌和寄生虫的卵黏在食物上面。所以苍蝇会传染伤寒、霍乱、痢疾等疾病，是危害人类的害虫。

苍蝇的进食习惯非常可怕，那就是边吃边拉。

如果人类以蚜虫的速度繁殖后代，那么一个女人一天生下的婴儿就能坐满一座网球场。

珍稀动物

珍稀动物是指在自然界较为稀有和珍贵的动物，主要包括大熊猫、金丝猴等陆生生物，扬子鳄、白鳍豚等水生生物，中国大蝾螈等两栖动物，印度蟒等爬行动物，以及其他一些种类的动物。

金丝猴

金丝猴

金丝猴因为背部披有金黄色的柔软长毛而得名。它们主要分布在我国西南部地区，有川金丝猴、黔金丝猴、滇金丝猴，以及2012年发现的怒江金丝猴四种，是国家 I 级保护动物。越南、缅甸等国也有少量的金丝猴分布。金丝猴生活在海拔2000～3600米的高山密林中，过着典型的树栖生活，能在树上攀跃如飞。它们喜爱玩耍喧闹，猴群每到一处，都会发出追逐玩耍声、抢食喧闹声以及大量折断树枝的声音，非常热闹，远远地就能听见。

金丝猴中的川金丝猴体长50～83厘米，尾长与体长相等或更长些。它们的面部皮肤是蓝色的，鼻孔大而朝天，所以又叫仰鼻猴。

初生的大熊猫很小，体重仅100克左右，长大后却能重达50～80千克。

大熊猫

大熊猫是我国独有的动物，享有"国宝"的美誉，被列为国家 I 级保护动物。其可爱的形象博得了世界人民的喜爱，世界野生生物基金会也把大熊猫的图案作为了自己的标志。

大熊猫的家族非常古老，至少800万年前，它们就已经出现。许多和大熊猫同一时期出现的哺乳动物早已灭绝，而大熊猫却一直繁衍到今天，因此它们有"活化石"之称。大熊猫的数量十分稀少，目前全国野生大熊猫的数量不到1600只，而且只分布在我国四川省西部、甘肃省南部等地区。大熊猫是杂食性动物，可以吃肉，不过它们却更喜欢素食。在自然界，大熊猫能吃的食物约有几十种，但它们最爱的是冷箭竹、大箭竹等竹子的笋和较青嫩的茎、叶。大熊猫喜欢吃竹子，不仅仅是因为它们的身体能吸收竹子的营养，而且吃进去的竹纤维还能像扫帚一样，把它们肚子里的垃圾打扫出来。

川金丝猴

扬子鳄

扬子鳄又叫中华鳄、鼍、猪婆龙，俗称土龙，是中国特有的珍稀爬行动物，分布在长江下游地区。扬子鳄的身长为1～2米，头部扁平，四肢粗短，前肢5趾，后肢4趾，趾间有蹼，因此爬行和游泳都很敏捷。它们的尾巴长而扁，粗壮有力，既能在水里推动身体前进，又是攻击和自卫时的武器。它们喜欢晚上活动，白天通常隐居在河岸两旁的洞穴中，夜间出外捕食。

爬行动物曾称霸于中生代，后来由于环境变化，许多爬行动物都因不能适应新环境而绝灭，但扬子鳄却一直生存到了今天。在扬子鳄身上，至今还可以找到早期爬行动物的许多特征，所以它们也是人们眼中的"活化石"之一。目前扬子鳄已经被列为国家 I 级保护动物，它们的数量非常稀少，濒临灭绝。

扬子鳄是世界上体型最小的一种鳄

朱鹮历来被日本皇室视为圣鸟，
但日本本土的朱鹮已经灭绝。

朱鹮

朱鹮又叫朱鹭、红鹤，是我国 I 级保护动物，被誉为"东方宝石"。朱鹮体长约75厘米，身体上的羽毛大部分为白色，翅膀周围则是淡粉色，头上有几根长长的羽冠，嘴细长而下弯，多为黑褐色，嘴的顶端和腿均呈朱红色，非常漂亮。朱鹮的腿不长，但粗壮有力，行走时步态缓慢，显得风度翩翩。飞行时，朱鹮的头向前伸，脚向后伸，双翅有力而缓慢地扇动，好像仙女从天空中轻轻飞下，所以古人称它为"仙女鸟"。朱鹮一度被认为已灭绝。1981年，人们终于在陕西发现了几只朱鹮，它们被认为是世界上仅存的朱鹮种群。后来，人们建立了保护区，营造了适合朱鹮生活的环境。经过多年的精心喂养和保护，现已繁殖出上千只朱鹮。

丹顶鹤

丹顶鹤也叫仙鹤、白鹤，因为头顶有一个红色的肉冠而得名。它是东亚地区所特有的鸟类，因体态优雅、颜色分明而受到人们的喜爱，被赋予了吉祥、忠贞、长寿的寓意。丹顶鹤身长120～160厘米，翅膀打开约200厘米，成年的丹顶鹤除了颈部和翅膀后端为黑色外，全身洁白。鹤类的典型特征，即"三长"——嘴长、颈长、腿长，在丹顶鹤的身上全能看见。丹顶鹤通常栖息于开阔的平原、沼泽、湖泊等地，主要以鱼、虾、水生昆虫、软体动物以及水生植物的茎、叶、果实等为食。它们主要以我国东北、俄罗斯的远东地区为繁殖地。每年冬天，它们会飞往我国东南沿海、长江中下游地区以及朝鲜、日本等地越冬。在迁徙期，数个丹顶鹤家族常会结成较大的群体，有时鹤群里的丹顶鹤多达40～50只，很是壮观。

体态优雅的丹顶鹤

中华鲟和白鲟并称为我国的"水中国宝"

麋鹿

麋鹿是我国 I 级保护动物，属于鹿科。因为它头像马，角像鹿，蹄像牛，尾像驴，因此又被称为"四不像"。只有雄鹿才有角，角分两个枝，每枝有两个杈，每个杈又分一些小杈。因为有杈，鹿角非常长，最长的鹿角可达80厘米。麋鹿生性喜水，善于游泳，主要以青草、树叶、水生植物等为食。

现存的麋鹿是人工饲养的种群，数量很少。清朝时，北京的南海子猎苑曾饲养有全国仅剩的最后一群麋鹿，八国联军攻入北京时，麋鹿惨遭大量猎杀，仅有少数被掠走运到了国外。中华人民共和国成立后，我国政府从国外引进数十只麋鹿，使它们回归家乡，目前已有数百只麋鹿被放养到大自然中。

中华鲟

中华鲟又名鲟鲨，是我国特有的鱼类，已经在地球上生活了1.4亿年，是著名的"活化石"。它们主要生活在长江流域，是我国 I 级保护动物。

中华鲟体型很大，有"长江鱼王"之称。它的体长通常在2.5米左右，雌性比雄性大。中华鲟的外形很特别，身体呈圆筒状，身上纵向排列着坚硬的骨板状的大硬鳞。中华鲟是一种洄游性鱼类，它出生在淡水中，长到1岁多时就会跟随父母回到大海中，10多年后再回到淡水中生儿育女。由于长期以来，中华鲟一直被大量捕捞、食用，因此数量大量减少。为了挽救中华鲟，如今人们将它们的卵进行人工孵化，再把鱼苗放回到长江中，帮助它们繁殖。

麋鹿

白鱀豚

白鱀豚又叫白鳍豚，是我国特有的一种极为罕见的淡水鲸类。白鱀豚主要生活在长江中下游，数量极少，1996年就被世界自然保护联盟列为12种世界严重濒危动物之一，有"长江里的大熊猫"之称。白鱀豚是哺乳动物，它们虽然生活在水中，但却用肺呼吸。它们的大脑很发达，脑重量与黑猩猩接近，有一定的记忆能力。它们以鱼类为食，受到攻击时能发出低沉的鸣叫声，像水牛叫。由于生存环境的恶化和人类的捕杀，白鱀豚濒于灭绝。2006年，来自中国、美国等国的科学家，在长江中下游宜昌至上海的江段进行了近40天的考察，结果没有发现一头白鱀豚。有科学家认为，就算还有白鱀豚个体存活着，其数量也很难让整个物种得到延续。

现存的活白鱀豚已经难见踪影，图为白鱀豚模型。

针鼹

针鼹又叫刺食蚁兽，是针鼹科动物的统称。它长得很像刺猬，背部和体侧都长着尖尖的硬刺，刺下有毛，肚子上则没有刺，只有毛。针鼹身上短小而锋利的刺是它的"护身符"，但这些刺并不是牢牢长在它身上的。当遇到敌害时，针鼹不仅会把身体蜷成一个"刺球"来保护自己，有时也能把刺当箭，射向对方，然后以惊人的速度钻入土中，迅速消失。

针鼹擅长挖掘，以白蚁等为食。它们喜欢栖息于灌丛、草原和多石的半荒漠地区，白天隐藏在洞穴中，黄昏和夜晚外出活动。针鼹是一种原始、低等的奇异哺乳动物，和鸭嘴兽是近亲。它们虽是卵生，却有育儿袋，卵能直接产到育儿袋中孵化，孵化后的幼兽也会继续在袋中生活一段时间。

针鼹和刺猬长得很像，但嘴巴比刺猬长。

鸭嘴兽

鸭嘴兽是鸭嘴兽科的唯一一种动物。因为成年鸭嘴兽的嘴像鸭子的嘴而得名。它的身体呈流线型，体长30～45厘米，尾长10～15厘米，全身包裹着柔软浓密的短毛，背面呈褐色，腹面则呈灰白色或黄色。它的后腿上还有一根空心的刺，能分泌毒液，可以用来攻击敌人。

鸭嘴兽主要分布于澳大利亚东部和塔斯马尼亚，在水中和陆地上都能生存。它们喜欢栖居在溪流和湖泊的岸边，常潜入水底觅食。作为一种未完全进化的哺乳动物，虽然雌鸭嘴兽也会分泌乳汁，以哺育幼仔，但幼仔却不是胎生，而是卵生的。雌鸭嘴兽每次产两枚卵，幼兽从卵中孵化，再从母兽腹面濡湿的毛上舔食乳汁。

鸭嘴兽是非常古老的动物，历经亿万年的时间，它们既没灭绝，也没发生明显的进化，身体特征始终处于哺乳类、爬行类、鸟类之间，令人感到奇特又神秘。

•超级视听•

鸭嘴兽的老镜头

穿越 ••••••

考拉为何爱抱树？

考拉总是喜欢抱着树干，是因为它们太懒吗？事实并非如此。澳大利亚墨尔本大学的科学家研究发现，考拉喜欢抱着树，是因为它们在用这种特殊的方式消暑。原来，在酷热的夏季，树干的温度要比澳大利亚当地的平均气温低约9℃。树干可以起到散热器的作用，考拉抱着树干，就能通过树干将身体的热量散出，避免因身体过热、体内水分蒸发过快而造成的脱水。在炎炎夏日，整天抱着树干，能让考拉身体少消耗将近一半的水分！

鸭嘴兽食量很大，每天所消耗的食物与自身的体重差不多。它们通常独居，喜欢在夜间活动。

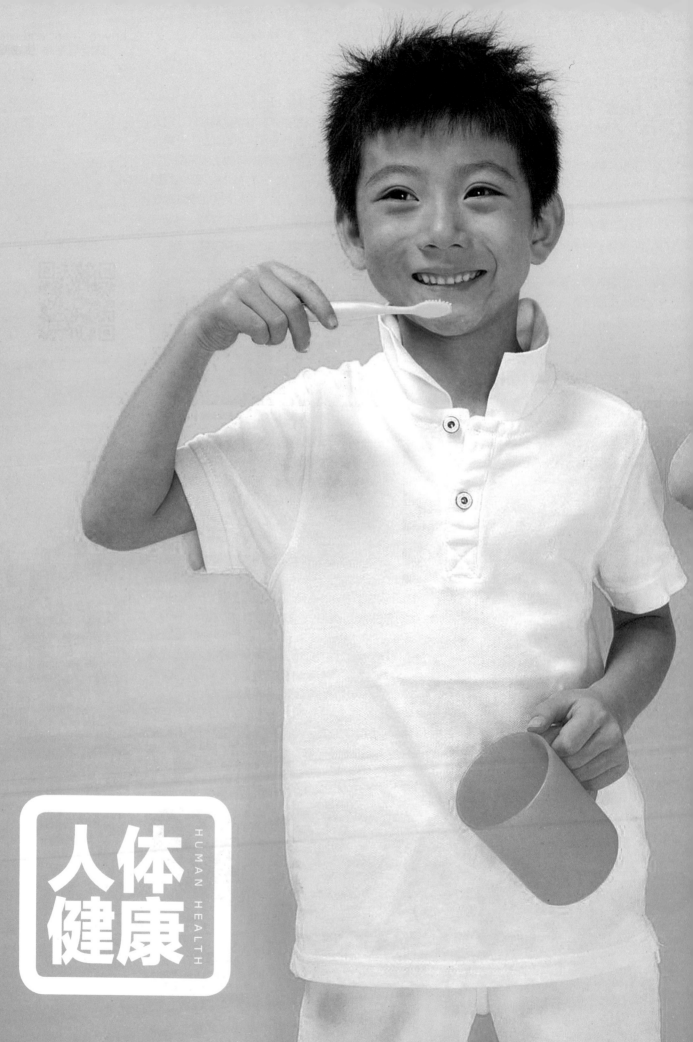

人体健康
HUMAN HEALTH

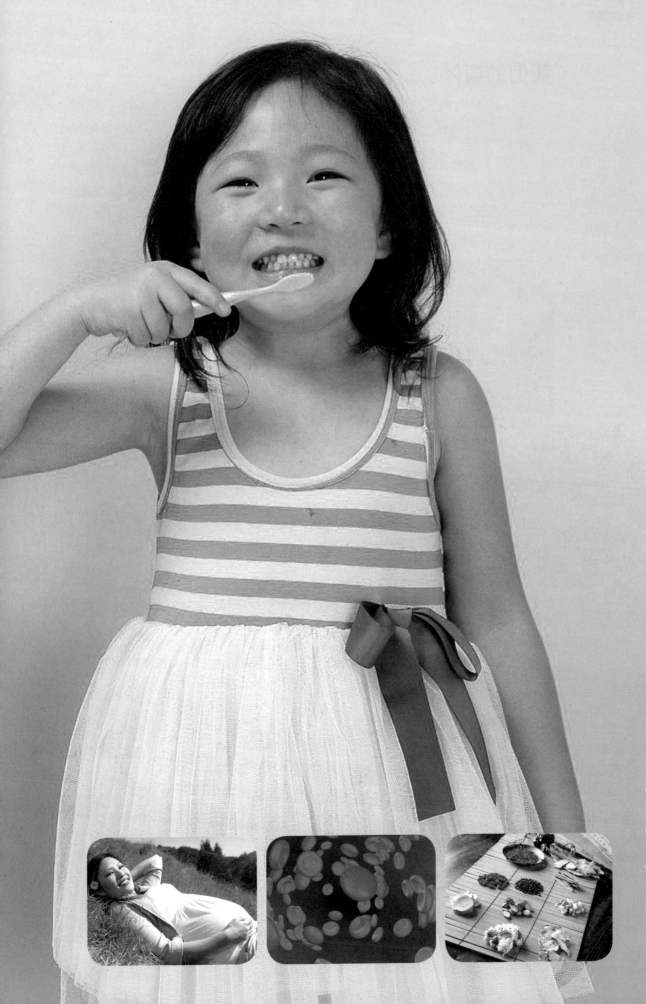

环境与生命

Environment and Life

我们的身体

　　我们的身体就像一台精密的仪器，有着极其复杂的构造和多种多样的功能。组成我们身体的皮肤、骨骼和各种器官，就像仪器里的零件，不仅每时每刻都在不停地工作着，而且忠于职守，绝不偷懒。正因为有它们在昼夜不停地辛勤劳作，我们才能够存活在这个美丽的世界上，享受人生的快乐。因此，我们要好好地爱护身体，不让它受到伤害。为了爱护好身体，我们首先要认识我们的身体，了解它所蕴藏的种种奥秘。

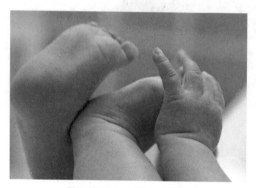

婴儿可爱的小脚丫和胖乎乎的小手

与鱼类流线型的身体比起来，我们人类的身体并不适于游泳，但游泳能锻炼身体，有助于我们保持健康。

人体的构成

　　人体分为头、颈、躯干和四肢四部分。头部由23块颅骨组成，圆形的颅腔保护着人的大脑。人的眼、耳、口、鼻等器官就长在头部。7块颈椎构成了颈部，颈椎骨内有血管，以保证脑的血液供应。躯干分为胸部和腹部，支撑人体躯干的则是脊柱。四肢分为两个上肢和两个下肢。上肢分为上臂、前臂和手，下肢分为大腿、小腿和足。构成人体的物质中约有60%是水，剩下的则是蛋白质、糖、矿物质等成分。

人体的系统

　　人体内有好多器官，这些器官以不同的功能组成了各种协调工作的系统。

　　人体可以分为运动系统、循环系统、免疫系统、消化系统、呼吸系统、内分泌系统、泌尿系统、生殖系统和神经系统等系统。每个系统都有不同的功能，比如骨细胞和肌肉细胞构成骨组织和肌肉组织，进而构成运动系统，使我们完成奔跑、跳跃、挥手等各种动作；免疫系统由胸腺、淋巴管、淋巴结等组织构成，能帮助我们抵抗疾病。

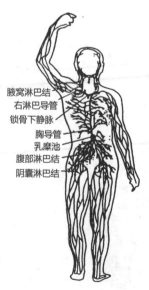

腋窝淋巴结
右淋巴导管
锁骨下静脉
胸导管
乳糜池
腹部淋巴结
阴囊淋巴结

人体的淋巴系统（背面观）

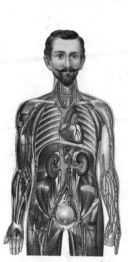

循环系统

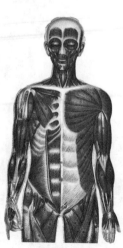

肌肉系统

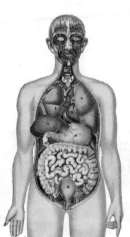

消化系统

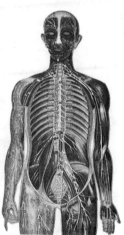

骨骼系统

人的身体结构

人体的细胞

人体内最小的生命体，就是细胞。人体共约有100万亿个细胞，包括扁平的上皮细胞、树枝状的神经细胞、细长的肌肉细胞、巨大的白细胞等。不同的细胞大小不同，形态各异，并且具有不同的功能，比如红细胞双面微凹，呈圆盘状，这种形态能让红细胞具有较大的表面积，有利于它在血液中运输氧气，从而帮助我们进行生命的运转。

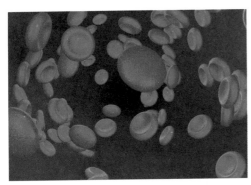

血液中的红细胞

人体的器官

不同的人体细胞构成人体组织，多种组织又构成有特定功能的人体器官。人体的器官有肝脏、心脏、肾脏、胃、膀胱、肠、肺、子宫、眼、耳、口、手等。每种器官都有特定的

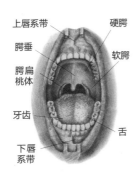

上唇系带
腭垂
腭扁桃体
牙齿
下唇系带
硬腭
软腭
舌
口腔器官

功能，例如胃能分泌胃酸，消化食物；肺能交换气体，维持呼吸。心脏、肝脏、肾脏等很多器官还可以进行移植，能够用健康的器官代替原有的不健康的器官，从而帮助部分器官丧失功能的人恢复健康。

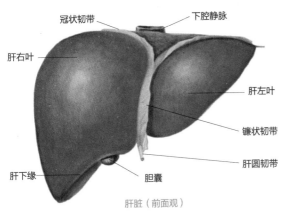

冠状韧带　　　　下腔静脉
肝右叶
肝左叶
镰状韧带
肝圆韧带
肝下缘　　　胆囊
肝脏（前面观）

男孩和女孩

男孩和女孩都是父母的孩子，为什么会有性别的不同呢？这是因为父母给予男孩和女孩的遗传基因不同。每个人的体细胞内都有23对染色体。这些染色体一半来自父亲，一半来自母亲，遗传基因就藏在这些染色体内。染色体中，有一对是性染色体，男性的性染色体为XY，女性的性染色体为XX。当父亲的精子细胞和母亲的卵子细胞碰到一起，要孕育一个新的生命时，如果父母拿出的性染色体都是X，那么诞生的新生命就是女孩；如果父亲拿出的是Y，母亲拿出的是X，那么诞生的新生命就是男孩。

青春期变化

青春期是介于儿童期和成人期之间的过渡期。在儿童期，男孩和女孩的生长发育没有多大的区别。但进入青春期后，男孩和女孩的身体就会发生微妙的变化。

青春期的变化主要表现在身体生长迅速、身体各部分的比例产生显著变化、心理出现反抗倾向等方面，其中最为明显的变化就是第二性征的出现。第二性征是人和其他一些高等脊椎动物在性成熟后出现的、除了生殖器官以外的一些能表明性别的特征，比如声音、身体曲线等。第二性征的差异在青春期过后尤为明显。男孩第二性征的发育表现为长出胡须、腋毛、阴毛等体毛，变声，出现喉结，睾丸和阴茎变大，分泌精液以至出现遗精。女孩的第二性征则表现为乳房发育，出现阴毛、腋毛等。

青春期的身体变化

年龄/岁	女孩	男孩
8～9	身高开始突增	
10～11	乳房开始发育，身高增长速度达到高峰，开始出现阴毛。	身高开始突增，阴茎、睾丸开始增大。
12	乳房继续增大	身高增长达到高峰，开始变声，出现喉结。
13	月经初潮出现，出现腋毛。	出现阴毛，阴茎、睾丸继续增大。
14	乳房显著增大	出现腋毛
15	脂肪积累增多，身体变丰满，臀部变圆。	首次遗精，开始出现胡须。
16	月经变得有规律	阴茎、睾丸已达成人大小。
17～18	骨骼愈合，身高生长基本停止。	体毛接近成人水平
≥19		骨骼愈合，身高生长基本停止。

男孩和女孩

穿越 ●●●●●●

最早的人类住哪儿？

人类的演化可以分为早期猿人、晚期猿人、早期智人和晚期智人四个阶段。2000年，科学家在非洲肯尼亚中部发现了生活在600万年前的千禧人的骨化石。2001年，人们又在非洲乍得北部发现了有六七百万年历史的撒海尔人的化石。目前出土的这些资料都表明，早期猿人的分布局限于非洲。也就是说，最早的人类很可能就是住在非洲的。

• 超级视听 •

青春期萌动

血液循环

人体的营养吸收和气体交换，离不开血液循环的作用。血液循环可分为大循环和小循环。大循环又叫体循环，循环的路径是：含营养物质和氧气较多的动脉血从心脏左心室流出，经过主动脉和它的分支流到全身的毛细血管，在毛细血管里进行物质和气体交换后，动脉血会变成含二氧化碳较多的静脉血，静脉血再经过各级静脉，回到心脏的右心房。小循环则叫肺循环，循环的路径是：含二氧化碳较多的静脉血从心脏的右心室流出，经过肺动脉进入肺泡，进行气体交换后，再经过肺静脉流回左心房。

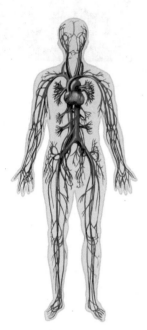

全身的主要血管

红色为动脉血管，蓝色为静脉血管。不过，在我们的肺里，动脉血管中流淌的是含二氧化碳较多的静脉血，而静脉血管中流淌的却是含营养物质和氧气较多的动脉血。

穿越 ●●●●●●

人是水做的

读过《红楼梦》的人都知道贾宝玉有一句名言——"女人是水做的"。其实，男人也是水做的，而且男人体内的水比女人还要多一些。科学家研究发现，成年男人体内的含水量为体重的60%左右，女人只在50%左右。而人体内含水最多的时期是在出生时，水分大约占到了婴儿当时体重的79%。

心脏

心脏是血液循环的动力器官。它位于人体胸腔内正中稍偏左的位置，外形像个桃子。它缩小时，大小与本人的拳头差不多。

心脏分为左右两部分，每部分又分为心房和心室，上方的叫心房，下方的叫心室，两者由瓣膜隔开。与心脏相连的是动脉和静脉，静脉引导血液向心脏流动，动脉则引导血液离开心脏。心脏每跳动一次，心肌就会收缩和舒张一次。心肌收缩时，血液从心房流向心室，然后由心室流入动脉。心肌舒张时，心室和心房扩张，静脉的血液进入心房，这时动脉瓣关闭，进入动脉的血液不会流回心脏。人的正常心跳是每分钟70～75次，所以心脏每天要跳动10万次以上。心脏有规律的搏动，会像波浪一样沿着动脉传播，形成有节律的动脉搏动，这就是脉搏。

动脉

动脉是运送血液离开心脏的血管。它从心室发出后，反复分支，越分越细，末端是毛细血管。动脉包括肺动脉和体动脉。肺动脉起于右心室，经过肺门进入肺部。主动脉则是全身动脉的主干，以左心室为起点，把富含氧气的血液输向全身。动脉的血管壁较厚，能承受较大的压力，有较大的弹性。心室收缩时，动脉的管壁会扩张；心室舒张时，动脉的管壁会回缩。重复这样的过程，就可以促使血液不停向前流动了。动脉大多分布在身体的深处，但在颈部可以摸到颈动脉的搏动，在手腕处也能摸到桡动脉的搏动。

静脉

静脉是血液循环系统中引导、输送血液返回心脏的血管，起于毛细血管，止于心房。静脉分为体循环的静脉和肺循环的静脉两部分。体循环的静脉中，血液的含氧量较低，二氧化碳含量较高；而肺循环的静脉中，血液的含氧量较高，二氧化碳含量较低。与同级的动脉相比，静脉血管壁较薄，弹性小，管腔粗，管内血液的流速较慢，其中部分静脉的管腔中有瓣膜，能防止血液倒流。有些静脉与动脉伴行，分布在身体的深处；也有些静脉位置较浅，在体表就能看到，比如手臂上的"青筋"。

血压

心脏每跳动一下，血液就经过静脉和动脉进出心脏一次。在这个过程中，血液会对血管产生一定的压力，这个压力就叫血压。动脉的血压会随着心脏的收缩和舒张而升降。心脏收缩时产生的压力，叫收缩压或高压；心脏舒张时产生的压力，叫舒张压或低压。血压通常用血压计在上臂测量，正常人收缩压为90～140毫米汞柱，舒张压为60～90毫米汞柱。具体的数据会因性别和年龄不同而略有差异。血压会有

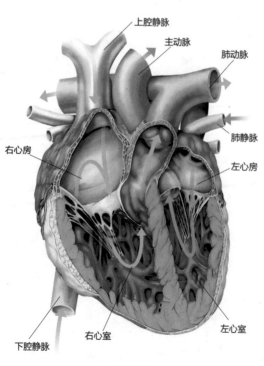

上腔静脉
主动脉
肺动脉
肺静脉
右心房
左心房
左心室
右心室
下腔静脉

心脏的外形

一些暂时的变化，比如运动时、进食后、情绪激动时，血压会升高；而睡眠时、心情轻松愉快时，血压会稍降。

血压通常用血压计在上臂测量

血小板

血小板是血液中最小的细胞，一般呈圆形，无细胞核。血小板在很长一段时间里都被认为是血液中没有功能的细胞碎片。直到1882年，一位意大利医生发现，这种物质在血管损伤后的止血过程中起着重要的作用，"血小板"这个名字这才首次被提出。血小板只存在于哺乳动物的血液中，它在血液中的作用是应急堵漏。当某处血管破损时，血小板会移向破损处。大量的血小板聚集到伤口处，堆积在一起，形成血栓，就能堵住破损的出血口。血小板的这个功能，使它在止血、伤口愈合、器官移植等过程中起到了重要的作用。

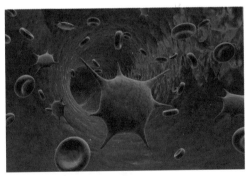

血小板

红细胞

红细胞呈圆形或椭圆形，像一个两面内凹的小盘子，颜色为淡红色，所以也叫红血球。

红细胞能够携带氧气和二氧化碳，使人体内部的碳氧量保持平衡。为什么它具有这样神奇的特性呢？原因来自于血红蛋白。血红蛋白是红细胞具有的一种含铁的蛋白质。血红蛋白能与氧结合，把氧运送到人体的各个部位，人体内的细胞组织释放出氧后，能和细胞代谢产生的二氧化碳结合，然后回到肺部放出二氧化

碳，接着又吸入新鲜的氧。因为铁元素是红细胞内的重要元素，如果铁元素不足，红细胞运送氧的效率就会降低，所以多吃肝脏等富含铁元素的食物，可以有效地保证红细胞送氧功能的发挥，从而保持身体的健康。

红细胞正在依次通过毛细血管

电子显微镜下的红细胞

白细胞

白细胞是血液中非常重要的一类血细胞，俗称白血球。白细胞没有颜色，有细胞核，呈球形，体积比红细胞大一些。它是人体的卫士，能够吞噬异物并产生抗体，有抵御病原体入侵的能力。幼儿血液中白细胞的数量通常多于成年人。人处于不同生理状态时，体内白细胞的数量也会变化，比如妊娠期女性体内的白细胞数量会增加；人体被有害细菌感染时，为了对付细菌，白细胞数量也会猛增。所以如果我们去医院化验血液时，发现白细胞数量猛增，就说明体内某处被细菌感染发炎了。

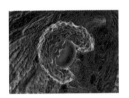
具有吞噬作用的白细胞

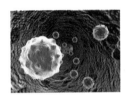
血液中的白细胞

血型

血型是人体血液的类型，如今我们一般用的是ABO血型系统。按ABO血型系统，人的血型可分为A、B、AB、O型。A型血的红细胞中含A凝集原，B型血含B凝集原，AB型血是A、B凝集原都有，O型血中则既没有A凝集原，也没有B凝集原。血型是可以遗传的，比如父母中有一人是AB型血，就一定不会有O型血的子女。一般来说，人的血型一辈子都不会变，所以公安人员在破案时，可以通过血型来找出真正的罪犯。

子女血型与父母血型的配对关系

双亲中一方的血型	双亲中另一方的血型	子女的血型
O	O	O
A	O	A，O
A	A	A，O
A	B	A，B，AB，O
A	AB	A，B，AB
B	O	B，O
B	B	B，O
B	AB	A，B，AB
AB	O	A，B
AB	AB	A，B，AB

神经系统

我们的身体能随着天气的冷热、环境的变化做相应的调节，以应对各种情况，比如身上的肌肉和骨骼能在瞬间做出复杂而精巧的反应动作，以避免意外的伤害；双手也能灵巧地做出各种手势，帮助人完成生活所需的各种动作等。我们的身体所做出的一切不自觉、无意识的反应和自觉的、有意识的反应，都是由神经系统来指挥完成的。

神经系统是调节人体内各种器官的活动，使之适应内外环境变化的全部神经组织的总称，由脑、脊髓和各种神经组成。想知道神经系统是如何指挥人体完成各种复杂的动作和准确的反应的，首先需要了解神经系统。

• 超级视听 •

有两个脑的人

脑

脑是人体中枢神经系统的主要部分，它如同人体的最高司令部，统率着整个中枢神经系统和周围神经系统。脑位于颅腔内，包括大脑、小脑和脑干。动物界中，人脑最发达。这从脑重量的比较就能看出来。大象的脑重量与其体重之比为1/500，而人则为1/40～1/50。

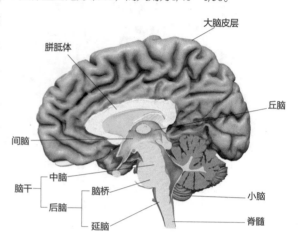

脑的结构

大脑

大脑是脑中最大的部分，由两个大脑半球组成。连接两个大脑半球的，是被称为胼胝体的神经纤维束。在大脑半球表面，有一层厚约2毫米的灰质，呈凹凸不平、深浅不同的褶皱状，我们称之为大脑皮层。大脑皮层上的褶皱，增加了大脑皮层的总面积和其中神经细胞的数量。大脑皮层是调节人体生理活动的最高级中枢，上面分布着人体的运动中枢、感觉中枢、语言中枢、视觉中枢、听觉中枢等重要的神经中枢。人体接收到的所有感觉信息，都会通过大脑皮层进行分析处理。

人体神经分布图

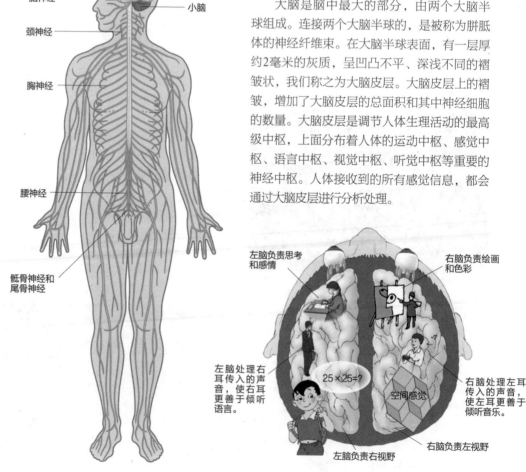

左右两个大脑半球的分工

小脑

小脑位于大脑的后下方，覆盖在脑桥和延髓之上，横跨在中脑和延髓之间，呈卵圆形。

小脑与人体的协调性有关。它就像是一个身体平衡和运动控制的调节器，可以通过与大脑、脑干和脊髓之间神经的联系，参与躯体平衡和肌肉张弛的调节。由于小脑的功能是微调运动技能，所以小脑的损伤不会带来瘫痪等严重症状，而通常会导致身体协调性降低、运动学习能力丧失等情况，使人容易出现站立不稳、走路摇晃、手不能握东西等症状。

人喝醉酒时，走路会晃晃悠悠，正是因为酒精麻痹了小脑。

脊髓

脊髓是中枢神经的一部分，位于椎管内，呈扁圆柱形，上端与脑相连，下端延伸至第一腰椎下缘。

脊髓的外周为白质，是神经纤维集中的地方；脊髓的中央为灰质，在脊髓横断面，能看到灰质呈"H"形或蝶形。脊髓最主要的功能就是传送脑与躯体之间的神经信息，这种功能是通过脊神经实现的。脊柱的两旁自上而下连着31对脊神经，每对神经的上支都直达大脑，下支都直达躯干。大脑就是通过这些神经来调节身体各部位的活动的，比如大脑能通过脊神经里的骶神经，控制人体的排便。

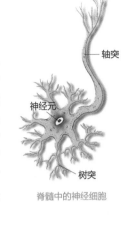

脊髓中的神经细胞

小脑前视图

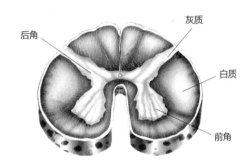

脊髓剖面

脑干

脑干位于脊髓和间脑之间，自下而上由延髓、脑桥、中脑组成，上面连有第3～第12对脑神经。脑干内有白质和灰质。白质是大脑、小脑与脊髓相互联系的重要通路，灰质则是分散的、大小不等的神经核。神经核中的运动核是脑内运动神经的起始核，感觉核是脑内感觉神经的终止核。脑干的延髓和脑桥部分里，有调节心血管运动、呼吸、吞咽等重要生理活动的神经中枢。若这些中枢受损伤，将会影响心脏搏动、血压等方面，甚至会危及生命。正因为脑干负责调节人体的呼吸、心跳、血压、消化等复杂的生理功能，所以它对维持人的生命有重要的意义。医学上常以脑干是否死亡作为判断一个人是否已经失去生命的标准。

神经细胞

神经细胞又叫神经元，由细胞体和突起构成。突起分为树突和轴突。神经冲动通过树突传入细胞体，再通过轴突传递给其他神经细胞或身体的其他部位。人脑内的神经细胞有150亿～200亿个，这些神经细胞的形态各有不同，有的像豆芽，有的像枝繁叶茂的大树，有的像横行的螃蟹。神经细胞构成了人体的神经网络，在人体内不停地传递信息。神经细胞传递人体表面感觉和运动信息的速度是5～120米/秒，传递内脏信息的速度则是3～15米/秒。

神经网络

神经细胞构成了中枢神经和周围神经。中枢神经负责接收信息，然后对信息进行分析和处理，再发出指令。周围神经包括12对脑神经、31对脊神经和植物性神经。这些神经负责收集外部信息，并把这些信息传向中枢神经，然后再把中枢神经的指令传向各器官。中枢神经和周围神经协同合作，使神经系统像一个网络，有效地调节着人体的活动。中枢神经和周围神经因此也被合称为神经网络。

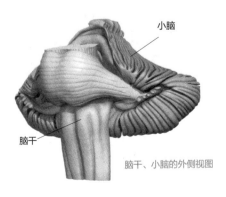

脑干、小脑的外侧视图

小脑

脑干

穿越 ••••••

蛇毒为什么那么毒？

毒蛇分泌的毒液可分为血循毒和神经毒。五步蛇、竹叶青蛇的蛇毒往往是血循毒，这种毒的毒素能影响心脏、血管等血液循环系统中的器官、组织，会使人产生休克等症状，中毒严重者甚至会死亡。而金环蛇、银环蛇、海蛇的蛇毒则多为神经毒。神经毒的毒素进入人体后，会选择性地作用于人的神经系统，对神经中枢、周围神经等产生损害，引起抽搐、昏迷和呼吸麻痹等症状，最终也可能致人死亡。眼镜蛇和眼镜王蛇的蛇毒则更厉害，是兼有血循毒和神经毒的一种混合毒。因此，其他动物被这些蛇咬过之后，很容易迅速死亡。

内分泌系统

在人和其他高等动物的体内，有些腺体或器官能分泌激素，激素会经由血液被带到全身，从而调节身体的生长、发育和生理机能，这种分泌形式就叫内分泌。人体的内分泌系统由弥散神经内分泌系统和固有内分泌系统组成。各种内分泌细胞和内分泌器官分散在人体各处，它们与神经系统协同合作，对人体的新陈代谢、生长发育和生殖活动等进行体液调节，从而使人体的内环境保持一种平衡而稳定的良好状态。

·超级视听·

侏儒盛会

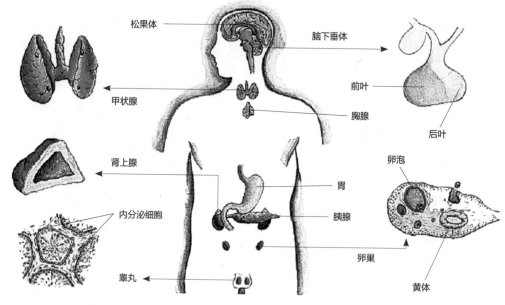

松果体
脑下垂体
前叶
甲状腺
胸腺
后叶
肾上腺
胃
卵泡
内分泌细胞
胰腺
卵巢
睾丸
黄体

人体的主要内分泌腺

激素

激素就是人们常说的荷尔蒙。"荷尔蒙"是希腊语的音译，有"激发"或"兴奋"的意思。但荷尔蒙还不能完全表示激素的含义，因为人体内的激素不仅能使神经变得兴奋，往往也具有抑制情绪等功能。

激素是由人体内的某些特异细胞合成和分泌的一种物质。激素可以经过血液循环或局部扩散与另一类细胞结合，调节后者的代谢、生长、繁殖等生理功能，或是让后者的内环境保持相对稳定，比如：甲状腺素可以促进代谢，提高神经兴奋性，促进身体发育；胰岛素是人体内唯一具有降低血糖功效的激素；孕激素可以保证女性的月经正常进行，并使乳腺等器官做好妊娠的准备。还有一类激素叫促内分泌腺激素，它们可以刺激其他内分泌腺体产生激素，比如促甲状腺激素可以促进甲状腺的生长，使其分泌更多的甲状腺激素等。除了内分泌腺可以直接分泌激素到血液中以外，消化道中的器官

及胎盘等组织，也能够分泌激素。

激素在人体中的含量极微，但是它对人体却有很大的影响。一旦激素分泌失衡，便容易导致疾病，比如生长激素分泌过多，就会引起巨人症，分泌过少则会造成侏儒症；而甲状腺素分泌过多会引发心悸、手汗等症状，分泌过少则容易导致肥胖、嗜睡等；胰岛素分泌不足，会导致糖尿病。

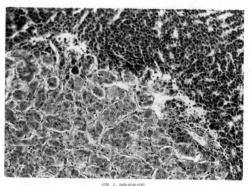

肾上腺髓质

甲状腺

甲状腺是人体最大的内分泌腺体。它位于颈前部，呈蝶形，主要功能是合成和分泌甲状腺素。甲状腺素是一种含碘的氨基酸，能影响多个系统与器官，可提高人体的新陈代谢率，促进人体的生长与发育。甲状腺素分泌过多或不足，对人体均有很大影响，容易导致某些疾病，比如甲状腺素分泌不足，就容易患大脖子病。碘元素对甲状腺素的分泌有一定影响，所以食用含碘盐，能有效避免甲状腺素不足导致的甲状腺肿大等症状。

甲状腺在人体内的位置

垂体

垂体又叫脑垂体，是人体最重要的内分泌腺，可分泌多种激素。

垂体位于脑底部的中央位置，呈椭圆形，淡红色。它可分为腺垂体和神经垂体两部分。腺垂体分泌的激素主要为生长素、催乳素、促甲状腺激素、促黑激素、促肾上腺皮质激素、卵泡刺激素和黄体生成素。这些激素都有重要的作用，如：生长素能促进生长发育；催乳素能促进乳房发育成熟和乳汁分泌；促甲状腺激素能促进甲状腺激素的合成和释放；促肾上腺皮质激素能使心肌收缩力加强、兴奋性提高等。与腺垂体不同，神经垂体不会制造激素，而是起着仓库的作用。腺垂体分泌的激素可以通过神经纤维被送到神经垂体里贮存起来，当身体需要时就被释放到血液中。

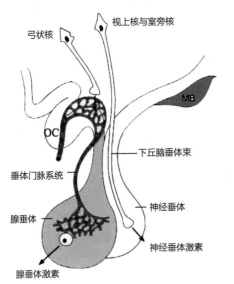

视上核与室旁核
弓状核
MB
OC
下丘脑垂体束
垂体门脉系统
神经垂体
腺垂体
神经垂体激素
腺垂体激素
垂体的结构

巨人症

得了巨人症的人，身体会过度生长，身高会明显高于人类的平均身高。这种病是垂体长了腺瘤而引起的。一旦长了腺瘤，垂体内生长素的分泌就不受控制，不管人体是否需要，腺体都会持续分泌生长素，导致病人的身体过度生长。巨人症的发病年龄在儿童期或少年期，一旦发病，人的身体生长就特别迅速，身高增长可持续到20多岁，有的甚至到30岁时还能长高。巨人症患者的最终身高大多在2米左右，而且上半身与下半身不成比例，下肢特别长，显得不匀称。他们在长高的同时，躯体也长得很魁梧，头、手、脚很大，内脏也大，所以胃口好，饭量大。巨人症患者年轻时体力很好，力大无穷，但往往也会同时出现早衰、肢端过度肥大、身体佝偻变形等症状。

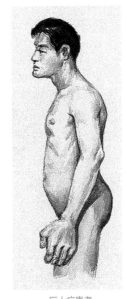
巨人症患者

侏儒症

与巨人症相反，侏儒症表现为人的躯体极端矮小。侏儒症患儿的身高通常比同年龄、同性别的健康儿童低30%以上，或是生长速度比同年龄、同性别的健康儿童的平均值低很多。患上侏儒症的人，不仅会身材矮小、骨骼生长不成比例，而且也容易患有心脏和呼吸系统的一些疾病，寿命因此会受到影响。甚至还有一些侏儒症患者的内脏器官会形态异常，从而使患者难以长期生存。侏儒症产生的原因，主要是生长素分泌不足。很多因素都能会导致生长素分泌不足。其中，先天因素多是先天性发育不全或遗传疾病；后天因素则往往是脑垂体发生病变，比如因为肿瘤、感染、颅脑外伤等原因，垂体受到损伤，影响了生长素的分泌。

穿越 ●●●●●●●

人为什么不能像牛羊一样吃草？

天苍苍，野茫茫，风吹草低见牛羊。牛羊吃草能获取生命所需的能量，为什么我们人就不能靠吃草获取能量呢？这是因为牛羊的肠道中寄居着一群能消化草纤维的细菌和原生动物，而我们人类体内却没有。如果牛羊消化道中的细菌和原生动物消失，即使牛羊不停地吃草，最终还是会被饿死。

侏儒症患者比同龄人要矮小不少

呼吸系统

人要维持生命，就要不停地进行呼吸，不断吸进氧气和吸收营养物质，排出代谢产生的二氧化碳和废物，这就需要呼吸系统的参与。呼吸系统由两部分组成，一部分是运送气体的呼吸道，包括鼻、咽、喉、气管和支气管；另一部分是进行气体交换的肺。呼吸系统中各器官的结构都非常精巧。

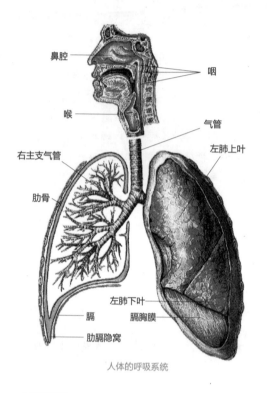

人体的呼吸系统

上呼吸道

人在吸气时，空气经鼻或口进入咽，再经过喉、气管才会进入肺。因此，在临床医学上，鼻、咽、喉通常被称为上呼吸道，而气管和各级支气管则被称为下呼吸道。上呼吸道中，鼻是负责呼吸和嗅觉的器官，也是呼吸道的起始部；咽是一条长13厘米左右的管道，上部开口与鼻腔相通，中部开口与口腔相连；喉则既是呼吸的通道，也是发音的器官。

气管与支气管

气管与支气管是连接喉与肺之间的管道部分，人体内支气管的数目多达6万余条。

气管为圆筒状的管道，位于食道前方，由喉的下方通到胸部。气管的内壁有一层黏膜，黏膜下有丰富的腺体，可以不停地分泌黏液。黏液中有多种免疫球蛋白，能抑制病菌、抵抗病毒。黏膜上还有纤毛细胞，每个细胞表面有几百条纤毛。这些纤毛不停地摆动，能把粘着细菌和尘粒的黏液"清扫"出去。

气管的下方分为左右两个主支气管。左主支气管较细长，走向倾斜；右主支气管较粗短，走向比左支气管略直一些，所以进入气管的异物，大多容易进入右主支气管。

主支气管进入肺内后，像树枝一样不断分叉，逐级分成好多细支气管和毛细支气管，而且越分越多，最终与肺泡相连，整体看起来像一串串葡萄。

肺

肺位于人体的胸腔内，左右各一。左肺分上、下两叶，右肺分上、中、下三叶。气管、支气管好像是一棵倒悬着长在胸腔里的大树，"树枝"深入到了左右两肺里。

气管分支的末端是许多肺泡。人的肺内共有3亿～4亿个圆形的肺泡，一个个肺泡就像一只只小气球，外面还包绕着毛细血管。由气管吸进的氧气和身体内排出的二氧化碳，是通过肺泡壁在血液和肺泡之间进行交换的。一个人每分钟会吸进240～300毫升氧气，呼出200～300毫升二氧化碳。因此可以说，肺是一个巨大的气体交换站。肺的外面还包着两层膜，两层膜之间有空腔，叫胸膜腔，里面有少量的液体，对肺有保护作用。

不过，因为肺上没有肌肉，所以肺不能主动进行运动。它的呼吸是被动的：胸腔内的膈肌推动胸腔有节律地伸展和收缩，肺才被带动着不断运动了起来。

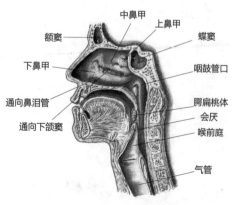

鼻、咽、喉的结构

年人肺活量大，而运动员又比一般人的肺活量大，比如成年女子的肺活量仅有1700～3000毫升，但中长跑运动员和游泳运动员的肺活量却可达道5000～6000毫升。所以，如果我们想提高肺活量，可以经常参加体育锻炼，或进行适宜的体力劳动。

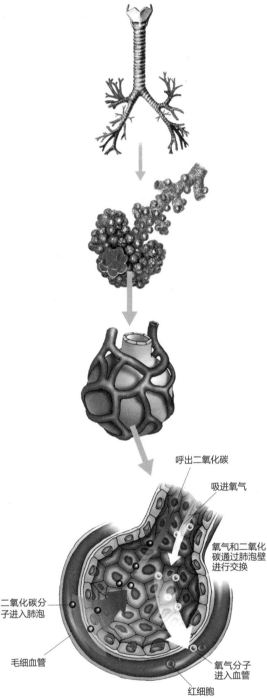

呼出二氧化碳

吸进氧气

氧气和二氧化碳通过肺泡壁进行交换

二氧化碳分子进入肺泡

毛细血管

氧气分子进入血管

红细胞

肺泡的位置和肺泡的剖面图

测肺活量

保护性反应

人体的那些能够保护身体，使身体免受伤害的反应，叫保护性反应。当呼吸系统受到异物的刺激，或是体内二氧化碳增多、大脑缺氧时，人体就会做出保护性反应，如打喷嚏、咳嗽、打哈欠等。通过保护性反应，人可以把异物排出体外，提高身体的含氧量，或是排出多余的二氧化碳。保护性反应实际上是反射反应，是人体的呼吸系统等系统的一种天然的防御行为。在生活中，人的保护性反应有很多，例如我们的手碰到火焰就会赶紧收回、眼睛遇到强光就会闭上等。

人体的保护性反应与神经系统有关。一旦受到刺激，神经系统中的感受器、传入神经、神经中枢、传出神经等就会协同做出各种动作，从而使人体免受伤害。

穿越 ●●●●●●

硅肺

硅肺又叫矽肺，是一种因为长期吸入二氧化硅微粒而导致的肺部疾病。人一旦患上硅肺，就会出现胸闷、胸痛、咳嗽、血痰等症状，甚至会引发肺结核、肺癌。这种病常见于矿工、石匠等经常接触二氧化硅微粒的人群身上，而且至今都没有令人满意的治疗疗法，只能减轻症状，防止并发症。防治硅肺的根本办法是做好防尘和降尘工作。

肺活量

人尽力吸气后，再尽力呼出的气体总量就是肺活量，它代表肺最大的活动量。

因为人体的各个细胞、组织、器官、系统每时每刻都在消耗氧，人体只有在供氧充足的情况下才能正常工作，所以肺活量越大，人体的供氧才越充足。肺活量因此也成为反映人体生长发育水平的重要指标之一。

肺活量因性别和年龄的不同而有所不同。一般来说，男性比女性肺活量大，年轻人比老

人能通过咳嗽将呼吸道中的病原体或异物排出体外

消化系统

我们身体所需的各种营养物质，都来自平时吃的各种食物。那么，食物是怎样变成营养的呢？这就不得不提到人体内消化系统的功劳了。消化系统由消化道和消化腺两部分组成。消化道包括口腔、咽、食道、胃、小肠、大肠及肛门，可以消化食物、吸收营养、排泄废物；消化腺则包括唾液腺、肝脏、胰腺和消化管壁内的许多小腺，它们能分泌各种消化液，促使食物分解成人体可吸收的营养物质。

人体消化食物主要有两种方式：一种方式是把大块食物切磨成小颗粒，即机械性消化；另一种方式是用消化腺分泌的消化液对食物进行化学分解，即化学性消化。有些人吃饭时常狼吞虎咽，这样会影响消化，甚至会患上胃炎、阑尾炎、肠梗阻等疾病。

牙齿

牙齿是用来咀嚼食物的功能器官，通常呈白色，质地坚硬，具有各种形状，能撕裂、磨碎食物。按形态的不同，牙齿可分为切牙、尖牙和磨牙三种：切牙用来切断食物；尖牙用来撕碎食物；磨牙则能磨碎食物。牙齿最外面一层是坚硬的牙釉质，它是人体中最硬的组织。人的一生中，先后会长两次牙，首次长出的牙叫乳牙，共有20颗。6岁开始，乳牙会逐渐脱落，长出恒牙。恒牙共有28～32颗。

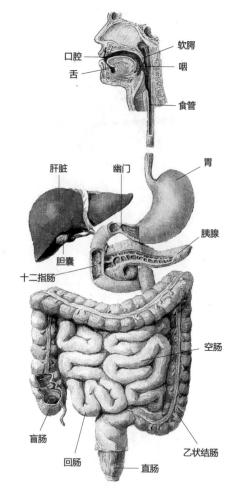

人体的消化系统

口腔内的消化

食物进入口腔，会被牙齿嚼碎、磨细，并与唾液腺分泌的唾液混合。唾液中的淀粉酶会与食物中的淀粉发生反应，使食物变成容易吸收的糖类。如果你嚼米饭或馒头时能感觉到甜味，那就是淀粉酶在起作用。

胃

胃位于食管与十二指肠之间，是消化道最宽大的部分，主要功能是储存食物与初步消化食物。胃有一定的吸收能力，但是吸收能力很弱，仅能少量吸收部分药物和水溶性物质，不过吸收酒精的能力比较强。胃能不断蠕动，把食物搅拌成食糜。胃的内壁上还有一层黏膜，黏膜上有分泌胃液的腺体，每天能分泌胃液1500～2000毫升。胃液是水、盐酸和酶的混合物，其中蛋白酶可以把食物中的蛋白质变成氨基酸，脂肪酶则能消化乳类中的一部分脂肪。一般来说，水仅需10分钟就能从胃里被排空，混合性食物被排空则需4～5小时。

·超级视听·

大胃王比赛

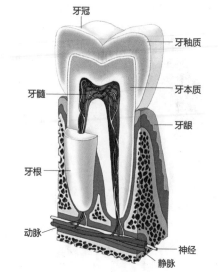

牙齿的结构

肝脏

肝脏是人体消化系统中最大的腺体。它几乎会参与人体内的一切代谢过程，其内部发生的化学反应超过500种，所以有"高效率的综合性生化工厂"之称。肝脏可以参与消化，组成肝脏的肝细胞会生成胆汁。胆汁由肝胆管排入胆囊，然后流入十二指肠，能参与脂肪的消化。肝脏也能贮存营养，可以把血液中的葡萄糖和肝糖存起来。肝脏还是解毒器官，能清除血液中的废物和有毒物质。人体必需的白蛋白、球蛋白和多种凝血因子也在肝脏中合成。

胰腺

胰腺"隐居"在腹膜后。虽然胰腺的知名度不如与其近邻的胃、肝脏和胆，但它在食物消化过程中有着不亚于其他器官的重要地位。胰腺中有胰岛细胞，胰岛细胞分泌的胰岛素在维持正常血糖水平方面起着十分重要的作用。如果胰岛素分泌不足，人体内的血糖含量就会升高，极易导致糖尿病。此外，胰腺还会产生胰蛋白酶、胰脂肪酶和胰淀粉酶，这些酶进入十二指肠内后，能分别消化食物中的蛋白质、脂肪和淀粉，使这些物质易于被人体吸收。

肠的接触面积，有利于小肠吸收养分。

小肠产生的分泌液与肝脏产生的胆汁、胰腺产生的胰液共同作用，能将淀粉变为葡萄糖，将蛋白质分解为氨基酸，将脂肪分解为脂肪酸和甘油。这些物质被小肠绒毛吸收后，会进入血液，然后被送往全身各处。不能被小肠吸收的废物则会进入大肠。

大肠

大肠位于小肠的后面，分为回肠和广肠两部分。成人的大肠全长约1.5米。

大肠在外形上与小肠明显不同，它的口径比小肠粗，而且肠壁较薄。大肠内的酸碱度和温度适宜细菌生存，所以大肠里寄生着很多细菌。这些细菌能分解食物残渣中的糖类和脂肪，还能利用大肠内的食物残渣，合成人体必需的某些维生素，因此对于人体有十分重要的作用。大肠的主要功能是进一步吸收粪便中的水分、电解质等成分，然后将食物残渣、脱落的肠上皮细胞和大量的细菌一起组成粪便。大肠还有一定的分泌功能，可以分泌一种黏液。这种黏液能润滑粪便，使粪便易于下行，令肠壁不受损伤，避免细菌感染。

穿越 ●●●●●●

味道是怎么被舌头尝到的？

舌能辨别四种基本的味道，即酸、甜、苦、咸。对甜味最敏感的是舌尖，对苦味最敏感的是舌根，对酸味最敏感的是舌两侧的后半部分，对咸味最敏感的是舌两侧的前半部分。舌头之所以能够感觉味道，是因为味蕾的存在。正常的成年人有一万多个味蕾。味蕾绝大多数分布在舌面上，尤其是舌尖部分和舌的侧面。此外，口腔的腭、咽等部位也有少量的味蕾。人吃东西时，通过咀嚼及舌、唾液的搅拌，味蕾会受到不同味道的刺激，然后通过味觉神经，将刺激信息传送到大脑的味觉中枢，使使人产生味觉，品尝出食物的滋味了。

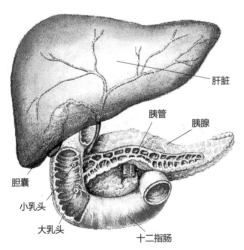

胰腺、肝脏和十二指肠的位置和结构

肝脏
胰管
胰腺
胆囊
小乳头
大乳头
十二指肠

小肠

小肠是人体消化吸收食物的主要场所。它盘曲于腹腔内，是一条环回叠积的长管道，上连胃幽门，下接阑门，通过阑门与大肠相连。小肠分为十二指肠、空肠和回肠三部分。十二指肠是小肠的起始段，长度约相当于12个手指的指幅，"十二指肠"这个名字正是由此而来。空肠和回肠则盘曲于腹腔的中下部。小肠黏膜上有很多球状绒毛，绒毛增加了食物与小

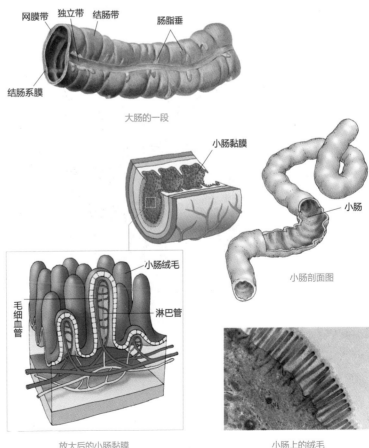

网膜带 独立带 结肠带 肠脂垂

结肠系膜

大肠的一段

小肠黏膜

小肠

小肠剖面图

小肠绒毛

毛细血管

淋巴管

放大后的小肠黏膜

小肠上的绒毛

肾脏

排泄是人体物质代谢全过程中的最后一个环节，是人体最基本的生命活动之一。肾脏则是这个过程中最重要的器官之一。

人有两个肾脏，它们位于后腰部，左右各一个。肾脏的外形很像蚕豆，大小与人的拳头差不多。血液进入肾脏后，经过过滤、重吸收和分泌等过程，便会生成尿液。尿液排出体外，人体内多余的水、盐和代谢产物也就由此被清除了。产生尿液的同时，肾脏也能保留葡萄糖、蛋白质、氨基酸、钠离子、钾离子等有用的物质，并对人体的酸碱平衡进行调节。另外，肾脏还能分泌红细胞生成酶、肾素等具有生物活性的物质，可以起到调节血压、促进红细胞生成等作用。

肾脏内部可分为肾实质和肾盂两部分。肾实质又可分为内外两层，外层为皮质，内层为髓质。皮质和髓质内部有上百万个微型过滤器，这些微型过滤器叫肾单位。每个肾单位都是由肾小体和肾小管组成的：血液流进肾小体后，葡萄糖、氨基酸等有用的物质可以再次被吸收，剩下的水分和废物则被过滤成尿液；肾小管会汇成集合管，若干集合管又汇成乳头管，尿液就是沿着乳头管流入肾小盏，然后从肾小盏流入肾盂，最后被排入输尿管中的。

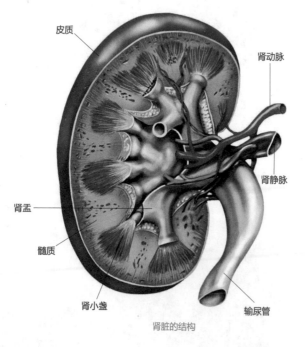

肾脏的结构

（图中标注：皮质、肾动脉、肾静脉、肾盂、髓质、肾小盏、输尿管）

膀胱

膀胱是人体贮存和排泄尿液的囊状器官，位于盆腔内，其形状、大小均会随着内部尿液的充盈程度而变化。正常成年人的膀胱容量为300～500毫升，而最小的新生儿膀胱容量仅有约50毫升，女性的膀胱容量通常也比男性的小。膀胱内没有尿液时，呈三棱锥体形，充满尿液后，形状则变为卵圆形。膀胱的顶端细小，叫膀胱尖。膀胱的底部呈三角形，叫膀胱底。当膀胱内的尿液达到一定量时，人就会产生想排尿的感觉。在排尿时，膀胱壁会收缩，其出口处的括约肌会放松，尿于是就被排入尿道，从而被排到体外了。

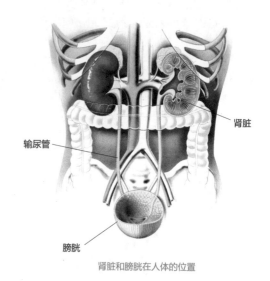

肾脏和膀胱在人体的位置

（图中标注：肾脏、输尿管、膀胱）

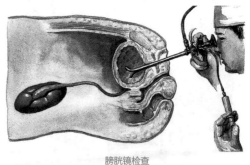

膀胱镜检查

排泄

人体将新陈代谢过程中的最终产物排出体外的过程，就叫排泄。人体代谢所产生的废物必须通过参与排泄的器官排出体外，否则人体内环境的稳定将被破坏，比如人如果患上肾炎，排尿功能发生障碍，就会出现尿中毒的症状；又比如一旦肾脏功能衰竭到一定程度，人就会患上尿毒症，很容易因病死亡。

除了通过消化系统内的器官，将消化道的废物排泄出去之外，人体的皮肤及肺部也皆有排泄的功能。皮肤能以流汗的方式排走水分和盐分；肺部则能排出水蒸气和二氧化碳。

感觉器官

皮肤、眼睛、耳朵、鼻子、嘴有一个共同的特点，就是它们都能感受外界的刺激，并做出相应的反应，比如皮肤可以感受到冷、热、疼痛及触摸；眼睛可以看到五彩缤纷的世界；耳朵可以听到各种各样的声音；鼻子能嗅出香和臭；嘴能尝出不同的味道……这些器官统称为感觉器官。感觉器官虽然各司其职，但彼此之间往往也是互相连通的。所以倘若一处有疾，往往会"株连"他处，比如滴眼药水时，我们之所以常常会觉得嘴里有苦味，就是因为眼与鼻之间潜行着一条狭长的泪道，滴眼药水时，进入眼睛的眼药水会沿着泪道流入鼻中，然后又会流到嘴里，从而使人感觉到苦味。人体的感觉器官可以分为两大类，一类是接受外部刺激的，如视觉器官、听觉器官、味觉器官等，它们叫外感觉器官；另一类是接受体内刺激的，如感觉运动和内脏情况的感觉器官，它们叫内感觉器官。

眼睛

眼睛好比一架自动照相机，是人体最精密的器官。人能看清东西，全靠眼睛上各种组织的调节作用，以及视觉神经的神奇反应。人的眼睛由眼球和眼球外面的肌肉组成。眼球包括眼球壁和屈光系统。眼睛能看到东西，主要是屈光系统的作用。屈光系统包括瞳孔、晶状体等组成部分。晶状体是一个形似双面凸透镜的透明组织，具有弹性，可以在睫状肌的控制下改变厚度，进而帮助人看清景物。眼球壁则有许多层，最里面一层是视网膜。视网膜内有神经感觉层，里面充满了感光细胞。射入眼睛的光正是被这些感光细胞感受到，进而才通过视神经传到大脑的。在眼球内部，还充满了一种黏稠的、半透明的液体，我们称其为玻璃体。玻璃体有保护视网膜的作用。

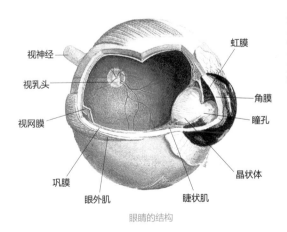

眼睛的结构

（标注：视神经、视乳头、视网膜、巩膜、眼外肌、虹膜、角膜、瞳孔、晶状体、睫状肌）

角膜

角膜是眼睛最前面的部分，薄而透明，呈弧形。弧形的角膜可以使外界景物反射的光线屈折，从而帮助晶状体对焦。加上晶体自身的屈光作用，光线便可准确地聚焦在视网膜上，构成影像了。角膜表面有丰富而敏感的神经末梢，因此是全身痛觉和触觉最敏锐的部位。如有外物接触角膜，眼睛便会不由自主地合上眼睑以保护眼睛，有时还会刺激泪腺排出泪水，冲走异物。为了保持透明，角膜没有血管，而是透过泪液和房水维持呼吸功能，并保持湿润。角膜不具备再生能力，一旦它被损坏，人的视力就会受到严重的影响，很多盲人因此需要移植角膜，才能重见光明。

近视

经常长时间看近物，长时间读写姿势不正确，或是长时间在光线不足的环境下看书，都容易使眼内的肌肉过于疲劳，令晶状体变凸变厚，影像轮廓的光线从而会聚焦在视网膜的前面，使视网膜上仅有一些模糊不清的弥散光，进而导致人看不清楚远处的景物，这种情况就是近视。近视的人需要佩戴近视眼镜矫正视力。近视眼镜是一种凹透镜，它能使光线重新聚焦在视网膜上。

近视者的晶状体变凸变厚，景物成像在视网膜前。

用凹透镜矫正视力后，景物能重新成像在视网膜上。

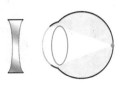

穿越 ••••••

动物也色盲

除我们人类外，其他动物也能分辨许多颜色吗？答案是否定的，比如牛、狗、猫的眼里只有黑、白、灰三种颜色。斗牛士用红色的斗篷挑战公牛时，公牛之所以会激动，并不是被红色所激怒，而是因为斗篷的不断摇晃而感到烦躁。除了哺乳动物，不少昆虫也色盲，比如勤劳的小蜜蜂虽然整天生活在五彩缤纷的花丛中，却不能区分红色。在蜜蜂的眼里，红色跟黑色没啥区别。

远视

平行光线进入眼内后，在视网膜后面形成焦点，使人看不清近处的景物，这种情况便是远视。许多老年人因为晶状体弹性降低，调节能力减弱，外界影像轮廓的光线就会聚焦在视网膜的后面，从而使眼睛看不清近物。这种老花眼的现象其实就是远视。远视者只有调节晶状体，使光线聚焦在视网膜上，才能看清远处物体，所以远视眼并不比正常眼睛看远处看得更清楚。远视者不仅在看远处物体时要调节晶状体，在看近物时，特别是在阅读和进行精细操作时，更需要加倍调节晶状体，因此远视者常会感到眼睛疲劳。

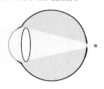

远视者的晶状体变扁，景物成像在视网膜后。

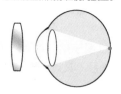

用凸透镜矫正视力后，景物能重新成像在视网膜上。

色盲

人能看到五光十色的东西，主要是靠视网膜上的感光细胞。一旦感光细胞出了问题，人便无法判断出正确的颜色，容易混淆某些颜色，此时便是患上色盲了。色盲有两种情况，一种是完全看不见颜色，这种情况非常少；另一种是颜色错觉，即把某些颜色误看成另一种颜色，比如红绿色盲患者不能分辨红色和绿色，会把红色和绿色看成不同明度的灰色。

色盲可以遗传，所以通常分为先天性和后天性两种。前者为遗传性缺陷，后者则是视网膜、脉络膜、视神经等部位的疾病导致的。我们若想知道是否患色盲，可使用色盲测试图。

色盲测试图

穿越 ●●●●●●

身体是怎么散热的？

小狗全身都是厚厚的毛。虽然在冬天，这些毛能为小狗保暖，但在夏天却不利于小狗排出体内多余的热量。于是我们在夏天就经常能看见小狗伸出舌头，将舌头暴露在空气中，并且不断喘气，因为只有这样做，小狗才能很快散热，从而使自己凉快下来。相比而言，我们人类就方便多了，我们的身体能直接通过流汗很好地解决散热问题。

耳

耳是人体最敏感的器官之一。声音是以声波的方式在空气中传播的，耳的功能就是把声波收集起来，通过听觉神经传给大脑，再由大脑转换为不同的声音。耳可分为外耳、中耳和内耳，外耳和中耳是收集、传导声波的装置，内耳有接受声波和位置信息的感受器。

具有正常听觉的成年人可以听到20～20000赫兹范围内的声波，我们因此把这个范围内的声波称为人的可闻声波。

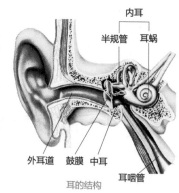

内耳
半规管　耳蜗
外耳道　鼓膜　中耳
耳咽管
耳的结构

外耳

外耳包括耳郭、外耳道和鼓膜三部分。耳郭位于头部两侧，耳郭柔韧的软骨能收拢周围传来的声音，再通过外耳道把声音向内传递。外耳道的主要功能是传音。外耳道内的小汗毛和皮脂能吸附从外部进入耳中的灰尘，还能阻挡住不小心流入耳道的水滴。外耳道中的耳屎，就是由皮脂和一些灰尘组成的。外耳道的底部是鼓膜。鼓膜是一层圆形的半透明薄膜，位于外耳道和鼓室之间。它是中耳与外耳的门户。

中耳

中耳是传导声波的主要部分，外与鼓膜相邻，内与内耳相邻。中耳内有锤骨、砧骨和镫骨三块听小骨，它们是人体内最小的骨，连在一起组成了听骨链。声波传入耳朵后，会先引起鼓膜振动，振动随后会被传到锤骨。锤骨通过一个关节与砧骨连接，它能将振动传到砧骨。砧骨再与镫骨连接，从砧骨传来的振动会通过镫骨被传入内耳。

中耳炎

中耳内有一个通向鼻腔的细管，叫耳咽管，它可以维持中耳和外界气压压强的平衡。上呼吸道被病毒感染后，病毒很容易沿着耳咽管进入中耳，引起中耳炎。中耳炎发作时，耳内会疼痛难忍，常引起发烧等症状，严重时还会导致鼓膜穿孔、听力下降。

内耳

内耳是耳的主要部分，既管听觉，又管身体的平衡。内耳包括耳蜗、前庭和半规管三部分。耳蜗是听觉神经的所在地，里面充满液体。声波传入内耳后，耳蜗内的液体便会流动，进而使耳蜗中的神经细胞产生冲动，并将冲动信号传向大脑。前庭和半规管是平衡器官。半规管内也充满了液体，人的头部向任何方向摇动时，半规管内的液体都会随之流动，进而刺激神经向大脑传递信号。如果我们不小心有个突发性的动作，半规管内的液体来不及向大脑传递信号，身体就会失去平衡。

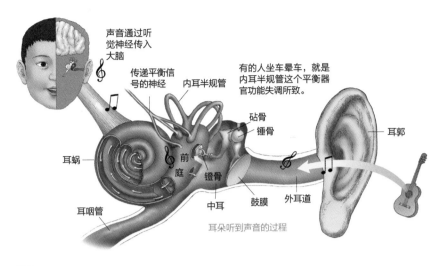

耳朵听到声音的过程

鼻

鼻是呼吸道的起始部分，由外鼻、鼻腔和鼻窦组成，既是呼吸器官，也是嗅觉器官。

外鼻就是长在脸面上的部分。鼻腔是从鼻孔延伸到鼻咽部的狭长通道，被一块叫鼻中隔的软骨分成左右两半。鼻腔前部生有鼻毛，起过滤病菌、灰尘的作用。鼻腔内还覆盖着黏膜，黏膜中有大量腺体和丰富的血管，对空气起湿润、加温和过滤的作用。其中，位于鼻腔上部的黏膜专门负责人体的嗅觉。

嗅觉

嗅觉是气体刺激嗅觉感受器而引起的一种感觉。嗅觉感受器是位于鼻腔上部的嗅细胞。气味物质作用于嗅细胞，产生的神经冲动经嗅神经传导之后，会到达大脑皮层的嗅中枢，形成嗅觉。嗅觉时常会伴有其他感觉，比如嗅薄荷叶时带有冷觉。

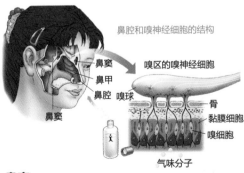

鼻腔和嗅神经细胞的结构

鼻窦

鼻窦是鼻腔旁边的几个充满空气的洞口，和鼻腔相通。鼻窦能减轻头部的重量，并有调节空气湿度和隔热的作用，能使眼球和鼻腔保持一定的湿度和温度。鼻窦还是发音的共鸣箱。上呼吸道感染时，病毒会波及鼻窦，引起鼻窦炎，所以感冒后人的发音就不清亮了。

皮肤

皮肤是覆盖于人体表面，直接与外界环境接触的一层组织。如果把人全身的皮肤展开，面积约有1.5平方米。皮肤是人体最大的感觉器官。皮肤里有许多感觉神经小分支，能感受到冷、热、挤压、疼痛等身体内外的刺激。而且由于各种感觉神经小分支混合分布在皮肤上，所以有时皮肤会同时产生好几种感觉。皮肤可分为表皮、真皮和皮下组织三部分。表皮是一层柔软而坚韧的角质层，位于皮肤的最外层。它不仅能耐受一般的挤压和摩擦，还可以抵抗轻度的酸碱刺激。表皮内的黑色素细胞在阳光下能产生黑色素，可以减少紫外线对皮肤的伤害。真皮和皮下组织里有毛囊、汗腺、皮脂腺、神经末梢、动脉和静脉等。皮下组织内还含有脂肪，能保持身体的温度。

• 超级视听 •

用耳朵"看"世界的人

人的各种肤色

毛发

人的皮肤除了手掌、脚底等部位外，都长有毛发。毛发是皮肤的一种附属物，它可以为人体保温，有抑制皮肤过多蒸发水分的作用；它同时也是触觉器官，当我们轻触到身体表面时，毛发的根部就会产生轻微的动作，动作随后会立刻被围绕在毛干四周的神经小分支所感受到，然后再经由感觉神经传送到大脑。

眉毛和眼睫毛

骨骼

　　人体的骨头共有206块。这206块骨头通过一定的方式连接而成的整体，就叫骨骼。骨骼占人体体重的1/5。它不仅构成了人体的支架，使人体具有一定的形状，而且支撑着身体各个部位的软组织，保护着内脏器官，使内脏器官在外力的作用下不易受伤。此外，骨骼还能配合肌肉完成各种运动。

　　人体的骨骼大致可分为长骨、短骨、扁骨、不规则骨四类。形状呈棒状的长骨或短骨，如四肢骨，主要负责人体的运动；形状扁平的扁骨，如胸骨、肋骨，一般则主要起保护内脏器官的作用。骨骼的形态可因长期的生活习惯、营养条件以及疾病的影响而改变，甚至变成畸形。适当的体力劳动和体育锻炼，可使骨骼生长得更壮实。

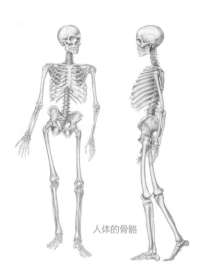

人体的骨骼

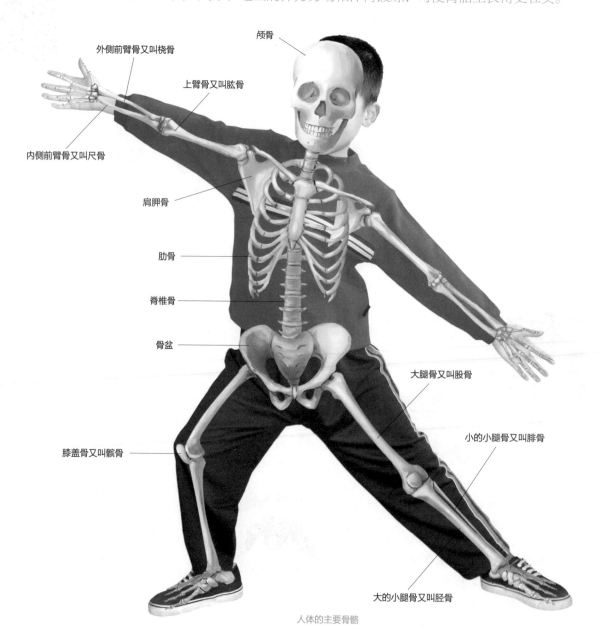

外侧前臂骨又叫桡骨

颅骨

上臂骨又叫肱骨

内侧前臂骨又叫尺骨

肩胛骨

肋骨

脊椎骨

骨盆

大腿骨又叫股骨

小的小腿骨又叫腓骨

膝盖骨又叫髌骨

大的小腿骨又叫胫骨

人体的主要骨骼

关节

关节是两块或两块以上相邻的骨之间连接的部位。关节可以分为纤维关节和滑膜关节两种。纤维关节几乎不能活动，滑膜关节则可以活动。我们通常所说的关节指的是滑膜关节，如肩、肘、指、膝等部位的关节。尽管人体的关节多种多样，但其结构基本一致，都有关节面、关节囊和关节腔三部分。关节面是指相邻两骨的接触面，多为一凸一凹，凸面叫关节头，凹面叫关节窝，两者表面都覆盖着一层关节软骨；关节囊附着在关节的周围，包围着整个关节；关节腔则是关节面与关节囊所围成的密闭空间，内有少量液体，能润滑关节。

膝关节

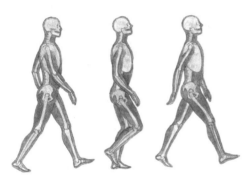
人的行走需要许多关节的配合

颅骨

颅骨由顶骨、额骨、蝶骨、颞骨、枕骨、鼻骨、颧骨、上颌骨、下颌骨等23块骨头组成。这些骨头的边缘大多呈锯齿状，彼此紧密地连在一起，形成颅，从而支持和保护着大脑等头部器官。刚出生的婴儿的颅骨，其各块骨头之间通过一种纤维组织连接，骨与骨不像成人那么紧密，所以婴儿的颅骨有一定的弹性。随着婴儿的长大，这层纤维组织逐渐转化为骨，颅骨也就失去弹性，成为保护头部组织的坚硬外壳了。

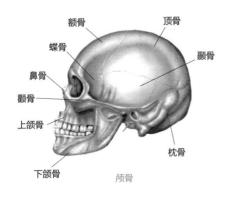

额骨
顶骨
蝶骨
颞骨
鼻骨
颧骨
上颌骨
枕骨
下颌骨
颅骨

脊柱

脊柱位于背部中央，是支持身体的中轴和保护脊髓的器官。脊柱是许多脊椎骨通过韧带连接组成的。脊椎骨中有7块颈椎，12块胸椎，5块腰椎、1块骶骨和1块尾骨。脊椎骨的中央部分是椎体，椎体背面是椎弓，椎体和椎弓之间的大孔叫椎孔。各椎骨的椎孔相连形成椎管，椎管内是脊髓，脊髓的上部与脑连接，脊髓外的脊髓液也通向脑部。椎体的腹面有脉弓，各椎骨的脉弓相连形成脉管，里面有血管。从侧面看，脊柱有4处生理性弯曲，从上往下分别为颈曲、胸曲、腰曲、骶曲，因此脊椎的侧面呈S形。

脊柱

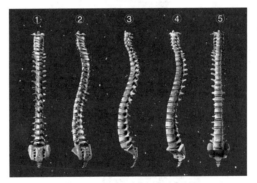

①为脊柱背面观，②、③、④为脊柱侧面观，⑤为脊柱前面观。

骨的生长

骨由骨膜、骨质和骨髓构成。骨膜分布在骨的表面，内部有丰富的血管和神经；骨膜内侧的骨质是骨的主要成分，由钙盐和骨胶组成；长骨往往中空，内部的空间就是骨髓腔，里面充满骨髓。在骨的生长过程中，骨膜内层的成骨细胞会不断形成新的骨质，使骨不断加粗；破骨细胞又会不断破坏骨质并加以吸收，在长骨中央形成骨髓腔。

骨的生长和健康，依靠钙、磷和维生素D等。钙、磷等矿物质可提高骨的硬度，维生素能促进人体吸收钙。如果缺钙，儿童容易患佝偻病；老人则会骨质疏松，容易骨折。

穿越 •••••••

背口诀，记骨骼

成年人全身上下的骨头一共有206块，有个小口诀能帮助我们记忆：各骨数目分开记，记住位置就容易；脑面颅骨二十三，躯干总共五十一；四肢一百二十六，全身骨头基本齐；还有六块体积小，藏在中耳鼓室里。

骨的承受力

人骨的坚硬程度能赛过石头。科学家测定，每平方厘米的股骨可承受约2100千克的重量，而同样面积的花岗岩只能承受约1350千克的重量。

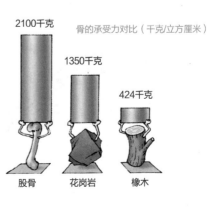
骨的承受力对比（千克/立方厘米）
2100千克
1350千克
424千克
股骨
花岗岩
橡木

肌肉

人体的各种动作和内脏器官的许多活动，都要依靠肌肉来完成。肌肉是由肌细胞构成的组织。人体共有639块肌肉，约占全身重量的40%。这些肌肉可以分为三类：第一类是附着在骨骼上的横纹肌，又称骨骼肌，它们是人体运动系统的动力部分；第二类是广泛分布于内脏器官和血管壁中的平滑肌，它们收缩缓慢，具有很大的伸展力，不受意识支配；第三类是构成心肌壁的心肌。肌肉运动依靠的是肌细胞的收缩作用，而肌细胞收缩的动力就是肌蛋白分解释放出来的能量。长期进行肌肉锻炼，会使我们的身体变得更强健。

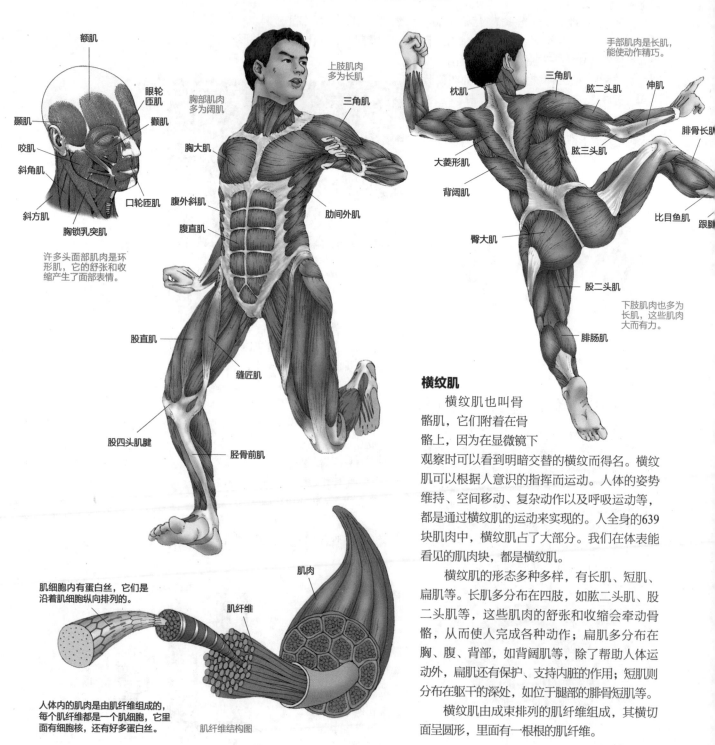

额肌
眼轮匝肌
颞肌
颧肌
咬肌
斜角肌
口轮匝肌
斜方肌
胸锁乳突肌

许多头面部肌肉是环形肌，它的舒张和收缩产生了面部表情。

上肢肌肉多为长肌
胸部肌肉多为阔肌
三角肌
胸大肌
腹外斜肌
腹直肌
肋间外肌
股直肌
缝匠肌
股四头肌腱
胫骨前肌

手部肌肉是长肌，能使动作精巧。
三角肌
枕肌
肱二头肌
伸肌
大菱形肌
肱三头肌
背阔肌
腓骨长肌
臀大肌
比目鱼肌
跟腱
股二头肌
腓肠肌

下肢肌肉也多为长肌，这些肌肉大而有力。

肌细胞内有蛋白丝，它们是沿着肌细胞纵向排列的。

肌肉
肌纤维

人体内的肌肉是由肌纤维组成的，每个肌纤维都是一个肌细胞，它里面有细胞核，还有好多蛋白丝。

肌纤维结构图

横纹肌

横纹肌也叫骨骼肌，它们附着在骨骼上，因为在显微镜下观察时可以看到明暗交替的横纹而得名。横纹肌可以根据人意识的指挥而运动。人体的姿势维持、空间移动、复杂动作以及呼吸运动等，都是通过横纹肌的运动来实现的。人全身的639块肌肉中，横纹肌占了大部分。我们在体表能看见的肌肉块，都是横纹肌。

横纹肌的形态多种多样，有长肌、短肌、扁肌等。长肌多分布在四肢，如肱二头肌、股二头肌等，这些肌肉的舒张和收缩会牵动骨骼，从而使人完成各种动作；扁肌多分布在胸、腹、背部，如背阔肌等，除了帮助人体运动外，扁肌还有保护、支持内脏的作用；短肌则分布在躯干的深处，如位于腿部的腓骨短肌等。

横纹肌由成束排列的肌纤维组成，其横切面呈圆形，里面有一根根的肌纤维。

平滑肌

平滑肌由长而窄的纺锤形肌细胞所构成，因为在显微镜下观察时呈平滑状，不具横纹，所以我们称之为平滑肌。

平滑肌主要分布于动脉和静脉的血管壁，以及膀胱、子宫、消化道、呼吸道、男性和女性的生殖道等内脏器官内，所以也叫内脏肌。人不能随意控制平滑肌的活动。

因为平滑肌能长时间进行收缩，所以它主要负责胃肠的蠕动和血管的舒张、收缩。平滑肌也比较容易被拉长，所以比横纹肌更有弹性。胃壁就是由平滑肌构成的，胃装满食物后的体积可比空腹时大上七八倍，可见平滑肌的弹性之大。

在无神经刺激的情况下，平滑肌也能自发性收缩，比如消化道内的平滑肌在静息时，就会保持一种轻度的持续收缩状态，这种状态能使消化道的各部分保持一定的形状和位置。

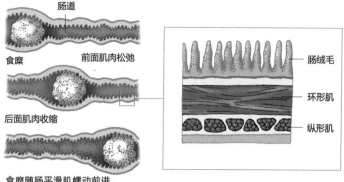

食糜随肠平滑肌蠕动前进，同时与肠液混合，消化成能被人体吸收的成分。

肠道壁的结构和肠道的肌肉运动

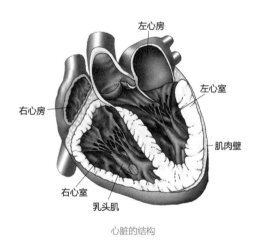

心脏的结构

心肌

心肌是由心肌细胞构成的一种肌肉组织。心脏就是由心肌构成的。

心肌是一种同时具有横纹肌和平滑肌特征的特殊肌肉。虽然心肌上也有和横纹肌相似的横纹，但人却不能像控制横纹肌一样随意控制心肌的活动。心肌最大的特点就是它有自动自律性，也就是心肌细胞能够自己产生冲动并传导冲动，并且能保持每分钟约70次的频率，从而使心脏有规律地不停搏动，令血液从心脏流到人体各处。

心肌可以分为内、中、外三层。外层心肌呈斜行状，内层心肌呈纵行状，中层心肌呈球形，这些肌肉纵横交错，有利于保证心脏的搏动。流感病毒、腺病毒、巨细胞病毒等病毒，以及某些抗生素、肿瘤化疗药物，均能引起心肌的炎症性病变，也就是我们通常所说的心肌炎。心肌炎会对心肌造成一定损伤。

肌肉的结构

无论是横纹肌、平滑肌还是心肌，其肌纤维的基本结构都是一致的。

当我们解剖肌肉群时，会发现肌肉是一道道像钢缆一样的肌纤维捆扎起来组成的。这些肌纤维组成了较粗、较长的"缆绳群组"，也就是肌纤维束。当肌肉用力时，肌纤维束能像弹簧一样一张一缩，帮助人们完成各种动作。在那些最粗的"缆绳"中，有神经、血管、肌纤维等组织。神经能向肌肉传达来自大脑的信息；血管能为肌肉供给氧和养分；肌纤维则由较小的肌原纤维组成，每根肌原纤维都由缠在一起的肌丝组成。构成肌丝的各种蛋白质也因此构成了肌肉的基本单位。大力士们身上大块大块壮硕的肌肉，全是由各种小得只有在显微镜下才能看清的蛋白质组成的。

由许多肌束组成的肌肉，其表面还有一层结缔组织，叫肌外膜。

肌肉的能量供应

肌肉中有血管。肌肉活动的能量，就来自血管中血液提供的氧和葡萄糖。当肌肉轻微运动时，血液内所含的氧和葡萄糖通常能够供给肌肉细胞使用，这时肌肉所进行的能量消耗过程叫有氧代谢。而当肌肉剧烈运动时，血液中的氧和葡萄糖很快便被耗尽，这时肌肉细胞内储存的糖原就会逐渐分解为葡萄糖，为肌肉继续运动提供能量，这样的能量供应过程叫无氧代谢。

我们通常把主要发生有氧代谢的运动称为有氧运动，比如跑步、游泳、骑自行车、打网球等。而在"缺氧"或"无氧"的状态下所进行的运动，则被称为无氧运动，如短跑、举重、投掷、跳高、跳远等。无氧运动大部分是强度大、瞬间性强的运动，所以通常很难长时间持续进行，而且消除疲劳也需要较长的时间。

穿越 ●●●●●●

陆地短跑冠军的秘密

猎豹的短跑速度约为120千米/时，老虎约为80千米/时，马约为60千米/时，而目前世界上跑得最快的人——博尔特的百米速度也不过才36千米/时。因此，猎豹是当之无愧的陆地短跑冠军。猎豹为什么跑得那么快呢？这是因为猎豹的肌肉中有很多爆发力很强的肌纤维，这些肌纤维能够让猎豹瞬间加速；而且猎豹的骨骼弹性很强，奔跑时，它的整个身子就像一个弹簧，能一步跃出极远的距离；此外，猎豹的骨骼也很轻，这样有利于它减少奔跑时的身体负担。种种身体上的有利条件，造就了猎豹这位陆地短跑冠军。

我从哪里来

生物都能通过生殖延续生命。人类的生殖是通过人体最小的单元——细胞来完成的。当然，这些细胞不是普通的细胞，而是男女两性的生殖细胞，即精子和卵子。每个人都是在父亲的精子细胞和母亲的卵子细胞结合后，由受精卵逐步发育而来的。因此，每个人都带有父母的遗传基因，在相貌、体格、肤色、头发等方面与父母很像。

出生不久的宝宝

怀孕的母亲

生殖系统

生殖系统是人体用于繁衍后代的系统，包括主性器官和附性器官。男性的主性器官是睾丸，女性的主性器官是卵巢。主性器官的作用主要是产生生殖细胞，男性的生殖细胞为精子，女性的生殖细胞为卵子。附性器官的作用则主要是保证精子和卵子的会合，并为胎儿生长发育提供场所。男性的附性器官有输精管、精囊等，女性的附性器官有输卵管、子宫等。

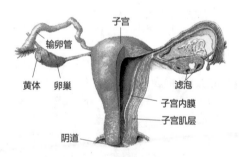

女性生殖系统结构图

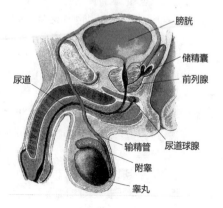

男性生殖系统结构图

精子

十四五岁的男孩，在某天一觉醒来时，会发现自己的短裤上不知什么时候已经湿了一片。这其实不是尿裤子，而是遗精。遗精是指男性发育到一定阶段，精液不自觉地从体内流出的现象。这种现象说明男孩已开始进入了青春期。

精液是精子、附属腺与生殖管道分泌物的混合物，呈乳白色的黏液状，精子是其中最重要的成分。精子是男性成熟的生殖细胞，也是人体内最小的细胞，在精巢中形成。成熟的精子长约60微米，分头、颈、中、尾四部分，头较大，头向后是颈部，再往后是细长的尾，整体看起来像个小蝌蚪。精子的尾还能不停地摆动，使精子向前运动。睾丸是精子的诞生地。睾丸产生的精子，先贮存于附睾内，并在此继续发育成熟，再经过输精管、尿道组成的管道排出体外。排出体外的精子若与卵子结合，便会形成受精卵。

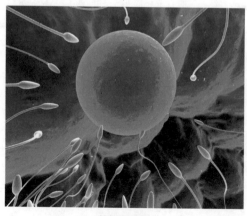

精子和卵细胞

卵子

卵子是女性的生殖细胞，也是女性体内最大的细胞，中间有细胞核。卵子在卵巢中产生。女性子宫的两侧各有一个卵巢，左右的卵巢通常会轮流排卵，大约每28天由一侧的卵巢排出一个卵子。卵子成熟以后才会从卵巢中排出。卵子被排出后，会在数十个小时内等待着与精子相遇、结合。若卵子排出后没有与精子相遇形成受精卵，便会在不久之后自然死亡。如果女性失去这次受精的机会，就要等到约28天以后另一个卵子成熟并被排出，然后重复同样的过程。

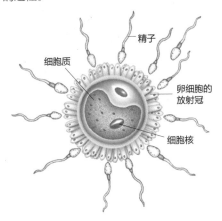

精子
细胞质
卵细胞的放射冠
细胞核

被许多精子包围的卵子

卵子是通过减数分裂形成的，第一次减数分裂在卵巢内完成。经过排卵过程，次级卵母细胞和外周的透明带、放射冠被排出。倘若次级卵母细胞遇到精子，会在结合过程中进行减数第二次分裂，然后成为真正意义上的卵子。

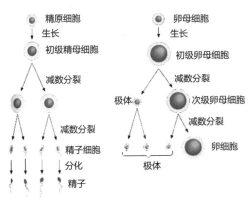

精原细胞
生长
初级精母细胞
减数分裂
精子细胞
分化
精子

卵母细胞
生长
初级卵母细胞
减数分裂
极体
次级卵母细胞
减数分裂
卵细胞
极体

精子与卵细胞的形成

一个妇女一生能排出400多个卵子，最多不过500个卵子。排卵大多数发生在两次月经中间，一般是在后一次月经来潮前14天左右的时间。作为女性的生殖细胞，卵子承担着为人类繁衍生命的重要作用。

新生命的产生

成年人体内的细胞数以亿计，追根溯源，这么多的细胞都是来自一个细胞，即受精卵。男性产生的生殖细胞——精子和女性产生的生殖细胞——卵子相遇并结合的这一过程叫受精，生命的诞生就是从受精开始的。

新生命的产生从受精卵开始到胎儿出生，一共会在子宫内经过约280天，这280天可分为数个阶段：卵子受精4周后，发育成胚胎。胚胎的形状像蝌蚪，只有豌豆那么大，可以看到耳朵的雏形和眼睛，头部也已成型。8周后，胚胎形成了最初的胎儿。胎儿头很大，可分辨出眼睛、耳朵、鼻子和嘴，四肢也有了雏形，尾巴消失。这时胎儿已经有了自己的生活，平时喜欢睡觉，醒来时做各种运动。到了3个月时，胎儿就显出了人形。五官移到了正确的位置，可分辨出性别。4个月时，胎儿开始长出头发，已经有了呼吸运动。6个月时，胎儿的各内脏器官都已发育。7个月时，胎儿体重约达1000克。8个月时，胎儿体重约达1700克。9个月时，胎儿体重达到2500克左右，面部的皱纹消失。10个月时，胎儿发育完毕，降生到这个美丽的世界。

在"宫殿"里生活

每个胎儿在出生前都是在妈妈的子宫里生活的。子宫为胎儿的成长发育提供了所需的一切。可以说，子宫就是胎儿生活的"宫殿"。

子宫里充满了羊水。羊水既是维持胎儿生命不可缺少的重要成分，也为胎儿的发育提供了舒适的环境。在子宫内，胎儿与母亲是通过胎盘联系起来的。母亲会通过胎盘将营养物质传送给胎儿，胎儿也会通过胎盘将体内的废物传到母亲的血液中，再经母亲的血液循环排出体外。在"宫殿"里，胎儿并不安分，他发育到一定阶段时，就会在羊水里搞些"小动作"，比如翻翻身，伸展一下小胳膊、小腿等，甚至还能对外界的声音做出反应。这些动作叫胎动，妈妈能明显感觉到宝宝的胎动。

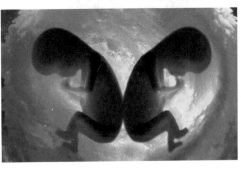

子宫中的双胞胎

穿越 ••••••

为何会有双胞胎？

人类的双胞胎可以分为同卵双胞胎和异卵双胞胎。同卵双胞胎是一个受精卵在分裂过程中分裂成两个胚胎细胞，分别发育成不同的个体，随后所形成的性别相同、模样也极为相似的双胞胎；而如果两个卵泡同时或相继排出成熟的卵子，两个卵细胞分别受精，就会形成两个受精卵。两个受精卵各自发育，便有了异卵双胞胎。异卵双胞胎往往性别不同，长相也不像是一个模子里刻出来的。人们常说的龙凤胎，就属于异卵双胞胎。

人体疾病

　　人很少是由于自然衰老而死亡的，大多数人是因为患上疾病而死亡的。在科学不发达的时代，人们不知道是什么使自己染上了可怕的疾病，因此面对肆虐的瘟疫等疾病时，往往束手无策。自从发现导致疾病的罪魁祸首是各种细菌和病毒之后，人类就开始寻找各种方法去战胜细菌和病毒。

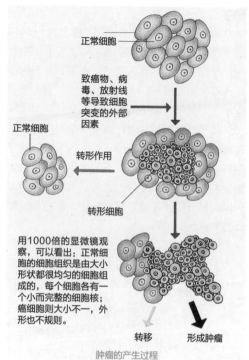

正常细胞

致癌物、病毒、放射线等导致细胞突变的外部因素

正常细胞

转形作用

转形细胞

用1000倍的显微镜观察，可以看出：正常细胞的细胞组织是由大小形状都很均匀的细胞组成的，每个细胞各有一个小而完整的细胞核；癌细胞则大小不一，外形也不规则。

转移　形成肿瘤

肿瘤的产生过程

破伤风杆菌引起的疾病叫破伤风，破伤风会使人出现肌肉痉挛、口角向外扭斜等痛苦症状，直到死亡。向人体注入抗毒血清，可以抵御这种病菌。

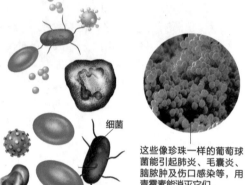

细菌

红细胞

粒细胞（白细胞）

这些像珍珠一样的葡萄球菌能引起肺炎、毛囊炎、脑脓肿及伤口感染等，用青霉素能消灭它们。

SARS病毒

结核杆菌能引起结核病，这种病在20世纪20年代以前，曾经夺走了好多人的生命，现在人类用链霉素可以消灭它们。

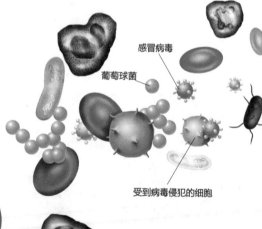

感冒病毒

葡萄球菌

受到病毒侵犯的细胞

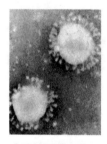

感冒病毒是普通感冒的病原体，感染的病人一般都能自愈。

粒细胞

淋巴细胞吞噬带病毒细胞

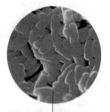

大肠杆菌

感染性腹泻

　　感染性腹泻是细菌、病毒、真菌、寄生虫感染引起的肠道炎症导致的腹泻。细菌性痢疾就是一种典型的感染性腹泻。这种疾病由痢疾杆菌引起，痢疾杆菌则大多通过病人及带菌者的粪便所污染的手、食物、水、餐具等感染；苍蝇也是痢疾的主要传播媒介。因此，注意饮食卫生可以预防痢疾等感染性腹泻的发生。

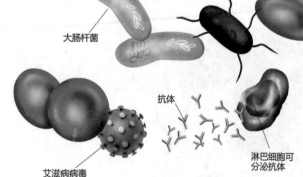

抗体

淋巴细胞可分泌抗体

艾滋病病毒

人体细胞和各种细菌、病毒的"战场"

狂犬病

狂犬病是由狂犬病毒引起的一种传染病，通常由病兽以咬伤或抓伤等方式传染给人。狂犬病毒存在于动物的唾液和体液中，绝大部分通过伤口传播。除了狗之外，猫、蝙蝠等动物也可能传染狂犬病毒。被携带狂犬病毒的动物咬伤或抓伤后，即使伤口很小，也有感染狂犬病的可能，因此患者需及时注射狂犬病疫苗。一旦感染狂犬病毒并发病，人会出现恐水、怕风、怕光、痉挛等症状，病死率极高。

世界狂犬病日标志

肺炎

肺炎是危害儿童健康与生命的主要"杀手"之一。肺炎主要由细菌、病毒等病原微生物引起。症状一般是发高烧、咳嗽、胸痛、呼吸困难等，重者可能会呼吸衰竭、休克，甚至会死亡。不随地吐痰、戴口罩等行为，能降低呼吸道疾病感染率，可以有效预防肺炎。

SARS

SARS是一种由新型冠状病毒引起的传染性肺炎，翻译成中文叫"传染性非典型肺炎"，俗称"非典"，有时也叫"重症急性呼吸综合征"。2002年11月，SARS首先在广东佛山被发现并迅速蔓延至世界各地。患上SARS的病人，通常先是发热，伴有畏寒、乏力、咳嗽、呼吸急促等症状。患病后的6～12天内，患者容易发生呼吸道的继发感染，严重者会危及生命。预防SARS，应做到不随地吐痰，避免在人前打喷嚏、咳嗽，经常开窗通风，平时注意戴口罩等。

艾滋病

艾滋病是人类免疫缺陷病毒（HIV）引起的一种严重的传染病，中文的全称是"获得性免疫缺陷综合征"，因英文名为"AIDS"，所以人们又根据英文发音称之为艾滋病。

人体为了防止细菌、病毒的入侵及繁殖，建立了一个完整而有力的免疫系统。细菌、病毒侵入人体后，人体的免疫系统就会进行防御。淋巴细胞是人体的免疫系统的"主力军"，但当碰到人类免疫缺陷病毒后，它们非但不能消灭病毒，还会为免疫缺陷病毒提供在人体内生长、繁殖的场所。由于人类免疫缺陷病毒不断繁殖，同时淋巴细胞的功能又已丧失，人体便会陷入在细菌、病毒面前毫无抵抗力的境地，这就是免疫缺陷状态。免疫缺陷状态使病人极易患上肺炎、脑炎等疾病。艾滋病之所以致死率很高，正是因为病人处于免疫缺陷状态。艾滋病的传染方式主要是血液传播、性传播和母婴传播。应用一次性注射用具、严禁吸毒等，都是预防艾滋病的有效措施。

抗生素

抗生素指的是能杀灭其他生物，或是能抑制其他生物生长、繁殖的化学物质。最早的抗生素是1928年英国细菌学家弗莱明发现的青霉素。人体内的病灶感染发炎，往往是细菌大量繁殖引起的。抗生素可以在细菌繁殖时破坏细菌的结构，或者破坏细菌制造蛋白质的能力，这样细菌会因为损伤或缺乏蛋白质而死亡或停止繁殖。还有些抗生素能扰乱细菌的遗传密码，进而抑制细菌的繁殖。抗生素通常没有严重的副作用，但过量使用抗生素容易致病；重复使用一种抗生素，也会使致病细菌产生抗药性，所以抗生素不能滥用。

免疫

免疫又叫免疫力，指的是人体的防御功能。人体能依靠免疫，破坏或排斥进入体内的"非己"物质或人体自身产生的变异细胞，以维护人体内部的健康和稳定。起着屏障作用的皮肤、呼吸道的黏性分泌物、能吞噬细菌的白细胞等，都是维持人体免疫力的重要"防线"。

疫苗

疫苗是用细菌、病毒等制成的生物制品。人们把这种制品中对人体有害的特性去掉，留下它对细菌和病毒免疫的特性，再把这种制品注入人体，人体就会对细菌和病毒产生免疫力，从而不易染上传染病。人类已研制出许多种病的疫苗，如破伤风疫苗、狂犬病疫苗、乙肝疫苗和流感疫苗等。

红丝带标志象征着对艾滋病人的支持和关心

接种防御病毒的疫苗

穿越 ●●●●●●

卡介苗

1920年，世界上第一例结核菌的灭活疫苗——卡介苗问世了。卡介苗的名字来源于它的发明者A. 卡尔梅特和C. 介兰。通过接种卡介苗，未受结核菌感染的人会产生一次轻微的感染。这次感染虽然没有令人发病的危险，但却可以让人获得抵抗结核病的能力，降低患上结核病的概率。幼儿出生时，通常都会接种卡介苗。不过，因为卡介苗的免疫力仅能维持3～4年，所以每隔几年，我们就应该去复种一次。

中医

中医就是中国各民族的传统医学。它是一门研究人体生理、病理以及疾病的诊断和防治等问题的学问。中医发源于我国古代的黄河流域，秦汉时期是中医理论体系的奠基时期。到了明清，中医这门学科已形成较为完备的体系。中医看病主要通过望、闻、问、切的方式，也就是俗称的"四诊"。其中，"望"是指观察病人的面色、皮肤、指甲等情况；"闻"是嗅闻病人的分泌物等物质；"问"

中医所使用的中药，在我国已有几千年的历史。

是指询问病人或陪诊者，了解疾病的发生、发展、症状；"切"则包括脉诊和按诊，也就是为病人切脉，或通过触摸病人的身体诊断病情。除"四诊"外，中医还会把收集到的病人资料分为阴、阳、表、里、寒、热、虚、实共"八纲"，然后按照不同的类型分别进行对症治疗。

扁鹊

扁鹊原名秦越人，是渤海郡人，生活在战国时期。由于医术精湛，他被认为是神医，所以当时的人们便借用了上古神话中黄帝时代的神医扁鹊的名号来称呼他。

扁鹊

相传，扁鹊年轻时结识了长桑君，师从长桑君学医。长桑君向扁鹊传授了自己的全部医术，后来扁鹊又进一步提升了自己学到的医术，成为人们眼中能够起死回生的神医，然后在各国之间往来行医。他首先去了虢国，刚到虢国，正巧遇上虢国的太子猝死。扁鹊立刻前去求见国君。在对太子的病症进行诊断之后，扁鹊认为太子只不过是患了热气病，只要看看太子的下身是否温暖，听听他的耳朵是否有声响，看看他的鼻孔是否还会扩张，就可以知道他是否能生还。果不其然，太子并没有真的死去，扁鹊凭借自己的高超医术，救了虢国太子一命。后

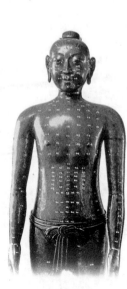

针灸铜人

来，扁鹊又到了齐国，遇上了齐桓公。扁鹊一见到桓公，就看出桓公有一个小病，于是便劝桓公立刻服药，但是桓公没有理会。扁鹊不久后再次提出要为桓公治病，桓公也置之不理。当扁鹊第三次见到桓公时，桓公发觉自己的身体果然像扁鹊所说的一样，病得极为严重了。他这才向扁鹊求救，可由于桓公对扁鹊之前的劝告置之不理，病情已经到了无药可救的地步。过了不久，桓公就病死了。正是其精妙医术的一次次体现，使扁鹊的名字被人们代代相传。

扁鹊是一个全能的医生，精于内科、外科、妇科、儿科、五官科等，传说他还是切脉的创始人，尤其精于望诊和脉诊，善于用砭刺、针灸、按摩、汤液、热熨等方法治疗疾病。《汉书》记载，扁鹊著有《扁鹊内经》和《外经》，但两者如今均已失佚。

针灸

针灸是中医的一种重要治病手段，指的是用针刺和艾灸防治疾病的方法。针刺时，医生会用金属制成的针，刺入人体一定的穴位，运用捻转、提插等针刺的手法来给予刺激，以调整病人身体阴阳气血的盛衰，达到祛除疾病、恢复健康的目的；艾灸时，医生则会用艾绒搓成艾条或艾炷，点燃后，置于病人的穴位或病变部位上方，利用热的刺激来达到温通经脉、调和气血的目的。

中医在针灸时用的针有毫针、棱针和圆利针等。毫针的针身很细，最为常用；棱针的针柄为圆柱状，针身呈三角形并带有刃，多用于刺破浅表小静脉放血；圆利针的针体短粗，针质坚硬，针端尖锐，多在病人晕厥时使用。艾灸方面，中医则主要有熏灼皮肤的"温和灸"，以及用艾卷对准穴位，像鸟雀啄食一样点灼穴位的"雀啄灸"等手法。

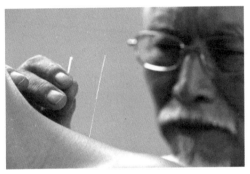

用针灸治病

诊脉

脉诊又叫切脉，属于中医"四诊"（望、闻、问、切）中的切诊，是一种通过按触人体的脉搏，体察脉象变化，从而判断病情的方法。诊脉时，病人手心向上，把手腕放在一个小枕上。医生把食指、中指和无名指的指肚轻放在病人的手腕上，触到桡动脉的搏动，然后根据搏动的节律、强弱等分辨脉象。脉象分类很复杂，有浮脉、沉脉、迟脉、滑脉等。

诊脉

《本草纲目》

《本草纲目》是明代伟大的医药学家李时珍在前人资料的基础上增删考订而编撰出的一本医学巨著。李时珍以毕生精力，亲历实践，广收博采，对本草学进行了全面的整理总结，历时20多年的时间，三度改写，方才编成这本巨著。《本草纲目》全书共有52卷，约190万字，载有药物1892种，收集药方10000多个，书中还绘制了1000多幅精美的插图。为了编写《本草纲目》，李时珍从800余家文献中广泛搜集药物资料，在宋代《证类本草》一书的基础上补充了374种新药，极大地丰富了中药学的内容。

医学巨著《本草纲目》书影

《本草纲目》是我国医药宝库中的一份珍贵遗产。它对16世纪以前的中医药学做出了系统的总结，不仅是一部药物学著作，还是一部具有世界性影响的博物学著作，在语言文字、历史、地理、植物、动物、矿物、冶金等方面都有一定的贡献。自1593年初次付印以来，它先后被译成多种文字，在世界自然科学的发展史上占据了一席之地。英国著名生物学家达尔文在讨论鸡的变异、金鱼的育种家化时，曾引用过《本草纲目》的资料，并称它为"古代中国的百科全书"，可见《本草纲目》影响之大。

中药

中药是中医用来预防和治疗疾病的传统药物。按加工工艺，中药可分为中成药、中药材等。中药的来源非常广泛，包括根、茎、叶、果等植物药，内脏、皮、骨等动物药和白矾、胆矾等矿物药。因为植物药在中药中占大多数，所以中药也被称为中草药。

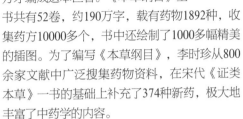

穿越 ●●●●●●●

听歌学中医

周杰伦的歌曲《本草纲目》里，可是提到了不少中药："快翻《本草纲目》/多看一些善本书/蟾酥、地龙已翻过江湖/这些老祖宗的辛苦/我们一定不能输……"歌词里的"蟾酥"，是蟾蜍表皮腺体的分泌物，能治疗皮肤上的疔疮及肿毒；而"地龙"则是用作中药的一种蚯蚓，具有清热、定惊、通络、平喘、利尿等功效，能用于脑血栓、冠心病、中风、半身不遂等病症的治疗。

种类繁多的中药

环境与生命
ENVIRONMENT AND LIFE

A

阿尔卑斯山脉 105
阿拉伯半岛 91
阿拉伯海 81
阿拉斯加湾 95
埃塞俄比亚高原 109
矮行星 57
艾滋病 295
安第斯山脉 105

B

巴尔干半岛 90
巴氏消毒法 197
巴西高原 109
白矮星 30
白令海峡 97
白露和寒露 165
白色污染 148
白霜 164
白鱀豚 269
白细胞 275
百合 218
百岁叶 224
柏树 206
斑羚 249
斑马 245
板块构造 73
板块划分 73

半岛 88
半人马座 42
保护色 230
保护性反应 281
豹 241
北冰洋 80
北斗星 35
"北极村"漠河 173
北极狐 255
北极狼 254
北极星 35
北极熊 254
北落师门 39
被子植物 207
《本草纲目》 297
鼻 287
鼻窦 287
扁鹊 296
变色龙 243
变态根 194
变态茎 195
变态叶 197
变星 28
冰雹 162
冰雹的形成 162
冰川 128
冰川的移动 129
冰岛 87
冰裂缝 128
冰碛湖与终碛 128
冰舌 129
冰舌前缘的冰水世界 129
病毒 190
波罗的海 83
波斯湾 95
波状云 155
渤海 80

渤海湾 92
捕食 228

C

蚕 261
苍蝇 265
草本植物 208
草原 138
草原动物 244
草质茎 195
测定岩石的年龄 69
层状云 155
茶 213
茶花 215
柴达木盆地 112
蝉 261
蟾蜍 257
长臂猿 242
长江 122
长江三峡 114
长江中下游平原 100
长颈鹿 246
超新星爆发 29
潮汐 135
城市热岛 167
赤潮 146
虫媒花 199
崇明岛 84
臭氧层 133
传粉 199
船舶气象观测 169
窗花 165

垂体 279
春季星空 34
丛林动物 240

D

大肠 283
大肠杆菌 187
大豆 212
大陆架 77
大陆漂移 72
大陆坡 78
大脑 276
大鲵 257
大气 132
大气的形成 66
大气污染 144
大气污染物 144
大气质量的监测者 202
大犬座 41
大王花 223
大西洋 79
大、小麦哲伦星系 27
大兴安岭 105
大熊猫 266
大熊座 34
大亚湾 93
大自然的拓荒者 202
袋鼠 244
丹顶鹤 267
单叶和复叶 196
淡水湖 126
岛屿 84
倒挂金钟 218

汉语拼音音序索引

稻子 210
低云 155
地核 70
地壳 70
地幔 70
地面气象观测 169
地钱 202
地球 52
地球的构造 70
地球的年龄 68
地球的运动 64
地球公转 65
地球自转 65
地下水 135
地衣 189
地震 71
地中海 82
地轴 64
雕 247
东北平原 99
东非高原 108
东海 80
东欧平原 101
东沙群岛 85
冬季星空 40
冬眠 230
动脉 274
动物病毒 191
动物习性 228
冻雨 159
洞庭湖 126
独树成林 221
杜鹃花 214
对流层 132
盾皮鱼 180
多金属软泥 141

E

鳄 233
鸬鹚 244
耳 286
二十八宿 32

F

放电 231
飞马座 39
飞鱼 234
肺 280
肺活量 281
肺炎 295
肺炎链球菌 187
风 160
风的力量 160
风级 160
"风库"安西 172
风媒花 199
锋面雨 158
蜂鸟 258
佛光 170
扶桑 217
辐射雾 157
附生植物 223

G

干果 201
干旱 134
甘薯 211
甘蔗 213
肝脏 283
感觉器官 285
感染性腹泻 294
刚果盆地 113
高空气象探测 169
高粱 211
高山动物 248
高山植物 222
高原 106
高云 154
戈壁 118
格陵兰岛 86
隔音墙和吸音板 147
根瘤菌 186
根系 194
工业废水 146
工业噪声 147
珙桐 225
共生 229
古菌 186
古菌和细菌 186
古人对宇宙的认识 22
古生代 68
谷神星 57
谷子 211
骨的承受力 289
骨骼 288
骨的生长 289

H

关节 289
灌木 208
灌木林 137
光合作用 197
光化学烟雾 145
桂花 215
桂林岩溶地貌 117
过度砍伐 150

哈雷彗星 59
海豹 253
海底扩张 73
海洋世界 238
海底油气 140
海沟 77
海龟 233
海葵 236
海流 78
海马 234
海南岛 84
海山 78
海狮 237
海水淡化 135
海豚 237
海湾 92
海王星 56
海王星环 56
海峡 96
海象 255
海啸 71
海洋 76

海洋的出现 66
海洋生物资源 140
海洋世界 238
海洋资源 140
海椰子 225
含羞草 219
杭州湾 93
河流 120
河外星系 26
河源与河口 120
荷花 215
鹤望兰 218
黑洞 31
黑海 83
恒星 28
横断山脉 104
横纹肌 290
红豆杉 225
红海 82
红巨星 29
红细胞 275
红移 23
红掌 219
洪涝 134
虹 170
猴 242
呼吸系统 280
呼吸作用 197
狐狸 243
胡椒 212
胡杨 209
湖泊 124
蝴蝶 262
虎 241
花冠 198
花卉 214
花椒 212
花生 213
花序 198
华北平原 99
化石 69
槐花树 209
荒漠 118
荒漠化 119

黄道十二星座 34
黄海 81
黄河 122
黄土高原 107
蝗虫 263
彗星 59
彗晕的构造 59
彗星的周期 59
火口湖 135
火烈鸟 258
火流星 60
火山 70
火星 51
火星冲日 51
火星的空间探测 51
火星的卫星 51
"火洲"吐鲁番 172
霍尔木兹海峡 97

J

肌肉 290
肌肉的结构 291
肌肉的能量供应 291
鸡蛋花 216
鸡冠花 219
积状云 155
激素 278
极地动物 252
极光 170
几内亚湾 94
脊髓 277
脊柱 289
季风 160
寄居蟹 232
寄生 229
寄生植物 222
加勒比海 81
伽利略卫星 54
甲胄鱼 179

甲状腺 279
剑齿虎 181
剑麻 213
箭毒木 209
降雨量 158
交通噪声 147
胶州湾 92
角马 245
角膜 285
角宿一 33
绞杀植物 220
酵母 188
金花茶 225
金黄色葡萄球菌 187
金牛座 40
金丝猴 266
金星 50
近地小行星 58
进化 177
近视 285
茎繁殖 195
经济作物 212
精子 292
鲸 237
警戒色 230
静脉 274
菊花 214
菊石 179
巨人症 279
卷柏 203
蕨类植物 205
君子兰 219

K

咖啡 213
喀斯特 116
卡特兰 217
抗生素 295
考拉 243

柯伊伯带 58
科罗拉多大峡谷 115
可可 213
可燃冰 141
孔雀 259
恐龙 182
口腔内的消化 282
狂犬病 295
昆虫 260
昆仑山 105
阔叶林 136

L

垃圾处理 148
垃圾的卫生填埋 149
垃圾分类 148
垃圾利用 149
兰花 215
老茎生花 220
老人星 43
雷阵雨 158
雷州半岛 89
类地行星 50
类木行星 54
类星体 28
冷云人工降雨 159
粒雪盆 128
粮食作物 210
两栖动物 256
辽东半岛 89
猎户座 40
鬣狗 247
磷虾 253
鳞木 178
羚羊 246
流星 60
流星雨 60
柳杉 205
龙卷风 161

颅骨 289
露 165
卵子 293
裸子植物 204
骆驼 250

马六甲海峡 96
马蹄莲 217
蚂蚁 261
脉冲星 30
毛发 287
牦牛 249
贸易风 160
梅花 214
梅雨 159
美蕊花 219
猛犸 183
锰结核矿 141
孟加拉湾 94
麋鹿 268
密西西比河 123
蜜蜂 263
棉花 213
免疫 295
冥王星 57
墨西哥高原 108
墨西哥湾 94
牡丹 215
木星 54
木质茎 195
牧夫座 34

内耳 287
内分泌系统 278

内流河 120
内流湖与外流湖 124
内流盆地 111
内蒙古高原 108
男孩和女孩 273
南海 80
南极冰盖 129
南岭 104
南沙群岛 85
南十字座 42
南天星空 42
脑 276
脑干 277
尼罗河 123
泥石流 159
霓 170
拟态 230
年轮 195
鸟类 258
牛轭湖 124
农业化学污染 146
暖云人工降雨 159

排泄 284
盘羊 249
膀胱 284
盆地 110
澎湖列岛 86
皮肤 287
漂移的大陆 72
瓢虫 264
平滑肌 291
平流层 132
平流雾 157
平原 98
鄱阳湖 126
瀑布 121

奇虾 181
企鹅 252
气管与支气管 280
气象观测 168
气象雷达 169
气象卫星 168
气象之最 171
汽车尾气 144
迁徙 229
蜣螂 264
乔木 207
秦岭 105
青藏高原 107
青春期变化 273
青海湖 127
青稞 210
青霉菌 188
青蛙 256
清洁能源 145
蜻蜓 262
丘陵 102
秋季星空 38
蠼螋 264

热层 133
热带草原 138
热带雨林 137
人参 225
人工消雹 162
人体的构成 272
人体的器官 273
人体的系统 272
人体的细胞 273

人体疾病 294
人造云 155
日珥 49
"日光城"拉萨 172
日冕 49
日食 49
溶洞 116
蝾螈 257
肉果 201
乳酸菌 187

撒哈拉沙漠 119
三大"火炉城市" 173
三角花 217
三角洲 121
三色堇 219
三叶虫 178
色盲 286
森林 136
森林保护 150
森林防火 150
森林覆盖率 150
沙尘暴 161
沙漠 118
沙漠动物 250
沙丘 119
沙鼠 251
鲨鱼 234
山地 102
山东半岛 88
山谷风 160
山间盆地 110
山脉 102
闪电 170
上呼吸道 280
麝牛 255
深海平原 78
深海丘陵 78

参宿四 33
神经网络 277
神经系统 276
神经细胞 277
神奇的气象 170
肾脏 284
生活垃圾 148
生活污水 146
生活噪声 147
生命的出现 67
生命的演化 176
生物进化论 176
生殖系统 292
狮子 244
狮子座 35
湿地 139
石林 116
石榴花 217
食虫植物 223
食人鱼 233
食用菌 188
史前生物 178
始祖马 180
始祖鸟 183
室女座 35
噬菌体 190
鼠兔 248
霜冻 164
霜与露 164
水 134
水坝和水库 120
水媒花 199
水母 236
水杉 224
水生动物 232
水危机 146
水仙花 215
水星 50
水循环 134
水源污染 146
睡莲 216
四川盆地 113
四季 65
四象 32

苏铁 205
酸雨 145
桫椤 203

塔克拉玛干沙漠 119
塔里木盆地 111
胎生植物 222
台风 161
台风的命名 161
台风眼 161
台湾岛 84
台湾海峡 96
台湾山脉 104
抬升雾 156
苔藓 202
太湖 127
太平洋 78
太行山 105
太阳 48
太阳风 49
太阳黑子 48
太阳系 46
滩涂 139
昙花 219
螳螂 263
藤本植物 221
藤壶 236
梯田 103
天鹅 258
天鹅座 36
天花病毒 191
天琴座 37
天王星 56
天蝎座 36
天鹰座 37
通古斯大爆炸 61
土壤保护 151

土壤的肥力 151
土卫六 55
土星 55
土星环 55
退化 177
鸵鸟 247

外层 133
外耳 286
外流盆地 111
万带兰 216
王莲 224
望天树 208
卫星 47
卫星云图 168
胃 282
魏格纳的设想 72
温带草原 138
温室气体 166
温室效应的危害 167
温室效应的形成 166
温室效应和城市热岛 166
蚊子 265
我从哪里来 292
我们的身体 272
乌贼 235
无机物污染 151
"无雾港"榆林港 173
无性繁殖 231
雾 156
雾凇 157
"雾凇城"吉林 173

西西伯利亚平原 101
西沙群岛 85
犀牛 246
蜥蜴 250
蜥螈 180
喜马拉雅山脉 103
细菌 186
细颗粒物（PM2.5） 145
虾 232
峡谷 114
霞 170
夏季星空 36
夏威夷群岛 87
仙后座 38
仙客来 216
仙女座 39
仙王座 38
咸水湖 126
响尾蛇 251
向日葵 218
象 241
消化系统 282
小肠 283
小麦 210
小脑 277
小行星 58
小行星带 58
小熊猫 240
小熊座 34
蝎 251
蟹 232
心肌 291
心宿二 32
心脏 274
新生代 68
新生命的产生 293
星宿 32
星团 27
星系 26

星云 24
猩猩 242
行星 47
熊 240
嗅觉 269
轩辕十四 33
雪 163
雪暴 163
雪崩 163
雪晶 163
雪晶的生长 163
雪松 205
雪灾 163
血小板 275
血型 275
血压 274
血液循环 274
驯化 177

Y

鸭嘴兽 269
牙齿 282
蚜虫 265
雅丹地貌 119
雅鲁藏布大峡谷 115
亚马孙河 123
亚马孙平原 100
亚平宁半岛 91
烟草花叶病毒 190
烟尘 144
岩羊 248
眼睛 285
厌氧菌 186
堰塞湖 125
扬子鳄 267
洋中脊 76
遥感探测 168
野驴 251
叶的基本结构 197

叶脉 197
叶形 196
叶序 196
叶缘 196
胰腺 283
疫苗 295
银河系 26
银杉 206
银杏 205
印度洋 79
英吉利海峡 97
英仙座 39
樱花 218
鹦鹉 259
鹦鹉螺 235
萤火虫 261
有机物污染 151
虞美人 216
宇宙 22
宇宙大爆炸理论 22
宇宙的大小 23
宇宙的年龄 23
宇宙线 23
雨 158
"雨港"基隆 173
雨水最多的地方 171
玉兰 218
玉米 211
郁金香 216
御夫座 41
鸢尾花 217
元古宙 68
原始的地球 66
猿 242
远日行星 56
远视 286
月季 214
月球 53
月食 53
云 154
云贵高原 108
陨石 61
陨铁 61

Z

在"宫殿"里生活 293
藏羚羊 249
造煤时期 69
噪声污染 147
章鱼 235
蟑螂 264
沼泽 139
针灸 297
针鼹 269
针叶林 136
珍稀动物 266
珍稀植物 224
真果 200
真菌 188
诊脉 297
蒸发雾 156
蒸腾作用 197
芝麻 212
直布罗陀海峡 97
植物病毒 190
植物的根和茎 194
植物的果实 200
植物的花 198
植物的奇异现象 220
植物的叶 196
中层 133
中耳 286
中耳炎 286
中国的重要湿地 139
中国气象名城 172
中华鲟 268
中南半岛 90
中沙群岛 85
中生代 68
中药 297
中医 296
中云 155
中子星 29
种子 201

种子繁殖 201
舟山群岛 85
昼夜 65
朱鹮 267
侏儒症 279
珠江 122
珠穆朗玛峰 104
猪笼草 219
竹子 209
准噶尔盆地 112
啄木鸟 259
紫荆花 219
总鳍鱼 179
最干旱的地方 171
最冷的地方 171
最热的地方 171

H1N1禽流感病毒 191
SARS 295

中国少年儿童百科全书

CHINESE CHILDREN'S ILLUSTRATED ENCYCLOPEDIA

中国大百科全书出版社

社 长：龚 莉

《中国少年儿童百科全书》主要编辑出版人员

副总编辑：马汝军

主任编辑：刘金双

特约编审：程力华

全书责任编辑：刘金双　李文昕

《环境与生命》卷责任编辑：王 艳

全书视频编导：王 艳

特约编辑：韩知更　高宝新　李 文　汪迎冬

图片绘制：蒋和平　张 强

图片提供：华盖创意　全景视觉　北京市海淀外国语实验学校
郭 耕　阿去克　程力华　乌 灵　陈义望　王 辰　李天宇
张 强　何学海　刘正航　黄 颖　李文昕　田 田

视频提供：北京大陆桥文化传媒

装帧设计：参天树设计

责任印制：乌 灵